Birkhäuser

Mathematik Kompakt

Herausgegeben von:

Martin Brokate
Heinz W. Engl
Karl-Heinz Hoffmann
Götz Kersting
Gernot Stroth
Emo Welzl

Die neu konzipierte Lehrbuchreihe *Mathematik Kompakt* ist eine Reaktion auf die Umstellung der Diplomstudiengänge in Mathematik zu Bachelor- und Masterabschlüssen. Ähnlich wie die neuen Studiengänge selbst ist die Reihe modular aufgebaut und als Unterstützung der Dozierenden sowie als Material zum Selbststudium für Studierende gedacht. Der Umfang eines Bandes orientiert sich an der möglichen Stofffülle einer Vorlesung von zwei Semesterwochenstunden. Der Inhalt greift neue Entwicklungen des Faches auf und bezieht auch die Möglichkeiten der neuen Medien mit ein. Viele anwendungsrelevante Beispiele geben den Benutzern Übungsmöglichkeiten. Zusätzlich betont die Reihe Bezüge der Einzeldisziplinen untereinander.

Mit *Mathematik Kompakt* entsteht eine Reihe, die die neuen Studienstrukturen berücksichtigt und für Dozierende und Studierende ein breites Spektrum an Wahlmöglichkeiten bereitstellt.

Algorithmische Methoden

Funktionen, Matrizen, Multivariate Polynome

Philipp Kügler
Wolfgang Windsteiger

Autoren:

Philipp Kügler
Johann Radon Institute for Computational and Applied Mathematics (RICAM)
Österreichische Akademie der Wissenschaften (ÖAW)
Linz, Österreich

Wolfgang Windsteiger
Research Institute for Symbolic Computation (RISC)
Johannes Kepler Universität Linz
Linz, Österreich

ISBN 978-3-7643-8515-6
ISBN 978-3-7643-8516-3 (eBook)
DOI 10.1007/978-3-7643-8516-3

Bibliografische Information der Deutschen Bibliothek
Die Deutsche Bibliothek verzeichnet diese Publikation in der Deutschen Nationalbibliografie; detaillierte bibliografische Daten sind im Internet über <http://dnb.ddb.de> abrufbar.

2010 Mathematics Subject Classification: 00-01, 26A18, 26C10, 65D30, 65D32,65H04, 65H05, 65H10, 68W30, 68W40
1998 ACM Computing Classification: F.2.1 [Numerical Algorithms and Problems] (G.1, G.4, I.1): Computations on matrices; Computations on polynomials; G.1 [Numerical Analysis]: G.1.0 [General]: Computer arithmetic; Conditioning (and ill-conditioning); Error analysis; Numerical algorithms; Stability (and instability); G.1.4 [Quadrature and Numerical Differentiation] (F.2.1): Adaptive and iterative quadrature; Equal interval integration**; Error analysis; Iterative methods; G.1.5 [Roots of Nonlinear Equations]: Convergence; Error analysis; Iterative methods; Polynomials, methods for; Systems of equations; G.4 [Mathematical Software]: Algorithm design and analysis; I.1 [Symbolic and Algebraic Manipulation]: I.1.1 [Expressions and Their Representation] (E.1, E.2): Representations (general and polynomial); I.1.2 [Algorithms] (F.2.1, F.2.2): Algebraic algorithms; Analysis of algorithms

Satz und Layout: Protago-TEX-Production GmbH, Berlin, www.ptp-berlin.eu
Einbandentwurf: deblik, Berlin

Gedruckt auf säurefreiem Papier.

Springer Basel AG ist Teil der Fachverlagsgruppe Springer Science+Business Media

www.birkhauser-science.com

Vorwort

Algorithmische Methoden behandelt Algorithmen zur Lösung mathematischer Problemstellungen der Analysis und der Linearen Algebra. Im Vordergrund steht dabei deren Realisierung am Computer, wobei wir sowohl numerische als auch symbolische Zugänge aufgreifen. Wie auch der vorhergehende Band *1* beruht der vorliegende Band *2* auf der Vorlesung *Algorithmische Methoden*, die von den Professoren Bruno Buchberger und Heinz W. Engl im Umfeld des SFB F013 „Numerical and Symbolic Scientific Computing" an der Johannes Kepler Universität Linz ins Leben gerufen wurde und die wir in den vergangenen Jahren im Rahmen des Bachelor-Studiums Technische Mathematik gehalten haben. Das Buch richtet sich an Lehrende und Studierende im *dritten Semester*, kann aber auch begleitend in einer algorithmisch orientierten Präsentation der Linearen Algebra und/oder Analysis im *ersten Studienjahr* eingesetzt werden.

Band *1* beschäftigt sich mit Grundbegriffen einer algorithmischen Mathematik und illustriert diese anhand von Algorithmen für Zahlen, Vektoren und Polynomen. Im Mittelpunkt von Band *2* stehen Funktionen, Matrizen und multivariate Polynome, die auch der Gliederung des Buches dienen. Am Beginn jedes Kapitels führen wir die für unsere Zwecke wichtigen mathematischen Grundlagen an, anschließend besprechen wir die Darstellung der Objekte am Computer, etwa die Termdarstellung von Funktionen, sowie auf diesen definierte Grundoperationen, etwa die Faktorisierung von Matrizen. Als roter Faden zieht sich das *Lösen von Gleichungen bzw. Gleichungssystemen*, die mit Hilfe der jeweiligen Objekte beschrieben sind, durch das Buch. Aus Rücksicht auf den Umfang führen wir die Diskussion ausschließlich über dem Körper der reellen Zahlen und verzichten etwa auf Methoden zur Bestimmung komplexer Nullstellen.

Die Algorithmen erklären wir anhand von Pseudocode, sodass unsere Diskussion nicht an eine bestimmte Programmiersprache oder Mathematik-Software gebunden ist. Tatsächliche Implementierungen in *Mathematica* und/oder MATLAB der im Buch beschriebenen Algorithmen bieten wir auf einer frei verfügbaren *E-book Plattform* unter

`http://www.risc.jku.at/publications/books/AlgorithmischeMethoden/`

an. Die Beispiele im Buch beziehen sich meist auf Aufrufe dieser *Mathematica*- oder MATLAB-Programme. Ein Download ist für das Verständnis jedoch nicht unbedingt erforderlich, vielmehr empfehlen wir eine selbstständige Umsetzung des Pseudocodes in ein lauffähiges Programm. Ein Ergebnis in blauer Schrift weist darauf hin, dass dieses Resultat mit einem unserer Algorithmen oder internen Befehlen in *Mathematica* oder MATLAB berechnet wurde. Gleitkommaresultate wurden stets in IEEE double precision ermittelt, siehe Band *1*, Seite 85.

Datenstrukturen und Algorithmen sind eng miteinander verbunden, und oft ist es gerade so, dass die Funktionsweise oder die Effizienz eines Algorithmus auf der Wahl einer geeigneten Datenstruktur basieren. Die von uns beschriebenen Datenstrukturen sind immer jene, die sich für die Algorithmen in diesem Buch gut eignen, natürlich können sich für andere Anwendungen alternative Repräsentationen als vorteilhaft erweisen.

Konventionen

Die üblichen mathematischen Notationen setzen wir ohne weitere Erläuterungen voraus, allfällige Ergänzungen behandeln wir in Fußnoten. Für die Teilmengenrelation verwenden wir $A \subset B$. Um hervorzuheben, dass A eine echte Teilmenge von B ist, schreiben wir $A \subsetneq B$. Die Menge der natürlichen Zahlen $\mathbb{N}$ beginnt mit 1, für $\mathbb{N} \cup \{0\}$ verwenden wir $\mathbb{N}_0$. Aus Band *1* übernehmen wir die Schreibweisen für Tupel, im Besonderen seien die Index-Schreibweise t_i zum Zugriff auf die i-te Komponente eines Tupels t, deren Variante $t_{i:j}$ zur Beschreibung des Tupels $(t_i, \ldots, t_j)$, und $|t|$ für die Länge des Tupels t in Erinnerung gerufen. Für das k-te Element einer Folge x schreiben wir $x^{(k)}$, dieselbe Schreibweise verwenden wir auch für den Wert der Programmvariablen x im k-ten Schleifendurchlauf eines Algorithmus.

Dank

Prof. Heinz W. Engl hat es uns ermöglicht, an der Reihe „Mathematik kompakt" mitzuwirken, und ist uns während der Arbeit an diesem Buch mit Rat und Tat zur Seite gestanden. Dafür möchten wir uns herzlich bedanken. Unser Dank gilt auch *Prof. Peter Paule* für die spannenden Diskussionen über die Gestaltung des Buches, *Prof. Heinrich Rolletschek* und *Prof. Sven Beuchler* für das Korrekturlesen des Textes sowie *Prof. Bruno Buchberger* für seine Anregungen zum Kapitel über Gröbner-Basen.

Prof. Karl-Heinz Hoffmann und *Dr. Thomas Hempfling*, stellvertretend für die Herausgeber der Serie und Birkhäuser/Springer Basel, sprechen wir unseren Dank aus für das angenehme Arbeitsklima und die Geduld, die dem Projekt entgegengebracht wurde. Bei *Prof. Gernot Stroth* und *Prof. Emo Welzl* bedanken wir uns für die inhaltliche Betreuung und die wertvollen Anregungen.

Dem Leser wünschen wir abschließend viel Spaß bei der Lektüre. Wir hoffen, mit dem Buch Studierenden die algorithmische Mathematik schmackhaft zu machen und Vortragenden bei der Gestaltung einer algorithmisch orientierten Einstiegslehrveranstaltung behilflich zu sein.

Inhaltsverzeichnis

Algorithmenverzeichnis

I Funktionen von $\mathbb{R}$ nach $\mathbb{R}$

Funktionen sind ein zentrales Hilfsmittel der Mathematik und erlauben, die Abhängigkeit gewisser Größen von anderen zu beschreiben, etwa die Abhängigkeit des Preises eines Produkts von Angebot und Nachfrage. Da durch sie Objekte einer Menge auf Objekte einer anderen Menge abgebildet werden, wird auch oft von *Abbildungen* gesprochen. Funktionen können anhand der Eigenschaften dieser Mengen und/oder jener der Abbildungsvorschrift auf vielfältige Weise unterschieden werden. In diesem Kapitel konzentrieren wir uns auf *reelle Funktionen*, also solche, die reelle Zahlen auf reelle Zahlen abbilden, und auf damit im Zusammenhang stehende grundlegende Fragestellungen der Analysis. Neben der Darstellung dieser Funktionen am Computer beschäftigen wir uns mit der *numerischen und symbolischen Differentiation*, einfachen Verfahren der *(bestimmten) numerischen Integration* und der Lösung *nichtlinearer Gleichungen*, die mit Hilfe reeller Funktionen formuliert sind.

1 Mathematische Grundlagen

In der Sprache der Mengenlehre definiert man eine Funktion zunächst als eine Menge von Paaren.

Vereinbarun

In diesem Kapitel bezeichnen A, B, C stets Mengen.

Definition

Funktion. Man nennt f eine *Funktion von A nach B* (kurz $f: A \to B$) genau dann, wenn

1. $f \subset A \times B$, d. h., f ist eine *Relation* zwischen A und B, und[1]
2. für jedes $x \in A$ existiert genau ein $y \in B$ mit $(x, y) \in f$.

[1] $A \times B := \{(a, b) \mid a \in A, b \in B\}$ nennt man das *kartesische Produkt* der Mengen A und B. Das kartesische Produkt bildet die Grundlage für die in Band *1* eingeführte Menge $A \times \cdots \times A$ aller n-Tupel von Elementen der Menge A. In einem Paar (a, b) kann man mit einem Index auf die Komponenten zugreifen, d. h. $(a, b)_1 = a$ und $(a, b)_2 = b$. Zwei Paare sind genau dann gleich, wenn sie komponentenweise übereinstimmen.

Für jedes $x \in A$ heißt das eindeutig bestimmte $y \in B$ mit $(x, y) \in f$ der *Funktionswert* von f an der Stelle x, die übliche Schreibweise dafür lautet $f(x)$. Ist $f : A \to B$, so nennt man A die *Definitions-* und B die *Zielmenge* von f. Die Menge

$$W(f) := \{f(x) \in B \mid x \in A\} \subset B$$

wird *Wertebereich (Bildmenge) von* f genannt. Handelt es sich bei A und B um Teilmengen von $\mathbb{R}$, so nennt man $f : A \to B$ eine *reelle Funktion*.

Funktionen mit endlichem Definitionsbereich können durch explizite Aufzählung aller Paare definiert werden. Insbesondere für unendliche Definitionsmengen A von großer Bedeutung sind Funktionen der Form

$$f = \{(x, T) \mid x \in A\}, \tag{1.1}$$

wobei T für einen Ausdruck steht, der typischerweise von x abhängt. Der Term T stellt eine Abbildungsvorschrift dar, für (1.1) schreibt man auch $f : x \in A \mapsto T$ oder nur kurz $f : x \mapsto T$ und spricht von der *Termdarstellung*[2] von f.

Beispiel $f : x \mapsto \cos(x)$, $g : x \mapsto 3^x$ und $h : x \mapsto x^2$ sind reelle Funktionen in Termdarstellung. Die Langform (1.1) etwa für f lautet dann $f = \{(x, \cos(x)) \mid x \in \mathbb{R}\}$.

Bei den ebenfalls gängigen Schreibweisen

$$f:\ \begin{array}{l} A \to B \\ x \mapsto T \end{array} \qquad \text{bzw.} \qquad f : A \to B,\ x \mapsto T$$

handelt es sich um eine Kombination der *Definition* $f : x \mapsto T$, der *Festlegung von Definitionsmenge A und Zielmenge B* und der *Behauptung* $f : A \to B$. Schreibt man also $f : \mathbb{R} \to \mathbb{R},\ x \mapsto \cos(x)$, so wird zusätzlich zur Definition der Abbildungsvorschrift auch die Behauptung aufgestellt, dass es sich dabei um eine Funktion von $\mathbb{R}$ nach $\mathbb{R}$ handelt.

Für $f : x \mapsto T$ ergibt sich der Funktionswert $f(\bar{x})$ einfach als Interpretation von T unter der Variablenbelegung[3] $x \rightsquigarrow \bar{x}$, also durch *Einsetzen* von $\bar{x}$ anstelle der Funktionsvariablen x in T und anschließendes Ausrechnen des von diesem Term dargestellten Werts, wir kommen darauf auf Seite 13 zurück.

Eine durch einen Term T charakterisierte Funktion f wie in (1.1) schreibt man manchmal auch als *Lambda-Term*[4] $\lambda x.T$. Auch hier ergibt sich der Funktionswert $(\lambda x.T)(\bar{x})$ natürlich wie oben durch Interpretation von T unter der Variablenbelegung $x \rightsquigarrow \bar{x}$.

---

[2]Definitions- und Zielmenge sind oft aus dem Zusammenhang klar oder auch nicht relevant. Daher sind verschiedenste Notationen in Gebrauch, in denen Definitions- und Zielmenge nicht explizit genannt werden.

[3]Eine Variablenbelegung β ordnet *jeder* Variablen in einem Ausdruck einen Wert zu. Liegt nur eine Variable vor, z. B. x, so schreibt man diese Zuordnung einfach als $x \rightsquigarrow \beta(x)$.

[4]Zum Umgang mit Lambda-Termen wurde gegen Mitte des 20. Jahrhunderts ein umfangreicher Formalismus namens *Lambda-Kalkül* entwickelt. Da wir die Lambda-Notation aber lediglich zum Anschreiben von Funktionen verwenden, werden wir auf diese Theorie nicht näher eingehen.

Oft erweist es sich als praktisch, eine Funktion $f : x \mapsto T$ „symbolisch an einer Stelle x“ auszuwerten. Man schreibt dafür ebenfalls $f(x)$, und nach obiger Vorgehensweise ergibt sich $f(x)$ genau als T. Wenn also x für eine „symbolische Variable“ steht, kann $f(x)$ anstelle von T geschrieben werden. Mit dieser Konvention können wir leicht zwischen Funktionen und deren beschreibenden Termen hin- und herspringen: f bezeichnet die Funktion, hingegen steht $f(x)$ für den definierenden Term von f. Für Lambda-Terme bedeutet das $(\lambda x.T)(x) = T$.

Mit x als symbolischer Variable und h wie im obigen Beispiel steht $h(x)$ für x^2 bzw. gilt $(\lambda x.x^2)(x) = x^2$. **Beispiel**

Grundoperationen auf Funktionen

Als eine auf jeder Funktion zur Verfügung stehende Grundoperation wollen wir das eben diskutierte Bestimmen des Funktionswertes betrachten. Bei entsprechenden Definitions- und Zielmengen können zwei Funktionen auch hintereinander ausgeführt werden.

Definition

Komposition. Seien $f : A \to B$ bzw. $g : W(f) \to C$. Die *Komposition* (*Hintereinanderausführung*) von f und g ist definiert als

$$g \circ f : A \to C, \ x \mapsto g(f(x)).$$

Die Funktion $\mathrm{Id}_A : x \in A \mapsto x$ (die *identische Funktion auf* A) verhält sich neutral bez. der Komposition, d. h. für $f : A \to B$ gilt $f \circ \mathrm{Id}_A = f$ und $\mathrm{Id}_B \circ f = f$. Manche Funktionen können durch Hintereinanderausführung mit ihrer *inversen Funktion* „rückgängig“ gemacht werden.

Definition

Invertierbarkeit. Sei $f : A \to B$. Man nennt f *invertierbar* genau dann, wenn es eine Funktion g gibt mit

1. $g : B \to A$,
2. $g \circ f = \mathrm{Id}_A$,
3. $f \circ g = \mathrm{Id}_B$.

In diesem Fall nennt man g die zu f *inverse Funktion* und schreibt dafür f^{-1}.

Ist $f : A \to B$, so nennt man f *bijektiv* genau dann, wenn es zu jedem $y \in B$ genau ein $x \in A$ mit $f(x) = y$ gibt. Jeder Wert der Zielmenge wird also von f genau einmal angenommen. Übung I.1 zeigt, dass genau die bijektiven Funktionen invertierbar sind.

Auf reellen Funktionen kann man *punktweise arithmetische Operationen* definieren, also z. B. eine Addition als $f + g : x \mapsto f(x) + g(x)$, die an allen Stellen definiert ist, an denen sowohl f als auch g definiert sind. Analog dazu sind $f \cdot g$, $-f$ oder $\frac{1}{f}$ zu verstehen. Ausgehend von gewissen „einfachen“ reellen Funktionen (z. B. trigonometrischen, Potenz-, Exponential- und Logarithmusfunktionen) können dann durch Komposition und arithmetische Operationen kompliziertere Funktionen aufgebaut werden. Die auf diese Weise entstehenden Termdarstellungen wollen wir *reelle Terme in geschlossener Form* nennen, in Abschnitt 2 werden wir näher auf die Regeln zur Bildung von Termen eingehen. Unendliche Summen, Integrale oder etwa Grenzwerte sind in geschlossenen Termen dann nicht enthalten[5].

Beispiel Mit f, g und h wie im Beispiel auf Seite 2 gilt:

$$(g+h)\circ f\colon \mathbb{R} \to \mathbb{R}, \quad x \mapsto 3^{\cos(x)} + \cos(x)^2 \qquad f\circ(g+h)\colon \mathbb{R} \to \mathbb{R}, \quad x \mapsto \cos(3^x + x^2).$$

Mit $3^{\cos(x)} + \cos(x)^2$ und $\cos(3^x + x^2)$ liegen somit zwei Beispiele für reelle Terme in geschlossener Form vor, hingegen fassen wir $\int 3^{\cos(x)} + \cos(x)^2 dx$ oder $\sum_{n=0}^{\infty} \cos(nx)$ nicht als geschlossenen Terme auf.

Differentiation und Integration reeller Funktionen

Wir führen hier nur unmittelbar benötigte Begriffe und Resultate aus der Differential- und Integralrechnung an, für eine ausführliche Diskussion verweisen wir auf die Analysis. Auch setzen wir grundlegende Konzepte wie Grenzwertbildung und Stetigkeit als bekannt voraus.

Vereinbarung Mit I sei stets ein nicht leeres, reelles Intervall bezeichnet.

Definition **Differenzierbarkeit.** Es seien die Funktion $f: I \to \mathbb{R}$ und $\bar{x} \in I$ gegeben. Die Funktion f ist *differenzierbar an der Stelle* $\bar{x}$ genau dann, wenn der Grenzwert

$$\lim_{h\to 0} \frac{f(\bar{x}+h) - f(\bar{x})}{h} \tag{1.2}$$

existiert. Für $A \subset I$ nennt man f *differenzierbar auf* A genau dann, wenn f für alle $\bar{x} \in A$ differenzierbar an der Stelle $\bar{x}$ ist. Des Weiteren definieren wir $D_f := \{\bar{x} \in I \mid f \text{ differenzierbar an der Stelle } \bar{x}\}$.

Ist f differenzierbar an der Stelle $\bar{x}$, so ist (1.2) wegen der Eindeutigkeit des Grenzwertes eindeutig bestimmt. Somit kann eine *Funktion* definiert werden, die jeder Stelle $\bar{x} \in D_f$ den entsprechenden Grenzwert (1.2) zuordnet.

---

[5]Die Klasse der Terme in geschlossener Form hängt natürlich wesentlich davon ab, welche Funktionen man zu Beginn als „einfach" festlegt. Die Exponentialfunktion beispielsweise betrachtet man für viele Anwendungen als „einfach", selbst wenn sie als unendliche Reihe definiert ist.

Definition

Ableitung. Sei $f : I \to \mathbb{R}$. Man nennt die Funktion

$$f' : D_f \to \mathbb{R}, \ \bar{x} \mapsto \lim_{h \to 0} \frac{f(\bar{x}+h) - f(\bar{x})}{h} \tag{1.3}$$

die *Ableitung (Ableitungsfunktion) von* f.

Aus (1.3) ergibt sich die Kurzschreibweise $f'(\bar{x})$ für den Grenzwert (1.2), man spricht dabei von der Ableitung von f an der Stelle $\bar{x}$. Mit $f'(\bar{x}) = \ldots$ meinen wir immer „f ist differenzierbar an der Stelle $\bar{x}$ und $f'(\bar{x}) = \ldots$“. Mit *Differenzieren einer Funktion* f kann sowohl das Berechnen von $f'(\bar{x})$ an einer bestimmten Stelle $\bar{x}$ als auch das Ermitteln der Ableitungsfunktion f' gemeint sein.

Die Ableitungsfunktion f' ist selbst wieder eine reelle Funktion, sodass auch die Differenzierbarkeit von f' untersucht werden kann. Dies führt auf den Begriff der *höheren Ableitung*.

Definition

Ableitung höheren Grades. Für $f : I \to \mathbb{R}$ definiert man $f^{(0)} := f$ und $f^{(k)} := f^{(k-1)\prime}$ für jedes $k \in \mathbb{N}$. Man nennt $f^{(k)}$ die *k-te Ableitung* oder *Ableitung k-ten Grades* von f. Speziell ist $f^{(1)} = f'$, für $f^{(2)}$ schreibt man auch f'' etc. Die Funktion f ist *k-mal differenzierbar (an der Stelle $\bar{x} \in I$, auf $A \subset I$)* genau dann, wenn $f^{(k-1)}$ differenzierbar (an der Stelle $\bar{x}$, auf A) ist. Man nennt f *k-mal stetig differenzierbar (an der Stelle $\bar{x} \in I$, auf $A \subset I$)* genau dann, wenn f k-mal differenzierbar (an der Stelle $\bar{x}$, auf A) und $f^{(k)}$ stetig (an der Stelle $\bar{x}$, auf A) ist.

Zur Berechnung der Ableitung $f'(\bar{x})$ können alternativ zum Grenzwert (1.2) auch die Summen-, Produkt-, Negations-, Reziprok-, Quotienten- oder Kettenregel, die wir allesamt als aus der Analysis bekannt voraussetzen, herangezogen werden. Diese Regeln zeichnen sich dadurch aus, dass sie das Differenzieren von beliebig kompliziert durch arithmetische Operationen und Komposition zusammengesetzten Funktionen auf das Differenzieren einfacher Funktionen zurückführen, deren Ableitungen als bekannt vorausgesetzt werden[6].

Eine lokale Aussage über die Ableitung der inversen Funktion liefert die eindimensionale Variante des Umkehrsatzes, siehe [14].

Satz

Umkehrsatz in einer Dimension. Seien I ein offenes Intervall, $f : I \to \mathbb{R}$ stetig differenzierbar und $\bar{x} \in I$ so, dass $f'(\bar{x}) \neq 0$. Dann existieren $\rho > 0$ und ein offenes Teilintervall $\hat{I} \subset I$ mit $\bar{x} \in \hat{I}$ so, dass $f : \hat{I} \to (f(\bar{x}) - \rho, f(\bar{x}) + \rho)$ bijektiv ist. Außerdem ist die Umkehrfunktion $f^{-1} : (f(\bar{x}) - \rho, f(\bar{x}) + \rho) \to \hat{I}$ stetig differenzierbar, und für alle $y \in (f(\bar{x}) - \rho, f(\bar{x}) + \rho)$ gilt

$$(f^{-1})'(y) = \frac{1}{f'(f^{-1}(y))}. \tag{1.4}$$

[6] Die Ableitungen der „einfachen Funktionen“ wurden ein für allemal – üblicherweise durch eine Grenzwertbildung nach (1.2) – berechnet.

In der eindimensionalen Integralrechnung haben wir es im Wesentlichen mit zwei Integralbegriffen zu tun, dem *unbestimmten* und dem *bestimmten Integral*. Das Aufsuchen des unbestimmten Integrals kann als Umkehrung des Differenzierens gesehen werden.

Definition

Stammfunktion, unbestimmtes Integral. Sei $f : I \to \mathbb{R}$. Eine Funktion $F : I \to \mathbb{R}$ nennt man *Stammfunktion von* f genau dann, wenn $F' = f$, man schreibt dafür auch $F = \int f$ und spricht bei $\int f$ vom *unbestimmten Integral von* f.

Zunächst völlig unabhängig davon ist die Frage nach dem Inhalt der Fläche zwischen dem Graphen einer Funktion f und einem Intervall $[a, b]$ auf der x-Achse. Dazu betrachtet man eine *Zerlegung* Z *des Intervalls* $[a, b]$, d. h. $Z_1 = a, Z_{|Z|} = b$ und $Z_i < Z_{i+1}$ für alle $1 \leq i < |Z|$, und ein *zugehöriges Zwischenpunktsystem* z, d. h. $z_i \in [Z_i, Z_{i+1}]$ für alle $1 \leq i < |Z|$. Die Fläche approximiert man durch eine *Riemann*[7]*-Summe*

$$R_{f,Z,z} := \sum_{i=1}^{|Z|-1} f(z_i)(Z_{i+1} - Z_i),$$

d. h. als Summe von Rechtecksflächen. Zum *Riemann-Integral* gelangt man, indem man Riemann-Summen für immer feinere Zerlegungen betrachtet, wobei die *Feinheit einer Zerlegung* Z *von* $[a, b]$ als $\mathcal{F}(Z) := \max\{Z_{i+1} - Z_i \mid 1 \leq i < |Z|\}$ definiert ist.

Definition

Riemann-Integral, bestimmtes Integral. Sei $f : [a, b] \to \mathbb{R}$. Man nennt eine Zahl $\mathcal{I} \in \mathbb{R}$ das *Riemann-Integral von* f *zwischen* a *und* b genau dann, wenn es für jedes $\varepsilon > 0$ ein $\delta > 0$ gibt, sodass für jede Zerlegung Z von $[a, b]$ mit Feinheit $\mathcal{F}(Z) < \delta$ und jedes zugehörige Zwischenpunktsystem z gilt:

$$|R_{f,Z,z} - \mathcal{I}| < \varepsilon.$$

Für $\mathcal{I}$ schreibt man auch $\int_a^b f$ und spricht dabei vom *bestimmten Integral von* f *zwischen* a *und* b.

Notation. Für obige Integralbegriffe sind auch die Schreibweisen $\int f(x)dx$ und $\int_a^b f(x)dx$ üblich, in denen dx die symbolische Variable x anzeigt. Für $f : x \mapsto \cos(x)$ kann das unbestimmte Integral $\int f$ somit auch als $\int \cos(x)dx$ (oder auch $\int \cos(t)dt$) geschrieben werden, analog dazu das bestimmte Integral.

Der Hauptsatz der Differential- und Integralrechnung besagt, dass das bestimmte Integral unter Kenntnis einer Stammfunktion einfach berechenbar ist, nämlich $\int_a^b f = F(b) - F(a)$, wobei $F = \int f$. Erst dieser Zusammenhang erklärt und rechtfertigt die Doppelverwendung des Begriffs „Integral". Auch der Mittelwertsatz, ein weiterer

[7] Riemann, Bernhard: 1826–1866, deutscher Mathematiker. In seiner von Gauß, siehe Seite 29, betreuten Dissertation an der Universität Göttingen führte er die nach ihm benannten Riemannschen Flächen in der komplexen Funktionentheorie ein. In seinem Habilitationsvortrag „Über die Hypothesen, welche der Geometrie zu Grunde liegen" schuf er jenen mathematischen Rahmen, der sechzig Jahre später die Formulierung der allgemeinen Relativitätstheorie erlaubte.

zentraler Satz der Differentialrechnung, bringt die Begriffe Ableitung und Integral in Zusammenhang. Anschaulich besagt er, dass auf dem Graph von f zwischen den Punkten $P_a = (a, f(a))$ und $P_b = (b, f(b))$ ein Punkt $(\xi, f(\xi))$ liegt, in dem die Tangente parallel zur Sehne von P_a nach P_b liegt.

Satz

Mittelwertsatz. Sei $f: [a, b] \to \mathbb{R}$ auf $[a, b]$ stetig und auf (a, b) differenzierbar. Dann existiert ein $\xi \in (a, b)$ mit

$$f(b) - f(a) = f'(\xi)(b - a). \tag{1.5}$$

Ist $f: [a, b] \to \mathbb{R}$ auf $[a, b]$ stetig differenzierbar, so gilt für $x, y \in [a, b]$

$$f(x) = f(y) + \int_0^1 f'(y + \tau(x - y))(x - y)\, d\tau. \tag{1.6}$$

Eine Konsequenz von (1.5) ist die folgende Aussage unter Verwendung des Landau-Symbols o für reelle Funktionen aus Band *1* Seite 27.

Lemma

Seien $f: I \to \mathbb{R}$ stetig differenzierbar und $\bar{x} \in I$. Dann gilt

$$f(x) - f(\bar{x}) - f'(x)(x - \bar{x}) = o(|x - \bar{x}|) \quad \text{für } x \to \bar{x}. \tag{1.7}$$

Beweis. Nach dem Mittelwertsatz existiert ein $\xi_x \in (x, \bar{x})$ (oder in $(\bar{x}, x)$) mit $f(x) - f(\bar{x}) = f'(\xi_x)(x - \bar{x})$. Damit folgt

$$f(x) - f(\bar{x}) - f'(x)(x - \bar{x}) = (f'(\xi_x) - f'(x))(x - \bar{x}).$$

Die Aussage des Lemmas folgt nun mit $\lim_{x \to \bar{x}} \xi_x = \bar{x}$ aus der Stetigkeit von f'. □

Auch das Landau-Symbol O für reelle Funktionen[8] auf $\mathbb{R}$ wird bei späteren Diskussionen hilfreich sein.

Bezeichnung

Landau-Symbol O für reelle Funktionen. Sei $f: \mathbb{R} \to \mathbb{R}$. Zu gegebenem $\bar{x} \in \mathbb{R}$ beschreibt der Ausdruck $O(f(x))$ für $x \to \bar{x}$ eine Funktion $g: \mathbb{R} \to \mathbb{R}$, für die Konstanten $C, \varepsilon \in \mathbb{R}^+$ existieren, sodass

$$|g(x)| \le C|f(x)| \quad \text{für } |x - \bar{x}| < \varepsilon.$$

Man schreibt dafür auch $g(x) = O(f(x))$ für $x \to \bar{x}$.

Damit lässt sich für eine $k+1$-mal stetig differenzierbare Funktion f die Entwicklung um $\bar{x}$ nach dem Satz von Taylor, siehe etwa Band *1* auf Seite 20, auch als

$$f(\bar{x} + h) = \sum_{i=0}^{k} \frac{1}{i!} f^{(i)}(\bar{x}) h^i + O(h^{k+1}) \quad \text{für } h \to 0 \tag{1.8}$$

[8] In Band *1* wurde auf Seite 43 das Landau-Symbol O für reelle Folgen eingeführt. Wir verwenden in beiden Fällen die Notation O, aus dem Zusammenhang ist stets klar, welche Definition gemeint ist.

schreiben. Ist die Ableitungsfunktion $f' : I \to \mathbb{R}$ lokal Lipschitz[9]-stetig in $\bar{x} \in I$, d. h., es existieren L und ρ so, dass

$$|f'(x_1) - f'(x_2)| \leq L|x_1 - x_2| \quad \text{für alle } x_1, x_2 \in (\bar{x} - \rho, \bar{x} + \rho) \cap I,$$

so kann die Aussage (1.7) noch verschärft werden.

Lemma

Seien $f : I \to \mathbb{R}$ stetig differenzierbar und f' lokal Lipschitz-stetig in $\bar{x} \in I$. Dann gilt

$$f(x) - f(\bar{x}) - f'(x)(x - \bar{x}) = O(|x - \bar{x}|^2) \quad \text{für } x \to \bar{x}. \tag{1.9}$$

Beweis. Es seien L die lokale Lipschitz-Konstante und x hinreichend nahe bei $\bar{x}$ gelegen. Unter Verwendung von (1.6) folgt dann (1.9) wegen

$$\begin{aligned} |f(x) - f(\bar{x}) - f'(x)(x - \bar{x})| &= \left|\int_0^1 \big(f'(\bar{x} + \tau(x - \bar{x})) - f'(x)\big)\,(x - \bar{x})\,d\tau\right| \\ &\leq L|x - \bar{x}| \int_0^1 |(\tau - 1)(x - \bar{x})|\,d\tau \\ &\leq \tfrac{L}{2}|x - \bar{x}|^2. \end{aligned}$$

□

2 Funktionen am Computer

In diesem Abschnitt diskutieren wir, wie (reelle) Funktionen allgemein in Datenstrukturen auf einem Computer dargestellt werden können, sodass Algorithmen mit Funktionen als Ein- oder Ausgabe, darunter auch die in Abschnitt 1 diskutierten Operationen, computerunterstützt ausgeführt werden können.

Black-Box-Funktionen

Von *Black-Box-Funktionen* am Computer kann lediglich erwartet werden, dass zu jeder Stelle x aus dem Definitionsbereich der Funktionswert $f(x)$ geliefert wird. Auf die in der Funktion codierte Zuordnungsvorschrift kann „von außen" nicht zugegriffen werden, man kann f also nur aufrufen, um $f(x)$ zu ermitteln. Insbesondere weiß man auch nicht, ob es sich um eine Funktion einer speziellen Kategorie handelt, etwa um eine Polynomfunktion oder eine trigonometrische Funktion.

[9] Lipschitz, Rudolf: 1832–1903, deutscher Mathematiker. Da er nicht sofort nach Erlangen des Doktorats eine Universitätsstelle erhielt, unterrichtete er vier Jahr an einem Gymnasium. Über Breslau kam er 1864 an die Universität Bonn. Lipschitz leistete Beiträge u.a. zur Zahlentheorie und der Theorie der gewöhnlichen und partiellen Differentialgleichungen. So beschreibt die *Lipschitz-Bedingung* eine Bedingung für die eindeutige Lösbarkeit einer gewöhnlichen Differentialgleichung.

Beispiel

Ein fehlerfreies und terminierendes Computerprogramm[10] `Prog` (mit einem Eingangsparameter x) definiert über $f(x) :=$ `Prog`(x) eine Funktion f. Ganz egal, was man über `Prog` zusätzlich weiß, man kann jedenfalls $f(x)$ für beliebige x aus dem Definitionsbereich durch einen Aufruf des Programms `Prog` berechnen.

Beispiel

In MATLAB können Funktionen in sogenannten .m-Dateien definiert werden. Die Funktion $f(x) = \cos(3^x + x^2)$ etwa kann man in MATLAB in einer separaten Datei namens `f.m` durch

```
function y=f(x)
  y=cos(3^x+x^2)
```

definieren. Völlig analog dazu verhält sich in *Mathematica* eine Funktionsdefinition `f[x_Real]:=Cos[3^x+x^2]`. Die einzig verfügbare Operation auf f ist das Berechnen von $f(x)$ für Gleitkomma-Eingaben[11] x. Des Weiteren können in einer Funktionsdefinition beliebige Programmierkonstrukte verwendet werden (Schleifen, Datenbankabfragen etc.), die nicht unmittelbar in mathematische Terme übersetzbar sind, trotzdem handelt es sich um eine Funktion im mathematischen Sinn.

Algorithmen, die mit Black-Box-Funktionen arbeiten, sind dadurch eingeschränkt, dass sie als Elementaroperation auf Funktionen nur die Bestimmung von Funktionswerten verwenden können. Damit kann man immer noch arithmetische Operationen auf Funktionen ausführen, da diese durch Funktionswerte der beteiligten Funktionen definiert sind. So ist etwa die Funktion $-f$ an der Stelle x definiert als $-(f(x))$, man braucht dazu nur die Berechnung von $f(x)$ und eine anschließende Negation. Man beachte aber, dass Black-Box-Funktionen nicht ohne weiteres als Rückgabegrößen produziert werden können, ein Algorithmus mit Eingabe f und Ausgabe $-f$ etwa verlangt nach einer *Datenstruktur* für Funktionen. Die Details hängen von der verwendeten Programmiersprache ab.

Funktionen in Termdarstellung

Sehr oft sind Funktionen in Form einer Termdarstellung (1.1) gegeben, die wichtige *strukturelle Information* über den Aufbau der Funktion enthält. Die Darstellung von Termen am Computer bildet die Grundlage des symbolischen Rechnens und von Teilen der Computeralgebra. Terme kommen insbesondere bei Funktionen, die in Termdarstellung (1.1) vorliegen, zum Einsatz und erlauben – im Gegensatz zur Black-Box – auch den Zugriff auf strukturelle Information über die Funktion.

Wir wollen uns zunächst mit dem Begriff *Term* genauer beschäftigen. Jeder Sprache liegt ein *Alphabet* zugrunde, in dem die in der Sprache erlaubten Symbole festgelegt sind. Insbesondere enthält ein Alphabet Funktionssymbole (mit verschiedenen *Stelligkeiten*) und Symbole für Konstanten und Variablen.

[10] Neben Syntaxfehlern kann ein Computerprogramm auch Laufzeitfehler, z. B. eine Division durch Null, aufweisen. Außerdem kann es passieren, dass ein Programm nicht terminiert, da es in einer Endlosschleife oder in einer unendlichen Rekursion gefangen ist.

[11] In *Mathematica* steht `Real` für Gleitkommazahlen, nicht für reelle Zahlen im mathematischen Sinn.

Definition

Term. Ein *Term* ist ein Ausdruck, der durch endlich viele Anwendungen der folgenden Regeln erzeugt werden kann[12]:

1. Eine Variable $\boldsymbol{v}$ ist ein Term.
2. Eine Konstante $\boldsymbol{k}$ ist ein Term.
3. Sei $n \in \mathbb{N}$ und seien $\boldsymbol{t}_1, \ldots, \boldsymbol{t}_n$ Terme und $\boldsymbol{F}$ ein n-stelliges Funktionssymbol. Dann ist $\boldsymbol{F}(\boldsymbol{t}_1, \ldots, \boldsymbol{t}_n)$ ebenfalls ein Term.

Konstanten und Variablen nennt man *atomare Terme*, andernfalls spricht man von *zusammengesetzten Termen*. In einem zusammengesetzten Term $T = \boldsymbol{F}(\boldsymbol{t}_1, \ldots, \boldsymbol{t}_n)$ spricht man bei $\boldsymbol{t}_1, \ldots, \boldsymbol{t}_n$ von den *Untertermen* von T.

In der Sprache der Mathematik sind Terme rein formale Ausdrücke, die für bestimmte (mathematische) Objekte stehen. Erst eine *Interpretation* verleiht einem Term eine Bedeutung, wir kommen darauf auf Seite 13 zurück. Die Trennung von Syntax und Semantik – also von Form und Bedeutung – steht meist am Beginn der Entwicklung formaler Sprachen, die auch die Grundlage der mathematischen Logik sind, für Details verweisen wir auf [7].

Beispiel

Wir betrachten ein Alphabet, in dem die Konstanten **2** und **3**, eine Variable $\boldsymbol{x}$, ein 1-stelliges Funktionssymbol **cos** und 2-stellige Funktionssymbole + und ^ enthalten sind[13]. Dann ist der Ausdruck

$$\mathbf{cos}(+(\hat{}(\mathbf{3}, \boldsymbol{x}), \hat{}(\boldsymbol{x}, \mathbf{2}))) \tag{2.10}$$

ein zusammengesetzter Term, da

cos ein 1-stelliges Funktionssymbol ist und
+(^(**3**, $\boldsymbol{x}$), ^($\boldsymbol{x}$, **2**)) ein Term ist, da
+ ein 2-stelliges Funktionssymbol ist und
^(**3**, $\boldsymbol{x}$) ein Term ist, da
^ ein 2-stelliges Funktionssymbol ist und
3 eine Konstante und damit ein Term ist und (2.11)
$\boldsymbol{x}$ eine Variable und damit ein Term ist, und
^($\boldsymbol{x}$, **2**) ein Term ist, da
^ ein 2-stelliges Funktionssymbol ist und
$\boldsymbol{x}$ eine Variable und damit ein Term ist und
2 eine Konstante und damit ein Term ist.

Zusammengesetzte Terme entstehen beispielsweise durch die Hintereinanderausführung von Funktionen, indem der definierende Term der einen Funktion anstelle der

[12]Die Definition von Termen ist eine *rekursive* (oft auch genannt *induktive*) Definition, da der zu definierende Begriff auch im definierenden Ausdruck vorkommt. Daher stellt auch die Rekursion eine zentrale Strategie zur Entwicklung von Algorithmen auf Termen dar. Die hier definierten Terme entsprechen den Termen in Prädikatenlogik *erster Stufe*.

[13]Das zugrundeliegende Alphabet wird üblicherweise nicht explizit angeführt sondern muss aus dem Kontext abgelesen werden, es soll natürlich immer zumindest alle in dem gerade betrachteten Ausdruck vorkommenden Symbole enthalten. Zur leichteren Lesbarkeit vereinbaren wir die gewohnten Zeichen wie +, · oder ^ als Funktionssymbole für die arithmetischen Operationen.

Funktionsvariablen der anderen Funktion eingesetzt wird. Auch durch die arithmetischen Operationen auf Funktionen entstehen aus einfacheren Termen zusammengesetzte Terme. Aus atomaren Termen werden auf diese Art beliebig tief verschachtelte Terme. Umgekehrt können aus einem zusammengesetzten Term seine Bestandteile und die ihn erzeugende Konstruktion abgelesen werden.

Beispiel

Seien $f: \boldsymbol{x} \mapsto \mathbf{cos}(\boldsymbol{x})$, $g: \boldsymbol{x} \mapsto \mathbf{\hat{}}(\mathbf{3}, \boldsymbol{x})$ und $h: \boldsymbol{x} \mapsto \mathbf{\hat{}}(\boldsymbol{x}, \mathbf{2})$. Dann ist

$$f \circ (g + h): \boldsymbol{x} \mapsto \mathbf{cos}(\mathbf{+}(\mathbf{\hat{}}(\mathbf{3}, \boldsymbol{x}), \mathbf{\hat{}}(\boldsymbol{x}, \mathbf{2}))).$$

Umgekehrt können aus $\mathbf{cos}(\mathbf{+}(\mathbf{\hat{}}(\mathbf{3}, \boldsymbol{x}), \mathbf{\hat{}}(\boldsymbol{x}, \mathbf{2})))$ natürlich die Bestandteile f, g und h und die Konstruktion $f \circ (g + h)$ abgelesen werden.

Computerrepräsentation (Datenstrukturen für Terme). *Die Umsetzung von Termstrukturen in Computerprogrammen hängt stark von den in der jeweiligen Programmiersprache verfügbaren Grunddatenstrukturen ab. Eine Möglichkeit der Realisierung einer Term-Datenstruktur stellen* geschachtelte Listen *(*verkettete Listen*) dar, indem man einen Term* $\mathbf{F}(\boldsymbol{t}_1, \dots, \boldsymbol{t}_n)$ *als Liste* $(\mathbf{F}, \boldsymbol{t}_1, \dots, \boldsymbol{t}_n)$ *der Länge* $n+1$ *repräsentiert. Dabei sind* $\boldsymbol{t}_1, \dots, \boldsymbol{t}_n$ *selbst wieder Terme und demnach ebenfalls durch Listen dargestellt. Für atomare Terme eignen sich Listen der Länge 1. Die Darstellung von* $\mathbf{cos}(\mathbf{+}(\mathbf{\hat{}}(\mathbf{3}, \boldsymbol{x}), \mathbf{\hat{}}(\boldsymbol{x}, \mathbf{2})))$ *als geschachtelte Liste lautet etwa*

$$\texttt{(cos,(+,(\^{},(3),(x)),(\^{},(x),(2))))}. \tag{2.12}$$

Für ausgefeilte Techniken zur Speicherung von Termen verweisen wir auf [3] und [16].

Computerprogrammierung (Terme in *Mathematica*[14]). *In Mathematica ist die dem gesamten System zugrundeliegende Datenstruktur der* Ausdruck*. Mathematica-Ausdrücke sind Symbole, Zeichenketten oder Zahlen oder haben die Form* $\texttt{k[a}_1, \dots, \texttt{a}_n\texttt{]}$*, wobei* $\texttt{k}$*,* $\texttt{a}_1, \dots, \texttt{a}_n$ *wiederum Ausdrücke sind. Man nennt dann* k *den* Kopf *und* $\texttt{a}_1, \dots, \texttt{a}_n$ *die* Argumente *des Ausdrucks. Die Ähnlichkeit im rekursiven Aufbau zu Termen ist auffallend, sodass Ausdrücke als Datenstruktur für Terme ideal sind. Mathematica verwendet englische Namen für die Funktionssymbole im Kopf, etwa* `Power` *für Potenzieren. Der wesentliche Unterschied zur geschachtelten Listenstruktur ist, dass die Funktionssymbole im Kopf anstelle der ersten Listenkomponente gespeichert sind. Der Term* $\mathbf{cos}(\mathbf{+}(\mathbf{\hat{}}(\mathbf{3}, \boldsymbol{x}), \mathbf{\hat{}}(\boldsymbol{x}, \mathbf{2})))$ *ist Mathematica-intern als Mathematica-Ausdruck*

```
Cos[Plus[Power[3,x],Power[x,2]]]
```

dargestellt, vergleiche mit (2.10) *und* (2.12)*. Will man in der Mathematica-Programmiersprache eine selbstdefinierte Datenstruktur für Terme basierend auf* Listen *implementieren, so kann man* $\mathbf{cos}(\mathbf{+}(\mathbf{\hat{}}(\mathbf{3}, \boldsymbol{x}), \mathbf{\hat{}}(\boldsymbol{x}, \mathbf{2})))$ *beispielsweise darstellen als*

```
{Cos,{Plus,{Power,{3},{x}},{Power,{x},{2}}}} oder
{"cos",{"+",{"^",{3},{"x"}},{"^",{"x"},{2}}}}.
```

[14]Auch in MATLAB kann eine Datenstruktur für Terme implementiert werden. Dazu kann man basierend auf sogenannten Handle-Klassen eine Datenstruktur für verkettete Listen adaptieren, es wird also mit Referenzen auf Objekte, d. h. Zeigern, gearbeitet. Dies ist mit etwas Aufwand verbunden, wir gehen darauf nicht näher ein, insbesondere auch deswegen, weil MATLAB nicht für symbolisches Rechnen ausgelegt ist.

Computerrepräsentation (Termdatenstruktur $\mathcal{T}$). *Mit $\mathcal{T}$ bezeichnen wir eine Datenstruktur für Terme. Für $T \in \mathcal{T}$ greifen wir mit $op(T)$ und $arg(T)$ wie folgt auf die Bestandteile von T zu: stellt T einen atomaren Term $\boldsymbol{a}$ dar ($\boldsymbol{a}$ ist also eine Variable oder Konstante), so ist $op(T) = \boldsymbol{a}$ und $arg(T) = ()$, steht T für einen zusammengesetzten Term $\boldsymbol{F}(\boldsymbol{t}_1, \ldots, \boldsymbol{t}_n)$, so liefert $op(T) = \boldsymbol{F}$ und $arg(T) = (\boldsymbol{t}_1, \ldots, \boldsymbol{t}_n)$. Zur leichteren Lesbarkeit verwenden wir auch hier die gewohnten Operatoren wie $+$, $\cdot$ oder $\hat{}$ als Funktionssymbole, siehe auch Seite 10, und schreiben Terme unter Zuhilfenahme üblicher Notation*[15] *an. Zum Aufbau eines zusammengesetzten Terms $\boldsymbol{F}(\boldsymbol{t}_1, \ldots, \boldsymbol{t}_n)$ verwenden wir $\mathcal{T}(\boldsymbol{F}, (\boldsymbol{t}_1, \ldots, \boldsymbol{t}_n))$, man spricht dabei von einem* Konstruktor[16] *für die Datenstruktur $\mathcal{T}$. Einen atomaren Term $\boldsymbol{a}$ erzeugen wir der Einfachheit halber mittels $\mathcal{T}(\boldsymbol{a})$.*

Beispiel

Mit $\mathcal{T}(\hat{}, (\boldsymbol{3}, \boldsymbol{x}))$ erzeugt man den Term $\hat{}(\boldsymbol{3}, \boldsymbol{x})$, auch $\boldsymbol{3}^{\boldsymbol{x}}$ geschrieben. Für $T = \boldsymbol{3}^{\boldsymbol{x}} \in \mathcal{T}$ ist demnach $op(T) = \hat{}$ und $arg(T) = (\boldsymbol{3}, \boldsymbol{x})$.

Computerprogrammierung (Realisierung von $\mathcal{T}$). *Computeralgebra-Systeme wie Mathematica erlauben die Manipulation von symbolischen Ausdrücken, insbesondere stehen in solchen Sprachen* Symbole *als Grunddatentypen bereits zur Verfügung. Diese bieten sich in einer Realisierung der Datenstruktur $\mathcal{T}$ für Variablen, nicht-numerische Konstanten (z. B. $\boldsymbol{\pi}$) und Funktionen an. Stellt die verwendete Programmiersprache Symbole nicht zur Verfügung, so kann man an deren Stelle Zeichenketten verwenden. Für numerische Konstanten (etwa 2 oder 3/4 oder 3.14) verwendet man die in der jeweiligen Sprache verfügbaren Grunddatenstrukturen für Zahlen oder ebenfalls Zeichenketten.*

Es sei explizit darauf hingewiesen, dass ein durch den Konstruktor $\mathcal{T}$ erzeugter Term *nicht automatisch* den arithmetischen Gesetzen folgend vereinfacht wird. So ergibt $\mathcal{T}(+, (\boldsymbol{x}, \boldsymbol{x}))$ den Term $\boldsymbol{x} + \boldsymbol{x}$ und nicht $\boldsymbol{2x}$. Im Allgemeinen ist das Vereinfachen von algebraischen Termen eine eigene Problemstellung mit eigenen Lösungsalgorithmen, deren Darstellung den Rahmen dieses Buches sprengen würde. In Computeralgebra-Systemen stehen solche Algorithmen üblicherweise zur Verfügung, in *Mathematica* etwa `Simplify` oder `FullSimplify`. Es empfiehlt sich aber, einfache Regeln zur Vereinfachung von Termen direkt im Konstruktor $\mathcal{T}$ zu behandeln, etwa $\mathcal{T}(+, (\boldsymbol{x}, \boldsymbol{0})) = \boldsymbol{x}$, $\mathcal{T}(\cdot, (\boldsymbol{x}, \boldsymbol{1})) = \boldsymbol{x}$ oder $\mathcal{T}(\cdot, (\boldsymbol{x}, \boldsymbol{0})) = \boldsymbol{0}$, siehe auch Übung I.2.

Zur Übertragung der in Abschnitt 1 vorgestellten Grundoperationen von Funktionen auf deren Termdarstellungen führen wir nun *Grundoperationen auf Termen* ein. Wir beginnen mit der Berechnung von Funktionswerten. Für $f : \boldsymbol{x} \mapsto \mathbf{cos}(\boldsymbol{3}^{\boldsymbol{x}} + \boldsymbol{x}^{\boldsymbol{2}})$ muss zur Auswertung der Funktion an der Stelle 4 der Term $\mathbf{cos}(\boldsymbol{3}^{\boldsymbol{x}} + \boldsymbol{x}^{\boldsymbol{2}})$ unter der Variablenbelegung $\boldsymbol{x} \rightsquigarrow 4$ *interpretiert* werden. Aufgabe der Interpretation ist es, Termen eine Bedeutung zu geben, indem

- den Konstanten Objekte zugewiesen werden,
- Funktionssymbole mit Operationen identifiziert werden und
- die Variablen mit Werten belegt werden.

[15] Die mathematische Sprache ist reich an *Notationen*, um zusammengesetzte Terme kompakt und für Menschen leichter lesbar anschreiben zu können. Exemplarisch seien *Hochstellung*, z. B. $\boldsymbol{3}^{\boldsymbol{x}}$ anstelle von $\hat{}(\boldsymbol{3}, \boldsymbol{x})$ oder die *Infix-Schreibweise* angeführt, bei der für $\boldsymbol{F}(\boldsymbol{t}_1, \boldsymbol{t}_2)$ ein mit $\boldsymbol{F}$ assoziierter Operator zwischen $\boldsymbol{t}_1$ und $\boldsymbol{t}_2$ geschrieben wird, z. B. $\boldsymbol{x} + \boldsymbol{1}$ anstelle von $+(\boldsymbol{x}, \boldsymbol{1})$. In diesem Sinne versteht man also auch $\mathbf{cos}(\boldsymbol{3}^{\boldsymbol{x}} + \boldsymbol{x}^{\boldsymbol{2}})$ als einen Term.

[16] Wir folgen hier der Tradition vieler objektorientierter Programmiersprachen, in denen der Konstruktor für Objekte einer Klasse denselben Namen trägt wie die Klasse selbst.

In der mathematischen Logik definiert eine Interpretation die Semantik der Sprache, siehe etwa [7], formal besteht eine Interpretation aus einer Menge A, einer Zuordnung α und einer Variablenbelegung β so, dass

- $\alpha(\boldsymbol{k}) \in A$ für jede Konstante $\boldsymbol{k}$,
- $\alpha(\boldsymbol{F})$ eine n-stellige Operation auf A für jedes n-stellige Funktionssymbol $\boldsymbol{F}$ ist und
- $\beta(\boldsymbol{v}) \in A$ für jede Variable $\boldsymbol{v}$ des Alphabets.

Um darauf aufbauend einen Term zu interpretieren, geht man rekursiv über die Termstruktur vor und ordnet den Konstanten und Funktionssymbolen ihre Bedeutung laut α bzw. den Variablen ihre Werte laut β zu. Wir wollen nicht näher auf die Details eingehen und begnügen uns mit einem Beispiel.

Beispiel

Seien $A = \mathbb{R}$ und die Zuordnung α so, dass $\alpha(\mathbf{2}) = 2 \in \mathbb{R}$, $\alpha(\mathbf{3}) = 3 \in \mathbb{R}$, $\alpha(\hat{})$ das Potenzieren auf $\mathbb{R}$, $\alpha(+)$ die Addition auf $\mathbb{R}$ und $\alpha(\mathbf{cos})$ die aus der Analysis bekannte Cosinus-Funktion $\cos : \mathbb{R} \to \mathbb{R}$ ist. Man beachte dabei den Unterschied zwischen Syntax (fett) und Semantik (nicht fett): **2** und **3** sind Konstanten unseres Alphabets, 2 und 3 stehen für reelle Zahlen. Analog dazu ist **cos** ein Funktionssymbol unseres Alphabets, hingegen steht cos für eine Operation auf $\mathbb{R}$. Die Interpretation des Terms $T = \mathbf{cos}(\mathbf{3}^{\boldsymbol{x}} + \boldsymbol{x}^{\mathbf{2}})$ unter der Variablenbelegung $\beta = \boldsymbol{x} \rightsquigarrow 4$ ergibt sich aus der rekursiven Abarbeitung von T als

$$\underbrace{\mathbf{cos}(\underbrace{\underbrace{\mathbf{3}^{\boldsymbol{x}}}_{=3^4=81} + \underbrace{\boldsymbol{x}^{\mathbf{2}}}_{=4^2=16}}_{=81+16=97}}_{\cos(97)}) = \cos(97) = -0.9251.$$

Wird bei der Interpretation auf Gleitkommaarithmetik zurückgegriffen, so ist mit dem Auftreten von Rundungsfehlern[17] zu rechnen. Diese können nicht nur bei der Eingabe von x und der Ausführung der Elementaroperationen, sondern auch bei der Auswertung einer Funktion f an einer Stelle x, etwa bei der Berechnung von $f : x \mapsto \cos(3^x + x^2)$ analog zu obigem Beispiel, entstehen. Für die Stabilitätsanalyse von Algorithmen, die Funktionsauswertungen in $\mathbb{R}$ involvieren, sind Annahmen an bzw. Aussagen über den entstehenden Fehler notwendig. Mit der Bezeichnung $\tilde{f}(\tilde{x})$ für den tatsächlich berechneten Wert sei exemplarisch die Fehlerabschätzung

$$\left|\frac{\tilde{f}(\tilde{x}) - f(x)}{f(x)}\right| \lesssim C\mathbf{u} \quad \text{für } \mathbf{u} \to 0 \tag{2.13}$$

für alle x mit $|\tilde{x} - x| \leq \mathbf{u}$ und $f(x) \neq 0$ angeführt, weitere Beispiele finden sich in [15]. In Band *1* Seite 134 hat die Fehleranalyse des Horner-Algorithmus zur Auswertung von Polynomfunktionen gerade auf (2.13) geführt[18].

[17] Siehe Band *1* für eine Diskussion von Rundungsfehler und -einheit $\mathbf{u}$.

[18] Allerdings waren dort die Polynomfunktionen in einer eigenen Datenstruktur und nicht in Termdarstellung repräsentiert.

Wir kommen nun zur Hintereinanderausführung von Funktionen. Wie auf Seite 11 angedeutet, erhält man die Termdarstellung von $g \circ f$, indem man die Termdarstellung von f für die Funktionsvariable in der Termdarstellung von g einsetzt. Diese Operation kann leicht rekursiv definiert werden.

Definition

Komposition von Termen. Seien $T, S \in \mathcal{T}$ und v eine Variable. Dann ist die *Komposition der Terme* S und T (bez. v) definiert als

$$T \circ_v S := \begin{cases} S & \text{falls } arg(T) = () \text{ und } op(T) = v \\ T & \text{falls } arg(T) = () \text{ und } op(T) \neq v \\ F(t_1 \circ_v S, \ldots, t_n \circ_v S) & \text{sonst.} \\ \quad \text{wobei } t = arg(T), F = op(T) & \end{cases}$$

Die rekursive Definition führt direkt auf den rekursiven Algorithmus *KompositionTerm*.

Algorithmus *KompositionTerm*: Komposition von Termen

```
t ← arg(T)
if t = ()
   if T = v
      R ← S
   else
      R ← T
else
   F ← op(T)
   for i from 1 to |t|
      r_i ← KompositionTerm(t_i, v, S)
   R ← T(F, r)
return R
```

Aufruf: $KompositionTerm(T, v, S)$
Eingabe: $T, v, S \in \mathcal{T}$
mit: v ist eine Variable.
Ausgabe: $R \in \mathcal{T}$
mit: $R = T \circ_v S$.

Beispiel

Ein Aufruf $KompositionTerm(\mathbf{cos}(\boldsymbol{x}), \boldsymbol{x}, \mathbf{3}^{\boldsymbol{x}} + \boldsymbol{x}^{\mathbf{2}})$ berechnet zuerst den Unterterm $t = arg(\mathbf{cos}(\boldsymbol{x})) = (\boldsymbol{x})$ und wegen $t \neq ()$ dann $F = op(\mathbf{cos}(\boldsymbol{x})) = \mathbf{cos}$, gefolgt vom rekursiven Aufruf $KompositionTerm(\boldsymbol{x}, \boldsymbol{x}, \mathbf{3}^{\boldsymbol{x}} + \boldsymbol{x}^{\mathbf{2}})$. An dieser Stelle ist wegen $arg(\boldsymbol{x}) = ()$ und $T = \boldsymbol{x} = v$ ein Basisfall mit $R = \mathbf{3}^{\boldsymbol{x}} + \boldsymbol{x}^{\mathbf{2}}$ erreicht. Das Endresultat lautet $\mathcal{T}(\mathbf{cos}, (\mathbf{3}^{\boldsymbol{x}} + \boldsymbol{x}^{\mathbf{2}}))$, was auf den Term $\mathbf{cos}(\mathbf{3}^{\boldsymbol{x}} + \boldsymbol{x}^{\mathbf{2}})$ führt, vergleiche dazu die Beispiele auf den Seiten 4 und 11. Somit kann $\mathbf{cos}(\mathbf{3}^{\boldsymbol{x}} + \boldsymbol{x}^{\mathbf{2}})$ als Komposition $\mathbf{cos}(\boldsymbol{x}) \circ_{\boldsymbol{x}} (\mathbf{3}^{\boldsymbol{x}} + \boldsymbol{x}^{\mathbf{2}})$ betrachtet werden.

Beispiel

Im Aufruf $KompositionTerm(\boldsymbol{x} + \boldsymbol{y}, \boldsymbol{y}, \boldsymbol{x}^{\mathbf{2}})$ erhält man $t = (\boldsymbol{x}, \boldsymbol{y})$ und $F = +$. Es sind zwei rekursive Aufrufe $r_1 = KompositionTerm(\boldsymbol{x}, \boldsymbol{y}, \boldsymbol{x}^{\mathbf{2}})$ und $r_2 = KompositionTerm(\boldsymbol{y}, \boldsymbol{y}, \boldsymbol{x}^{\mathbf{2}})$ auszuführen. Wegen $arg(\boldsymbol{x}) = arg(\boldsymbol{y}) = ()$ gilt in beiden Fällen $t = ()$, im ersten Fall ist wegen $T = \boldsymbol{x} \neq \boldsymbol{y} = v$ das Resultat $R = T = \boldsymbol{x}$, im zweiten Fall ist $T = \boldsymbol{y} = v$ und $R = S = \boldsymbol{x}^{\mathbf{2}}$. Insgesamt erhalten wir $\mathcal{T}(+, (\boldsymbol{x}, \boldsymbol{x}^{\mathbf{2}})) = \boldsymbol{x} + \boldsymbol{x}^{\mathbf{2}}$ als Komposition $(\boldsymbol{x} + \boldsymbol{y}) \circ_{\boldsymbol{y}} \boldsymbol{x}^{\mathbf{2}}$.

Abschließend besprechen wir noch die Übertragung der arithmetischen Operationen von Funktionen auf ihre Termdarstellungen.

Definition

Arithmetische Operationen. Für $T, S \in \mathcal{T}$ definiert man

$$T + S := \mathcal{T}(+, (T, S)) \quad T \cdot S := \mathcal{T}(\cdot, (T, S))$$

$$-T := \mathcal{T}(-, (T)) \qquad \tfrac{1}{T} := \mathcal{T}(\mathbf{1}/, (T)).$$

Subtraktion und Division realisieren wir als $S - T = S + (-T)$ und $S/T = S \cdot \frac{1}{T}$.

Es sei erwähnt, dass die Darstellung einer Funktion durch ihre Termdarstellung *keine kanonische Form* ist, d. h., zwei verschiedene Terme, etwa $x^2 + 2x + 1$ und $(x + 1)^2$, können durchaus dieselbe Funktion beschreiben.

Für spezielle Klassen von Funktionen können natürlich spezialisierte Datenstrukturen entwickelt werden, etwa für Polynomfunktionen. Für die zu einem reellen Polynom p gehörige Polynomfunktion haben wir in Band *1* die Schreibweise pf_p eingeführt. Aufgrund des Evaluations-Homomorphismus

$$\mathrm{pf}_p + \mathrm{pf}_q = \mathrm{pf}_{p+q} \qquad \mathrm{pf}_p \cdot \mathrm{pf}_q = \mathrm{pf}_{p\cdot q} \qquad \mathrm{pf}_p - \mathrm{pf}_q = \mathrm{pf}_{p-q}$$

sind die auf Polynomfunktionen verfügbaren[19] arithmetischen Grundoperationen einfach realisierbar, da sie durch entsprechende Operationen auf Polynomen charakterisiert sind. Es bietet sich daher an, für pf_p eine Datenstruktur zu entwerfen, in der lediglich p in einer geeigneten Datenstruktur für Polynome, etwa $\mathcal{P}_\mathbb{R}$ aus Band *1*, abgelegt wird. In diesem Fall kann man zur Berechnung von Funktionswerten wegen $\mathrm{pf}_p(x) = \mathrm{eval}(p, x)$ auf den Horner-Algorithmus zur Polynomauswertung zurückgreifen.

3 Differentiation

Beim Differenzieren einer Funktion $f : I \to \mathbb{R}$ unterscheiden wir zwischen zwei Problemstellungen, nämlich der Suche nach der Ableitungsfunktion f' gemäß der Definition (1.3) und, bei zusätzlich gegebenem $\bar{x} \in D_f$, der Suche nach der Ableitung $f'(\bar{x})$ gemäß der Definition (1.2). Wurde bereits die Ableitungsfunktion f' ermittelt, reduziert sich die Bestimmung von $f'(\bar{x})$ natürlich auf eine Funktionsauswertung von f'. Aber auch ohne explizite Bestimmung von f' kann man die Ableitung $f'(\bar{x})$ an einer Stelle $\bar{x}$ direkt berechnen oder zumindest annähern.

Symbolisches Differenzieren

Beim symbolischen Differenzieren gehen wir davon aus, dass eine reelle Funktion f durch ihre Termdarstellung $\lambda v.T$ gegeben ist. Da in der Termdarstellung der Definiti-

[19] Die Reziprok-Operation steht hier nicht zur Verfügung, da $1/\mathrm{pf}_p$ im Allgemeinen nicht als Polynomfunktion darstellbar ist.

onsbereich der Funktion üblicherweise nicht berücksichtigt wird, kann T durchaus an gewissen Stellen nicht definiert sein. Auch für die gesuchte Ableitungsfunktion suchen wir lediglich nach einem Term, dessen Interpretation an allen Stellen $\bar{x} \in D_f$ mit der Interpretation des Terms der Ableitungsfunktion übereinstimmt.

Problemstellung (Symbolisches Differenzieren).

Gegeben:	T, v
mit:	T ist ein Term und v eine Variable und $D_{\lambda v.T} \neq \emptyset$.
Gesucht:	S
mit:	S ist ein Term mit $(\lambda v.T)'(\bar{x}) = (\lambda v.S)(\bar{x})$ für alle $\bar{x} \in D_{\lambda v.T}$.

Beim symbolischen Differenzieren können auch Funktionen behandelt werden, die an manchen Stellen nicht differenzierbar sind.

Beispiel

Sei $v = \mathbf{x}$. Für $T = \mathbf{3x^2} + \mathbf{cos}(\mathbf{x})$ erfüllt $S = \mathbf{6x} - \mathbf{sin}(\mathbf{x})$ die in der Problemstellung geforderte Bedingung, die Ableitung von $\lambda\mathbf{x}.(\mathbf{3x^2} + \mathbf{cos}(\mathbf{x}))$ stimmt auf ganz $\mathbb{R}$ mit $\lambda\mathbf{x}.(\mathbf{6x} - \mathbf{sin}(\mathbf{x}))$ überein. Für $T = \mathbf{ln}(\mathbf{x})$ löst $S = \frac{\mathbf{1}}{\mathbf{x}}$ das Problem, da $D_{\lambda\mathbf{x}.\mathbf{ln}(\mathbf{x})} = \mathbb{R}^+$ und

$$(\lambda\mathbf{x}.\mathbf{ln}(\mathbf{x}))'(\bar{x}) = \ln'(\bar{x}) = \frac{1}{\bar{x}} = (\lambda\mathbf{x}.\frac{\mathbf{1}}{\mathbf{x}})(\bar{x}) \quad \text{für alle } \bar{x} \in \mathbb{R}^+.$$

Der Term S ist allerdings im Gegensatz zu T auch für $x < 0$ interpretierbar.

Für die Funktion $\lambda\mathbf{x}.|\mathbf{x}|$ gilt bekanntlich $D_{\lambda\mathbf{x}.|\mathbf{x}|} = \mathbb{R} \setminus \{0\}$. Führen wir ein Funktionssymbol **sgn0** ein, dessen Interpretation für die Funktion

$$\text{sgn0}\colon \mathbb{R} \setminus \{0\} \to \mathbb{R},\ x \mapsto \begin{cases} 1 & \text{falls } x > 0 \\ -1 & \text{falls } x < 0 \end{cases}$$

steht, so löst für $T = |\mathbf{x}|$ der Term $S = \mathbf{sgn0}(\mathbf{x})$ das Problem. Es ist klar, dass S nur auf $\mathbb{R} \setminus \{0\}$ interpretierbar ist.

Die Ausgabebedingung der Spezifikation bezieht sich nur auf die Stellen, an denen Differenzierbarkeit vorliegt. Für die Lösbarkeit der obigen Problemstellung ist es von entscheidender Bedeutung, welche Funktionssymbole man in T erlaubt. Aus der Analysis ist für eine Vielzahl von elementaren Funktionen deren Ableitungsfunktion bekannt, als Beispiele seien etwa

$$\sin'(\bar{x}) = \cos(\bar{x}) \qquad \cos'(\bar{x}) = -\sin(\bar{x}) \qquad \exp'(\bar{x}) = \exp(\bar{x}) \qquad \ln'(\bar{x}) = \frac{1}{\bar{x}}$$

genannt. Diese Gleichheiten gelten jeweils für alle $\bar{x}$, an denen beide Seiten definiert sind, sie beschreiben also einfache Lösungen des symbolischen Differenzierens im Sinne obiger Spezifikation. Mit $\mathbb{F}_D$ bezeichnen wir die Menge von Funktionssymbolen mit bekannter Ableitungsfunktion, d. h. $\mathbb{F}_D = \{\mathbf{sin}, \mathbf{cos}, \mathbf{exp}, \mathbf{ln}, \ldots\}$.

Satz

Existenz der Ableitung. Seien $\mathbb{F}_D \cup \{+, -, \cdot, \mathbf{1/}, \hat{}\}$ die Funktionssymbole des zugrundeliegenden Alphabets, T ein Term und v eine Variable. Dann existiert ein Term S mit $(\lambda v.S)(\bar{x}) = (\lambda v.T)'(\bar{x})$ für alle $\bar{x} \in D_{\lambda v.T}$.

Beweis. Wir zeigen die Existenz eines Terms S mit den gewünschten Eigenschaften mittels struktureller Induktion[20] über T. Sei daher zuerst T ein atomarer Term. Ist $T = v$, so ist $S := \mathbf{1}$ wegen der Ableitung der identischen Funktion, andernfalls ist $S := \mathbf{0}$ wegen der Ableitung einer konstanten Funktion.

Sei nun $T = \boldsymbol{F(t_1)}$ mit $\boldsymbol{F} \in \mathbb{F}_D$. Ist $\boldsymbol{t_1}$ ein atomarer Term, so existiert S im Fall $\boldsymbol{t_1} = v$ wegen $\boldsymbol{F} \in \mathbb{F}_D$, im Fall $\boldsymbol{t_1} \neq v$ ist $S := \mathbf{0}$. Ist $\boldsymbol{t_1}$ ein zusammengesetzter Term, so ist $T = \boldsymbol{F(t_1)}$ die Termdarstellung der Komposition $g \circ f$ an der Stelle v mit $g = \lambda v.\boldsymbol{F}(v)$ und $f = \lambda v.\boldsymbol{t_1}$. Für $\boldsymbol{t_1}$ existiere laut Induktionsannahme ein Term U mit

$$(\lambda v.U)(\bar{x}) = (\lambda v.\boldsymbol{t_1})'(\bar{x}) = f'(\bar{x}) \quad \text{für alle } \bar{x}, \tag{3.14}$$

also insbesondere $f'(v) = U$, und wegen $\boldsymbol{F} \in \mathbb{F}_D$ ist ein Term V mit $V = g'(v)$ bekannt. Laut Kettenregel ist $(g \circ f)'(v) = g'(f(v)) \cdot f'(v)$, somit ist $S := (V \circ_v \boldsymbol{t_1}) \cdot U$ der gewünschte Term.

Ist $T = +(\boldsymbol{t_1}, \boldsymbol{t_2})$, so ist T die Termdarstellung von $f + g$ an der Stelle v mit $f = \lambda v.\boldsymbol{t_1}$ und $g = \lambda v.\boldsymbol{t_2}$. Laut Induktionsannahme existieren Terme U und V so, dass

$$(\lambda v.U)(\bar{x}) = (\lambda v.\boldsymbol{t_1})'(\bar{x}) = f'(\bar{x}) \qquad (\lambda v.V)(\bar{x}) = (\lambda v.\boldsymbol{t_2})'(\bar{x}) = g'(\bar{x})$$

jeweils für alle $\bar{x}$. Laut Summenregel ist $(f + g)'(v) = f'(v) + g'(v)$, und daher ist $S := U + V$ der gewünschte Term. Völlig analog dazu zeigt man mit Hilfe der Produktregel $S := U \cdot t_2 + V \cdot t_1$ für $T = \cdot(\boldsymbol{t_1}, \boldsymbol{t_2})$. Ist $T = \hat{}(\boldsymbol{t_1}, \boldsymbol{t_2})$, so ist T die Termdarstellung von $f^g = \exp \circ((\ln \circ f) \cdot g)$ an der Stelle v. Mit der Kettenregel ergibt sich für deren Ableitung $(f^g)'(v) = (f^g)(v) \cdot (\frac{f'(v)}{f(v)} \cdot g(v) + g'(v) \cdot \ln(f(v)))$ und damit $S := T \cdot (U \cdot \frac{1}{\boldsymbol{t_1}} \cdot \boldsymbol{t_2} + V \cdot \mathbf{ln}(\boldsymbol{t_1}))$.

Ist $T = -(\boldsymbol{t_1})$, so ist T die Termdarstellung von $-f$ an der Stelle v mit $f = \lambda v.\boldsymbol{t_1}$. Laut Induktionsannahme existiert ein Term U wie in (3.14). Laut Negationsregel ist $(-f)'(v) = -f'(v)$, und daher ist $S := -U$ der gewünschte Term. Völlig analog dazu zeigt man mit Hilfe der Reziprokregel $S := -U \cdot \frac{1}{\boldsymbol{t_1}^2}$ für $T = \mathbf{1}/(\boldsymbol{t_1})$. □

Eindeutigkeit der Lösung ist nicht gegeben, da die Termdarstellung einer Funktion nicht eindeutig bestimmt ist. Der Beweis veranschaulicht, wie sich die bekannten Ableitungsregeln für Funktionen direkt auf die Termdarstellungen der beteiligten Funktionen übertragen. Der Induktionsbeweis ist konstruktiv und kann daher sofort in einem rekursiven Algorithmus *SymbDiff* umgesetzt werden, dessen Basisfall erreicht wird, wenn ein atomarer Term oder ein Term der Form $\boldsymbol{F}(v)$ mit $\boldsymbol{F} \in \mathbb{F}_D$ und der Funktionsvariablen v erreicht ist.

Der Unteralgorithmus *DiffElementar* muss für jedes $\boldsymbol{F} \in \mathbb{F}_D$ die bekannte, also nicht mehr zu berechnende, Ableitung von $\boldsymbol{F}(v)$ zur Verfügung stellen, wir verweisen für dessen einfache Realisierung auf Übung I.3. In diesem Sinn legt eine konkrete Realisierung von *DiffElementar* die Menge $\mathbb{F}_D$ fest.

[20] Aufgrund der induktiven Definition von Termen kann eine Aussage *für alle Terme T* immer gezeigt werden, indem man die Aussage für atomare Terme zeigt (Induktionsanfang) und aus der Gültigkeit der Aussage für Terme $\boldsymbol{t_1}, \ldots, \boldsymbol{t_n}$ (Induktionsannahme) auf die Gültigkeit der Aussage für $\boldsymbol{F}(\boldsymbol{t_1}, \ldots, \boldsymbol{t_n})$ für jedes n-stellige Funktionssymbol $\boldsymbol{F}$ des Alphabets schließt (Induktionsschluss).

Algorithmus *SymbDiff*: Symbolisches Differenzieren

Aufruf: $\mathit{SymbDiff}(T, v)$
Eingabe: $T, v \in \mathcal{T}$
mit: $\boldsymbol{F} \in \mathbb{F}_D \cup \{+, -, \cdot, \mathbf{1}/, \hat{}\}$ für jedes Funktionssymbol $\boldsymbol{F}$ in T, v ist eine Variable.
Ausgabe: $S \in \mathcal{T}$
mit: $(\lambda v.S)(\bar{x}) = (\lambda v.T)'(\bar{x})$ für alle $\bar{x} \in D_{\lambda v.T}$.

```
F ← op(T), t ← arg(T)
if F = +
   S ← SymbDiff(t1, v) + SymbDiff(t2, v)
else if F = −
   S ← −SymbDiff(t1, v)
else if F = ·
   S ← SymbDiff(t1, v) · t2+
          SymbDiff(t2, v) · t1
else if F = 1/
   S ← −SymbDiff(t1, v) · 1/t1^2
else if F = ^
   U ← SymbDiff(t1, v)
   V ← SymbDiff(t2, v)
   S ← T · (U · 1/t1 · t2 + V · T(ln, (t1)))
else if F ∈ F_D ∧ t1 ≢ v
   U ← SymbDiff(t1, v)
   V ← DiffElementar(T(F, (v)), v)
   W ← KompositionTerm(V, v, t1)
   S ← W · U
else
   S ← DiffElementar(T, v)
return S
```

Beispiel Beim Aufruf $\mathit{SymbDiff}(\mathbf{cos}(\mathbf{3}^{x} + x^{\mathbf{2}}), x)$ werden anfangs $F = \mathbf{cos}$ und $t = (\mathbf{3}^{x} + x^{\mathbf{2}})$ ermittelt, was wegen $\mathbf{cos} \in \mathbb{F}_D$ und $t_1 \not\equiv x$ in den Zweig der Kettenregel führt. Dort wird im rekursiven Aufruf

$$\mathit{SymbDiff}(\mathbf{3}^{x} + x^{\mathbf{2}}, x) = \mathbf{3}^{x}(\mathbf{0} \cdot \frac{\mathbf{1}}{\mathbf{3}} \cdot x + \mathbf{1} \cdot \mathbf{ln}(\mathbf{3})) + x^{\mathbf{2}}(\mathbf{1} \cdot \frac{\mathbf{1}}{x} \cdot \mathbf{2} + \mathbf{0} \cdot \mathbf{ln}(x))$$

berechnet, der Unteralgorithmus $\mathit{DiffElementar}(\mathbf{cos}(x), x)$ ergibt $V = -\mathbf{sin}(x)$, und mit $\mathit{KompositionTerm}(-\mathbf{sin}(x), x, \mathbf{3}^{x} + x^{\mathbf{2}})$ erhalten wir $W = -\mathbf{sin}(\mathbf{3}^{x} + x^{\mathbf{2}})$. Als Endresultat ergibt sich somit

$$-\mathbf{sin}(\mathbf{3}^{x} + x^{\mathbf{2}})\cdot(\mathbf{3}^{x}(\mathbf{0} \cdot \frac{\mathbf{1}}{\mathbf{3}} \cdot x + \mathbf{1} \cdot \mathbf{ln}(\mathbf{3})) + x^{\mathbf{2}}(\mathbf{1} \cdot \frac{\mathbf{1}}{x} \cdot \mathbf{2} + \mathbf{0} \cdot \mathbf{ln}(x))).$$

Stattet man den Term-Konstruktor $\mathcal{T}$ wie auf Seite 12 empfohlen mit einfachsten Regeln zur Vereinfachung von Termen aus, so erhält man stattdessen

$$-\mathbf{sin}(\mathbf{3}^{x} + x^{\mathbf{2}})\cdot(\mathbf{3}^{x} \cdot \mathbf{ln}(\mathbf{3}) + x^{\mathbf{2}} \cdot \frac{\mathbf{1}}{x} \cdot \mathbf{2}).$$

Offensichtlich lässt dieses Resultat weitere Vereinfachungen zu, wir wollen uns aber damit zufriedengeben und verweisen auf Übung I.2.

Wir wollen darauf hinweisen, dass die Ableitungsregel für f^g, siehe den Beweis auf Seite 17, sehr allgemein gehalten ist, für die Spezialfälle f^r bzw. r^f (mit $r \in \mathbb{R}$) könnte man auch einfachere Regeln bereitstellen.

Numerisches Differenzieren

Ziel der numerischen Differentiation ist die Berechnung der Ableitung einer differenzierbaren Funktion f an einer Stelle $\bar{x} \in D_f$, also die Berechnung der reellen Größe $f'(\bar{x})$. Der nach der vorangegangenen Diskussion naheliegende Weg ist, zunächst f symbolisch (oder gar händisch) zu differenzieren und die Ableitungsfunktion f' anschließend an der Stelle $\bar{x}$ auszuwerten. Ist dies nicht möglich – etwa bei Vorliegen einer Black-Box-Funktion – oder zu aufwändig, so kann $f'(\bar{x})$ auch numerisch bestimmt bzw. zumindest approximiert werden.

Problemstellung (Differenzieren an einer Stelle).

Gegeben: $f : I \to \mathbb{R}, \bar{x} \in D_f$.
Gesucht: $d \in \mathbb{R}$
mit: $d = f'(\bar{x})$.

Als Ausgangspunkt zur Lösung der Problemstellung kann die Definition der Ableitung von Seite 4 herangezogen werden. Sie legt die Approximation durch den sogenannten *Vorwärtsdifferenzenquotienten*

$$V_{f,\bar{x}}(h) := \frac{f(\bar{x}+h) - f(\bar{x})}{h} \quad \text{für } h \neq 0 \tag{3.15}$$

nahe. Der dabei entstehende Approximationsfehler $V_{f,\bar{x}}(h) - f'(\bar{x})$ kann mit Hilfe der Taylor-Entwicklung von Seite 7 für eine $k+1$-mal auf I stetig differenzierbare Funktion f abhängig von der Glattheit von f, d. h. in Abhängigkeit von k, abgeschätzt werden. Aus (1.8) ergibt sich für $k \geq 1$

$$V_{f,\bar{x}}(h) - f'(\bar{x}) = \sum_{i=2}^{k} \frac{1}{i!} f^{(i)}(\bar{x}) h^{i-1} + O(h^k) = O(h) \quad \text{für } h \to 0, \tag{3.16}$$

sodass der Approximationsfehler für $h \to 0$ (mindestens) linear mit h fällt. Dies gilt auch für den *Rückwärtsdifferenzenquotienten*

$$R_{f,\bar{x}}(h) := \frac{f(\bar{x}) - f(\bar{x}-h)}{h} \quad \text{für } h \neq 0, \tag{3.17}$$

was aus

$$f(\bar{x}-h) = \sum_{i=0}^{k} (-1)^i \frac{1}{i!} f^{(i)}(\bar{x}) h^i + O(h^{k+1}) \quad \text{für } h \to 0 \tag{3.18}$$

abgeleitet werden kann. Eine weitere Möglichkeit zur Approximation von $f'(\bar{x})$ stellt der *zentrale Differenzenquotient*

$$Z_{f,\bar{x}}(h) := \frac{f(\bar{x}+h) - f(\bar{x}-h)}{2h} \quad \text{für } h \neq 0 \tag{3.19}$$

dar. Die Subtraktion der Gleichung (3.18) von (1.8) führt unter der Glattheitsvoraussetzung $k \geq 2$ an f auf

$$Z_{f,\bar{x}}(h) - f'(\bar{x}) = O(h^2) \quad \text{für } h \to 0, \tag{3.20}$$

sodass der Approximationsfehler im Gegensatz zu $V_{f,\bar{x}}(h)$ bzw. $R_{f,\bar{x}}(h)$ dann (mindestens) quadratisch[21] mit h fällt.

Bei der Berechnung von Differenzenquotienten in Gleitkommaarithmetik ist zu beachten, dass nicht nur bei der Rundung von $\bar{x}$ auf $\tilde{\bar{x}}$ und infolge der Gleitkommaoperationen ein Fehler entsteht, sondern in der Regel auch bei der Auswertung der Funktion selbst. Mit der Bezeichnung von Seite 13 liefert etwa der zentrale Differenzenquotient dann tatsächlich das Ergebnis

$$\tilde{Z}_{\tilde{f},\tilde{\bar{x}}}(\tilde{h}) = \left(\tilde{f}(\tilde{\bar{x}} \tilde{+} \tilde{h}) \tilde{-} \tilde{f}(\tilde{\bar{x}} \tilde{-} \tilde{h})\right) \tilde{/} \left(\tilde{2} \tilde{\cdot} \tilde{h}\right).$$

Unter der Annahme (2.13) an die Funktionsauswertung gilt für den bei Verwendung des zentralen Differenzenquotienten entstehenden Gesamtfehler im Falle $k \geq 2$ dann

$$|\tilde{Z}_{\tilde{f},\tilde{\bar{x}}}(\tilde{h}) - f'(\bar{x})| \leq |\tilde{Z}_{\tilde{f},\tilde{\bar{x}}}(\tilde{h}) - Z_{f,\bar{x}}(h)| + |Z_{f,\bar{x}}(h) - f'(\bar{x})| \lesssim \frac{Cf(\bar{x})\mathbf{u}}{h} + O(h^2)$$

für $\mathbf{u} \to 0$ und $h \to 0$. Allgemein kommt es bei der Gleitkommaberechnung von Differenzenquotienten zu einer Überlagerung von Approximations- und Rundungsfehlern, bei der der reine Approximationsfehler für $h \to 0$ zwar immer kleiner wird, dieser jedoch bei zu kleinen Werten von h vom Rundungsfehler (bei fixem $\mathbf{u}$) dominiert wird. Diese Gegenläufigkeit der beiden Fehlerarten spiegelt sich auch deutlich in Abbildung I.1 aus dem folgenden Beispiel wider. Die numerische Differentiation gehört aus diesen Gründen zur Klasse der schlecht gestellten Probleme, für Anleitungen zur Wahl eines optimalen Wertes von h verweisen wir auf die *Regularisierungstheorie*, siehe [8].

Beispiel

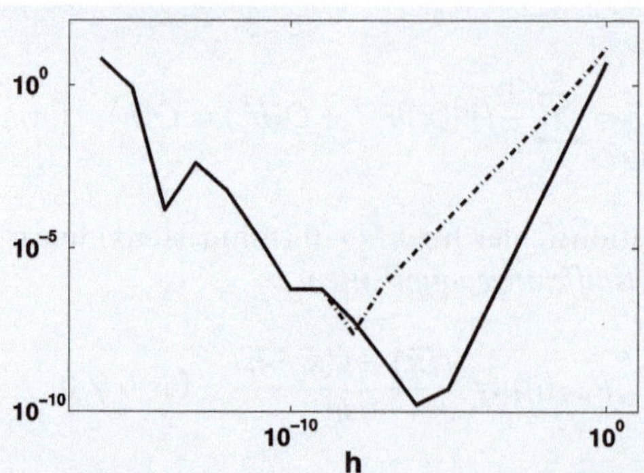

Abb. I.1: Doppellogarithmische Darstellung des Betrags des absoluten Fehlers der Differenzenquotienten $V_{f,\bar{x}}(h)$ und $Z_{f,\bar{x}}(h)$ bei Gleitkommaarithmetik.

Gegeben seien die reelle Funktion $f(x) = x^4 - x^3 - 1.5$ und $\bar{x} = 1.5$. Mit Hilfe des Vorwärts- bzw. zentralen Differenzenquotienten in Gleitkommaarithmetik approximieren wir $f'(\bar{x}) = 6.75$. Abbildung I.1 zeigt den Betrag des Gesamtfehlers

[21] Im Fall $k = 1$ ist allerdings auch für $Z_{f,\bar{x}}(h)$ der Fehler nur von der Ordnung $O(h)$.

$\tilde{V}_{\tilde{f},\tilde{\bar{x}}}(\tilde{h}) - f'(\bar{x})$ bzw. $\tilde{Z}_{\tilde{f},\tilde{\bar{x}}}(\tilde{h}) - f'(\bar{x})$ in Abhängigkeit von h bei doppellogarithmischer Skalierung. Zunächst fällt der Fehler mit kleiner werdendem h wie durch (3.16) und (3.20) angekündigt[22] ab. In beiden Fällen kommt es dann jedoch ab Unterschreitung eines kritischen Wertes von h zu einem deutlichen Anstieg des Fehlers. Grund dafür ist die Rundungsfehlerfortpflanzung infolge der Auslöschung, siehe Band *1*, Seiten 18 und 32, zu der es bei der Subtraktion annähernd gleicher reeller Zahlen kommt. Dieser Effekt wird bei kleinem Nenner im Differenzenquotienten zusätzlich verstärkt. Im Fall des zentralen Differenzenquotienten erreicht man die beste Approximation ungefähr mit $h = 10^{-6}$ bei einem relativen Fehler

$$\frac{\tilde{Z}_{\tilde{f},\tilde{\bar{x}}}(\tilde{h}) - f'(\bar{x})}{f'(\bar{x})} = -2.47 \cdot 10^{-11}. \tag{3.21}$$

Die Methode der *Extrapolation* stellt eine Möglichkeit dar, auch mit sehr kleinen Werten von h verlässliche Approximationen von $f'(\bar{x})$ zu erzielen. Lässt sich der Approximationsfehler eines Differenzenquotienten $\Delta_{f,\bar{x}}(h)$ als Potenzreihe in h der Gestalt

$$\Delta_{f,\bar{x}}(h) - f'(\bar{x}) = c_1 h + c_2 h^2 + c_3 h^3 + \cdots = \sum_{j=1}^{\infty} c_j h^j$$

darstellen, so ist die Idee, für einige (nicht zu kleine) Werte $\eta_0 < \cdots < \eta_n$ zunächst die Approximationen $\Delta_{f,\bar{x}}(\eta_0), \ldots, \Delta_{f,\bar{x}}(\eta_n)$, und anschließend das Interpolationspolynom p zu den Datenpaaren $(\eta_0, \Delta_{f,\bar{x}}(\eta_0)), \ldots, (\eta_n, \Delta_{f,\bar{x}}(\eta_n))$ zu ermitteln. Von der numerisch stabil durchführbaren Auswertung von p an der Stelle 0 erhofft man sich dann eine bessere Approximation[23] von $f'(\bar{x})$ als durch $\Delta_{f,\bar{x}}(\eta_0)$. Von Vorteil[24] dabei ist, wenn sich der Approximationsfehler nicht nur nach h, wie etwa bei $V_{f,\bar{x}}(h)$, sondern auch nach h^2 in eine Potenzreihe entwickeln lässt, d. h.

$$\Delta_{f,\bar{x}}(h) - f'(\bar{x}) = c_1 h^2 + c_2 h^4 + c_3 h^6 + \cdots = \sum_{j=1}^{\infty} c_j (h^2)^j,$$

wie etwa bei $Z_{f,\bar{x}}(h)$. Unter Verwendung von (3.19) und Interpolation[25] bez. η_i^2 erhalten wir so den Algorithmus *NumDiffExtra*.

Beispiel

Wir betrachten erneut die Funktion $f(x) = x^4 - x^3 - 1.5$, deren Ableitung an der Stelle $\bar{x} = 1.5$ durch $f'(\bar{x}) = 6.75$ gegeben ist. Mit $\eta = (10^{-5}\ 10^{-4}\ 10^{-3}\ 10^{-2})^T$ führt der Aufruf *NumDiffExtra*$(f, \bar{x}, h)$ in Gleitkommaarithmetik auf einen Näherungswert $\tilde{d}$ mit $\dfrac{\tilde{d} - f'(\bar{x})}{f'(\bar{x})} = -8.0923 \cdot 10^{-14}$, man vergleiche mit (3.21).

[22] Das Verhalten $O(h)$ für $h \to 0$ entspricht bei doppellogarithmischer Skala einer Geraden mit Steigung 1, $O(h^2)$ spiegelt sich in einer Geraden mit Steigung 2 wider.

[23] Wegen $0 \notin [\eta_0, \eta_n]$ spricht man von Extrapolation.

[24] Für $h \ll 1$ liegt h^2 deutlich näher bei Null als h.

[25] Die Unteralgorithmen *InterPolyNewton* und *EvalPolyNewtonHorner* stammen aus Band *1*.

Algorithmus *NumDiffExtra*: Numerische Differentiation mit Extrapolation

```
for i from 0 to n
    z_i ← (f(x̄ + η_i) − f(x̄ − η_i)) / (2η_i)
    η̄_i ← η_i^2
p ← InterPolyNewton(η̄, z)
d ← EvalPolyNewtonHorner(p, 0)
return d
```

Aufruf: $NumDiffExtra(f, \bar{x}, \eta)$
Eingabe: $f : I \to \mathbb{R}, \bar{x} \in D_f, \eta \in \mathbb{R}^{n+1}$
mit: $0 < \eta_0 < \cdots < \eta_n, \bar{x} \pm \eta_i \in I$
Ausgabe: $d \in \mathbb{R}$
mit: d als Näherung von $f'(\bar{x})$, die von η abhängt.

Auch zur Approximation höherer Ableitungen kommen Differenzenquotienten zum Einsatz, für die nur Auswertungen der Funktion f erforderlich sind. Unter Verwendung des Rückwärtsdifferenzenquotienten bez. f' und der Definition der Ableitung leitet sich etwa zur Approximation von $f''(\bar{x})$ der sogenannte *zweite Differenzenquotient*

$$
\begin{aligned}
Z^{(2)}_{f,\bar{x}}(h) &= \frac{R_{f,\bar{x}+h}(h) - R_{f,\bar{x}}(h)}{h} = \frac{\frac{f(\bar{x}+h)-f(\bar{x})}{h} - \frac{f(\bar{x})-f(\bar{x}-h)}{h}}{h} \\
&= \frac{f(\bar{x}+h) - 2f(\bar{x}) + f(\bar{x}-h)}{h^2} \qquad (3.22)
\end{aligned}
$$

ab. Aus der Addition von (1.8) und (3.18) folgt, dass sich für $k > 6$ der Approximationsfehler

$$
Z^{(2)}_{f,\bar{x}} - f''(\bar{x}) = \frac{2}{4!} f^{(4)}(\bar{x}) h^2 + \frac{2}{6!} f^{(6)}(\bar{x}) h^4 + \cdots = O(h^2) \quad \text{für } h \to 0
$$

in eine Potenzreihe in h^2 entwickeln lässt und insbesondere quadratisch mit h fällt.

Neben Taylor-Reihenentwicklungen können auch Interpolationspolynome zur Herleitung von Differenzenquotienten herangezogen werden. Ein Zugang ist, zu den Datenpaaren $(x_0, f(x_0)), \ldots, (x_n, f(x_n))$ mit $x_0 < \cdots < x_n$ das Lagrangesche Interpolationspolynom p zu bilden und die n-te Ableitung der dazu gehörenden Polynomfunktion[26]

$$
\mathrm{pf}_p = \sum_{i=0}^{n} f(x_i) \cdot l_i^{(x)} \quad \text{mit } l_i^{(x)}(s) = \prod_{\substack{j=0 \\ j \neq i}}^{n} \frac{s - x_j}{x_i - x_j} \qquad (3.23)
$$

an der Stelle $\bar{x}$ zur Approximation von $f^{(n)}(\bar{x})$ mit $\bar{x} \in [x_0, x_n]$ zu verwenden. Dabei ist zu beachten, dass $\mathrm{pf}_p^{(n)}$ eine konstante Funktion ist, da die Summanden in (3.23) allesamt Polynomfunktionen von Grad n sind. Für $n = 1$ mit $x_0 = \bar{x}$ und $x_1 = \bar{x} + h$ führt dies gerade auf (3.15), für $n = 2$ mit $x_0 = \bar{x} - h$, $x_1 = \bar{x}$ und $x_2 = \bar{x} + h$ folgt (3.22). Die Interpolationspolynomfunktion (3.23) kann aber auch zur Approximation von $f^{(k)}$ mit $k < n$ herangezogen werden. So führt etwa für $n = 2$ mit $x_0 = \bar{x} - h$, $x_1 = \bar{x}$ und $x_2 = \bar{x} + h$ die Auswertung von $\mathrm{pf}_p^{(1)}$ an der Stelle $\bar{x}$ auf (3.19). Für Details verweisen wir auf [19].

[26] Mit $l_i^{(x)}$ bezeichnen wir die Polynomfunktion zum i-ten Lagrange-Polynom $L_i^{(x)} = \prod_{j=0, j\neq i}^{n} \frac{x - x_j}{x_i - x_j}$ aus Band *1*.

Differenzieren von Polynomfunktionen

Zum Abschluss gehen wir kurz auf den Spezialfall von Polynomfunktionen ein. Wir gehen wie auf Seite 15 besprochen davon aus, dass eine Polynomfunktion pf_p in einer Datenstruktur vorliegt, in der das Polynom $p = (p_0, \ldots, p_n) \in \mathcal{P}_{\mathbb{R}}$ gespeichert ist. Die zu p gehörige Polynomfunktion ist durch $\mathrm{pf}_p(x) = \sum_{i=0}^{n} p_i x^i$ bestimmt, sodass aufgrund der elementaren Ableitungsregeln

$$\mathrm{pf}_p'(\bar{x}) = \sum_{i=1}^{n} i p_i \bar{x}^{i-1} = \sum_{i=0}^{n-1} (i+1) p_{i+1} \bar{x}^i \quad \text{für alle } \bar{x} \in \mathbb{R}$$

gilt. Bei pf_p' handelt es sich also wieder um eine Polynomfunktion. Man nennt

$$p' = (p_1, 2p_2, \ldots, np_n) \in \mathcal{P}_{\mathbb{R}} \quad \text{mit } \deg(p') = n - 1 \tag{3.24}$$

die *Ableitung des Polynoms p*, und es gilt $\mathrm{pf}_p' = \mathrm{pf}_{p'}$, die zur Ableitung p' gehörende Polynomfunktion ist also gerade pf_p'. Zum symbolischen Differenzieren von pf_p muss also lediglich p' nach (3.24) ermittelt und die zugehörige Polynomfunktion gebildet werden. Wie schon die arithmetischen Operationen auf Seite 15 lässt sich also auch das Differenzieren einer Polynomfunktion als eine Operation am zugehörigen Polynom beschreiben.

Für die Berechnung der Ableitung an einer Stelle $\bar{x}$ kann wegen $\mathrm{pf}_p'(\bar{x}) = \mathrm{pf}_{p'}(\bar{x}) = \mathrm{eval}(p', \bar{x})$ der Horner-Algorithmus verwendet werden. Diesen haben wir in Band *1* aus der Darstellung $p = p_0 + \mathrm{x} \cdot p_{1:n}$ hergeleitet, aus der nun für die Ableitung von p mit Hilfe von Übung I.4 sofort der rekursive Zusammenhang $p' = p_{1:n} + \mathrm{x} \cdot (p_{1:n})'$ folgt. Für die Auswertung von p bzw. p' ergeben sich daraus die rekursiven Zusammenhänge

$$\mathrm{eval}(p, \bar{x}) = p_0 + \bar{x} \cdot \mathrm{eval}(p_{1:n}, \bar{x}) \qquad \mathrm{eval}(p', \bar{x}) = \mathrm{eval}(p_{1:n}, \bar{x}) + \bar{x} \cdot \mathrm{eval}((p_{1:n})', \bar{x}).$$

Wie in Band *1* besprochen, kann die Rekursion für $\mathrm{eval}(p, \bar{x})$ beginnend mit $\xi^{(n)} := \mathrm{eval}(p_{n:n}, \bar{x}) = p_n$ nach der Vorschrift

$$\xi^{(i)} := \mathrm{eval}(p_{i:n}, \bar{x}) = p_i + \bar{x} \cdot \xi^{(i+1)} \quad \text{für } i = n-1, \ldots, 0$$

als Schleife realisiert werden. Aufgrund der Ähnlichkeit der Rekursionsformeln ergibt sich für $\mathrm{eval}(p', \bar{x})$ ein analoges Iterationsmuster, in dem man mit $\eta^{(n)} := \mathrm{eval}((p_{n:n})', \bar{x}) = 0$ beginnt und der Reihe nach

$$\eta^{(i)} := \underbrace{\mathrm{eval}(p_{i+1:n}, \bar{x})}_{=\xi^{(i+1)}} + \bar{x} \cdot \eta^{(i+1)} \quad \text{für } i = n-1, \ldots, 0$$

berechnet, wir verweisen dazu auf Übung I.5. Benötigt man sowohl $\mathrm{eval}(p, \bar{x})$ als auch $\mathrm{eval}(p', \bar{x})$, so kann man den Horner-Algorithmus dahingehend erweitern, dass in jedem Schleifendurchlauf zusätzlich zu $\xi^{(i)}$ auch $\eta^{(i)}$ berechnet wird. Bei der Berechnung von $\eta^{(i)}$ greift man dabei neben $\eta^{(i+1)}$ auch auf den im vorangegangenen Durchlauf berechneten Wert $\xi^{(i+1)}$ zurück, siehe Algorithmus *EvalAblPolyHorner*.

Algorithmus *EvalAblPolyHorner*: Auswertung Ableitung/Polynom nach Horner

```
if p = 0
   ξ ← 0, η ← 0
else
   n ← deg(p), ξ ← p_n, η ← 0
   for i from n − 1 to 0 by -1
      η ← ξ + w · η
      ξ ← p_i + w · ξ
return (ξ, η)
```

Aufruf: *EvalAblPolyHorner*(p, w)
Eingabe: $p \in \mathcal{P}_{\mathbb{R}}, w \in \mathbb{R}$.
Ausgabe: $\xi, \eta \in \mathbb{R}$
mit: $\xi = \text{eval}(p, w), \eta = \text{eval}(p', w)$.

4 Integration

Ähnlich wie beim Differenzieren in Abschnitt 3 unterscheidet man auch beim Integrieren einer Funktion $f: I \to \mathbb{R}$ zwischen zwei Problemstellungen, dem Berechnen des unbestimmten Integrals $\int f$ und dem Berechnen des bestimmten Integrals $\int_a^b f$ bei gegebenen $a < b \in I$.

Bei Algorithmen zum Berechnen von $\int f$ bei gegebener Funktion f in Termdarstellung spricht man vom *symbolischen Integrieren*, als Resultat erhält man eine Termdarstellung von $F = \int f$.

Beispiel

Symbolische Integrationsalgorithmen sind Bestandteil jedes typischen Computeralgebra-Systems, wir demonstrieren dies anhand eines Beispiels in *Mathematica*. Zum Berechnen einer Stammfunktion von

$$f(x) = \frac{1}{(x - \frac{1}{10})^2 + \frac{1}{20}} + \frac{1}{(x - \frac{4}{5})^2 + \frac{1}{100}} \tag{4.25}$$

definiert man f in einer der in *Mathematica* verfügbaren Formen, siehe Abschnitt 2, und verwendet dann den Befehl

In[1]:= `Integrate[f[x],x]`

Out[1]= $10\text{ArcTan}\left[10\left(-\frac{4}{5}+x\right)\right] + 2\sqrt{5}\text{ArcTan}\left[\frac{-1+10x}{\sqrt{5}}\right]$

Das Resultat ist eine Termdarstellung der Stammfunktion F von f. Das bestimmte Integral von f zwischen 0 und 1 kann basierend auf F leicht aus dem Hauptsatz der Differential- und Integralrechnung als $F(1) - F(0)$ berechnet werden, in *Mathematica* erhält man es durch den Aufruf

In[2]:= `Integrate[f[x],{x,0,1}]`

Out[2]= $10(\text{ArcTan}[2] + \text{ArcTan}[8]) + 2\sqrt{5}\left(\text{ArcTan}\left[\frac{1}{\sqrt{5}}\right] + \text{ArcTan}\left[\frac{9}{\sqrt{5}}\right]\right)$.

Anders als beim symbolischen Differenzieren unterscheiden sich diese Algorithmen aber ganz fundamental von den klassischen Berechnungsmethoden, die man beim „händischen Rechnen“ einsetzt (partielle Integration, Substitutionsmethode etc.) und würden den Rahmen dieses Buches sprengen[27]. Wir widmen uns daher gleich der in der Regel *approximativen Berechnung* des bestimmten Integrals ohne vorherige Berechnung einer Stammfunktion, der sogenannten *numerischen Integration.*

Problemstellung (Bestimmte Integration).

Gegeben: $a, b \in \mathbb{R}, f$ stetig auf $[a, b]$
mit: $a < b$.
Gesucht: $\mathcal{I} \in \mathbb{R}$
mit: $\mathcal{I} = \int_a^b f$.

Existenz und Eindeutigkeit der Lösung sind unmittelbare Folge des Hauptsatzes der Differential- und Integralrechnung. Für die Konditionsuntersuchung beschreiben wir das Integrationsproblem durch die Abbildung

$$\varphi : f \mapsto \int_a^b f \tag{4.26}$$

und messen den Abstand zweier auf $[a, b]$ stetiger Funktionen f und $\tilde{f}$ mit Hilfe der Maximumsnorm $\|f\|_{[a,b]} := \max_{a \le x \le b} |f(x)|$.

Satz

Kondition des Integrationsproblems. Sei f stetig auf $[a, b]$ und φ wie in (4.26) gegeben. Bezüglich der Maximumsnorm sind die absolute bzw. relative Kondition des Problems (φ, f) gegeben durch

$$\kappa_{\text{abs}} = b - a \qquad \kappa_{\text{rel}} = \frac{\int_a^b \|f\|_{[a,b]}}{|\int_a^b f|},$$

wobei für die relative Kondition $\int_a^b f \neq 0$ vorausgesetzt ist.

Beweis. Sei $\tilde{f}$ stetig auf $[a, b]$. Aus den Eigenschaften des Integrals folgt dann

$$|\varphi(\tilde{f}) - \varphi(f)| = \left| \int_a^b \tilde{f} - \int_a^b f \right| \le \int_a^b |\tilde{f} - f| \le (b-a)\|\tilde{f} - f\|_{[a,b]},$$

wobei etwa für $\tilde{f} = f + c$ mit $c \in \mathbb{R}$ überall Gleichheit gilt. Die absolute Kondition des Integrationsproblems bez. der Maximumsnorm ist somit durch $\kappa_{\text{abs}} = b - a$ gegeben. Im Hinblick auf die relative Kondition ergibt sich für $\int_a^b f \neq 0$

$$\frac{|\int_a^b f - \int_a^b \tilde{f}|}{|\int_a^b f|} \le (b-a)\frac{\|f - \tilde{f}\|_{[a,b]}}{|\int_a^b f|} = \frac{\int_a^b \|f\|_{[a,b]}}{|\int_a^b f|} \frac{\|f - \tilde{f}\|_{[a,b]}}{\|f\|_{[a,b]}},$$

woraus die zweite Aussage des Satzes folgt. □

[27] Es sei auch erwähnt, dass nicht jedes Integral als Term in geschlossener Form bestehend aus den vier Grundrechnungsarten, der Exponential- und Logarithmusfunktion darstellbar ist. Als prominentes Beispiel sei $\int e^{-x^2}\,dx$ genannt, das u.a. zum Berechnen von Werten der Normalverteilungsfunktion benötigt wird.

Die Integration ist also bei geringer Länge des Integrationsintervalls $[a, b]$ im absoluten Sinn gut konditioniert. Ähnlich zur Auslöschung bei der Summenbildung tritt aber im relativen Sinn ein schlecht konditionierter Fall ein, wenn $|\int_a^b f| \ll \int_a^b \|f\|_{[a,b]}$ gilt.

Zur numerischen Approximation des Integrals $\int_a^b f$ werden sogenannte *Quadraturformeln*

$$Q^{(w,x)}(f, a, b) = \sum_{i=0}^{n} w_i^{(x,a,b)} f(x_i) \tag{4.27}$$

mit geeigneten *Stützstellen* $x \in \mathbb{R}^{n+1}$ und *Gewichten* $w^{(x,a,b)} \in \mathbb{R}^{n+1}$ verwendet. Zu Quadraturformeln gelangt man, indem man die Funktion f durch eine einfacher zu integrierende Approximation $\tilde{f}$ ersetzt und $\int_a^b \tilde{f}$ als Integralnäherung verwendet. In der Regel werden dazu Polynomfunktionen herangezogen. Der Aufwand einer Quadraturformel wird durch die Anzahl der notwendigen Auswertungen von f bestimmt.

Die einfachste Quadraturformel ist die *Mittelpunktsregel*, bei der f durch die konstante Funktion $\tilde{f}(t) = f(\frac{a+b}{2})$ ersetzt wird, also

$$M(f, a, b) = \int_a^b \tilde{f} = (b-a) f(\tfrac{a+b}{2}). \tag{4.28}$$

Im Allgemeinen liefern Quadraturformeln nur einen Näherungswert für $\int_a^b f$, sodass stets mit einem Verfahrensfehler $Q^{(w,x)}(f, a, b) - \int_a^b f$ ungleich Null zu rechnen ist. Für (4.28) gilt folgender Satz:

Satz Sei f zweimal stetig differenzierbar auf $[a, b]$. Dann existiert ein $\xi_M \in [a, b]$ mit

$$M(f, a, b) - \int_a^b f = -\frac{f''(\xi_M)}{24}(b-a)^3. \tag{4.29}$$

Beweis. Eine Taylor-Entwicklung von f um den Punkt $\frac{a+b}{2}$ liefert

$$f(t) = f(\tfrac{a+b}{2}) + f'(\tfrac{a+b}{2})\left(t - \tfrac{a+b}{2}\right) + \tfrac{f''(\xi_t)}{2}\left(t - \tfrac{a+b}{2}\right)^2$$

mit $\xi_t \in (a, b)$. Damit folgt zunächst

$$M(f, a, b) - \int_a^b f = -\int_a^b \tfrac{f''(\xi_t)}{2}\left(t - \tfrac{a+b}{2}\right)^2 dt.$$

Sei nun

$$c = \frac{\int_a^b \frac{f''(\xi_t)}{2}\left(t - \frac{a+b}{2}\right)^2 dt}{\int_a^b \frac{1}{2}\left(t - \frac{a+b}{2}\right)^2 dt}.$$

Wegen $\left(t - \frac{a+b}{2}\right)^2 \geq 0$ gilt

$$\min_{t\in[a,b]} f''(t) \leq c \leq \max_{t\in[a,b]} f''(t),$$

sodass es nach dem Zwischenwertsatz ein $\xi_M \in [a, b]$ mit $c = f''(\xi_M)$ gibt. Dies führt auf

$$M(f, a, b) - \int_a^b f = -\tfrac{f''(\xi_M)}{2} \int_a^b \left(t - \tfrac{a+b}{2}\right)^2 dt = -\frac{f''(\xi_M)}{24}(b-a)^3. \qquad \square$$

Aus (4.29) folgt, dass die Mittelpunktsregel alle Polynomfunktionen bis zum Grad 1 exakt integriert. Als generelles Qualitätsmerkmal einer Quadraturformel gilt, bis zu welchem Grad Polynomfunktionen exakt integriert werden können.

Definition

Exaktheitsgrad. Eine Quadraturformel $Q^{(w,x)}(\cdot, a, b)$ besitzt den *Exaktheitsgrad* $e \in \mathbb{N}_0$ genau dann, wenn

$$Q^{(w,x)}(p, a, b) = \int_a^b p$$

für alle Polynomfunktionen p von Grad $\leq e$ gilt.

Für jede Quadraturformel mit Exaktheitsgrad $e \geq 0$ gilt $Q^{(w,x)}(1, a, b) = \int_a^b 1$, woraus

$$\sum_{i=0}^{n} w_i^{(x,a,b)} = b - a \tag{4.30}$$

als Bedingung an die Gewichte folgt.

Verwendet man zur Approximation von f die Interpolationspolynomfunktion von Grad ≤ 1 zu den Punkten $(a, f(a))$ und $(b, f(b))$, so führt dies auf die *Trapezregel*

$$T(f, a, b) = \tfrac{(b-a)}{2} f(a) + \tfrac{(b-a)}{2} f(b). \tag{4.31}$$

Es wird also $\int_a^b f$ durch den Flächeninhalt eines Trapezes angenähert. Mit Hilfe von Taylor-Reihenargumenten kann für eine zweimal auf $[a, b]$ stetig differenzierbare Funktion f

$$T(f, a, b) - \int_a^b f = \tfrac{f''(\xi_T)}{12}(b-a)^3 \tag{4.32}$$

mit $\xi_T \in [a, b]$ gezeigt werden, siehe [22]. Somit ist auch der Exaktheitsgrad der Trapezregel gleich 1. Ein Vergleich mit (4.29) zeigt, dass der Fehler von $T(\cdot, a, b)$ für glatte Funktionen und kleines Integrationsintervall in etwa doppelt so groß wie jener von $M(\cdot, a, b)$ ist und entgegengesetztes Vorzeichen hat. Wäre $f''(\xi_T) = f''(\xi_M)$, so würde

$$S(f, a, b) = \tfrac{2}{3} M(f, a, b) + \tfrac{1}{3} T(f, a, b) = \tfrac{b-a}{6}\left(f(a) + 4f\left(\tfrac{a+b}{2}\right) + f(b)\right) \tag{4.33}$$

auf den exakten Integralwert führen. Tatsächlich liefert die als *Simpson*[28]*-Regel* bezeichnete Quadraturformel (4.33) im Allgemeinen auch für $f''(\xi_T) \neq f''(\xi_M)$ eine bessere

[28] Simpson, Thomas: 1710–1761, englischer Mathematiker. Er leitete die Mathematikabteilung einer königlichen Militärakademie. Die nach ihm benannte Simpson-Regel zur numerischen Integration geht eigentlich auf Newton zurück, dafür wurde die nach Newton benannte Iteration zum Lösen der Gleichung $f(x) = 0$, siehe Seite 39, erstmals 1740 von Simpson publiziert.

Näherung an $\int_a^b f$ als $T(f, a, b)$ oder $M(f, a, b)$. Für den Approximationsfehler gilt dabei laut [22] für eine viermal auf $[a, b]$ stetig differenzierbare Funktion f

$$S(f, a, b) - \int_a^b f = \tfrac{1}{90}\left(\tfrac{b-a}{2}\right)^5 f^{(4)}(\xi_S) \quad \text{mit } \xi_S \in [a, b]. \tag{4.34}$$

Der Exaktheitsgrad von (4.33) ist somit 3, obwohl die Regel aus einer Kombination zweier Quadraturformeln mit Exaktheitsgrad 1 hervorgeht. $S(f, a, b)$ kann auch hergeleitet werden, wenn man den Integranden f durch die Interpolationsfunktion von Grad ≤ 2 zu den Punkten $(a, f(a))$, $(\frac{a+b}{2}, f(\frac{a+b}{2}))$, $(b, f(b))$ ersetzt. Damit ist die Simpson-Regel genauso wie die Trapezregel ein Spezialfall der (abgeschlossenen) *Newton-Cotes*[29]*-Formeln*, bei denen man die Stützstellen entsprechend einer äquidistanten Unterteilung

$$x_i = a + i \cdot \tfrac{b-a}{n} \quad \text{für alle } i = 0, \ldots, n$$

des Intervalls $[a, b]$ wählt und den Integranden f durch die Interpolationspolynomfunktion auf Seite 22 von Grad $\leq n$ zu den $n+1$ Datenpaaren $(x_0, f(x_0)), \ldots, (x_n, f(x_n))$ ersetzt. Unter Verwendung der Lagrange-Polynomfunktionen $l_i^{(x)}$ und

$$\alpha_i^{(n)} := \frac{1}{n} \int_0^n \prod_{\substack{j=0 \\ j \neq i}}^{n} \frac{t-j}{i-j}\, dt = \frac{1}{b-a} \int_a^b l_i^{(x)}(s)\, ds,$$

wobei die Gleichheit der beiden Integrale aus der Variablentransformation $t = (s-a)\frac{n}{b-a}$ folgt, ergibt sich die Integralnäherung

$$N_n(f, a, b) = \int_a^b \sum_{i=0}^{n} f(x_i) \cdot l_i^{(x)} = (b-a) \sum_{i=0}^{n} \alpha_i^{(n)} f(x_i). \tag{4.35}$$

Die Gewichte $\alpha_i^{(n)}$ hängen dabei nur von n (also nicht von f oder den Integrationsgrenzen a, b) ab und sind in Tabellen zusammengefasst, zur Integralnäherung nach (4.35) ist somit der Aufruf eines Algorithmus zur Polynominterpolation nicht erforderlich. Es handelt sich um rationale Zahlen mit der Eigenschaft

$$\sum_{i=0}^{n} \alpha_i^{(n)} = 1,$$

was aus (4.30) ersichtlich ist. Tabelle I.1 gibt eine Übersicht der Newton-Cotes-Formeln (4.35) für $n = 1, \ldots, 8$. Allgemein gilt, dass der Exaktheitsgrad der Newton-Cotes-Formel $N_n(f, a, b)$ entweder n oder $n + 1$ ist, siehe auch Übung I.6. Im Prinzip kann dadurch ein beliebig hoher Exaktheitsgrad erzielt werden. Da jedoch die Polynominterpolation nur bedingt zur Approximation von Funktionen geeignet ist, siehe

[29] Cotes, Roger: 1682–1716, englischer Mathematiker. Wurde bereits mit 23 Jahren am Trinity College Cambridge für eine Professur für Astronomie und experimentelle Philosophie nominiert und dann mit 25 Jahren zum Professor bestellt. Assistierte Newton bei der zweiten Auflage der *Principia*, publizierte selbst aber aufgrund des frühen Todes nur eine Arbeit. Die nach ihm benannten Quadraturformeln erschienen in einer posthumen Publikation seiner Arbeiten, die 1722 von einem seiner früheren Assistenten und Nachfolger als Professor in Cambridge herausgegeben wurde.

etwa Band *1* Seite 147, ist von Newton-Cotes-Formeln mit allzu vielen Stützstellen abzuraten. Tabelle I.1 zeigt außerdem, dass ab $n = 8$ Gewichte $\alpha^{(n)}$ mit wechselndem Vorzeichen auftreten können, sodass es bei der Summenbildung in (4.35) dann zu numerischer Instabilität infolge von Auslöschung kommen kann. Um bei fester Anzahl $n + 1$ von Stützstellen den Exaktheitsgrad zu erhöhen, muss die Forderung nach einer äquidistanten Unterteilung des Intervalls $[a, b]$ für (3.23) aufgegeben werden. Dies führt dann auf die *Gaußschen*[30] *Quadraturformeln* mit – maximal erzielbarem – Exaktheitsgrad $2n + 1$, siehe [22] für Details.

Tabelle I.1: Newton-Cotes-Formeln für $n = 1, \ldots, 8$.

n	$\alpha^{(n)}$									e
1	$\frac{1}{2}$	$\frac{1}{2}$								1
2	$\frac{1}{6}$	$\frac{4}{6}$	$\frac{1}{6}$							3
3	$\frac{1}{8}$	$\frac{3}{8}$	$\frac{3}{8}$	$\frac{1}{8}$						3
4	$\frac{7}{90}$	$\frac{32}{90}$	$\frac{12}{90}$	$\frac{32}{90}$	$\frac{7}{90}$					5
5	$\frac{19}{288}$	$\frac{75}{288}$	$\frac{50}{288}$	$\frac{50}{288}$	$\frac{75}{288}$	$\frac{19}{288}$				5
6	$\frac{41}{840}$	$\frac{216}{840}$	$\frac{27}{840}$	$\frac{272}{840}$	$\frac{27}{840}$	$\frac{216}{840}$	$\frac{41}{840}$			7
7	$\frac{751}{17280}$	$\frac{3577}{17280}$	$\frac{1323}{17280}$	$\frac{2989}{17280}$	$\frac{2989}{17280}$	$\frac{1323}{17280}$	$\frac{3577}{17280}$	$\frac{751}{17280}$		7
8	$\frac{989}{28350}$	$\frac{5888}{28350}$	$-\frac{928}{28350}$	$\frac{10496}{28350}$	$-\frac{4540}{28350}$	$\frac{10496}{28350}$	$-\frac{928}{28350}$	$\frac{5888}{28350}$	$\frac{989}{28350}$	9

In der Praxis wendet man eine Quadraturformel nicht auf das gesamte Integrationsintervall $[a, b]$ an, sondern nutzt die Additivitätseigenschaft

$$\int_a^b f = \int_a^c f + \int_c^b f \tag{4.36}$$

des Integrals für eine Zwischenstelle $c \in (a, b)$. Die Näherung von $\int_a^b f$ ist dann natürlich die Summe der Quadraturergebnisse für die Teilintervalle $[a, c]$ und $[c, b]$.

Beispiel

Zu $c = \frac{a+b}{2}$ bestimmen wir mit $d = \frac{a+c}{2}$ und $e = \frac{c+b}{2}$ die Mittelpunkte der Teilintervalle $[a, c]$ und $[c, b]$. Wenden wir auf diesen die Simpson-Regel (4.33) an, gelangen wir zur Quadraturformel

$$S_2(f, a, b) = S(f, a, c) + S(f, c, b) = \frac{b-a}{12}\big(f(a) + 4f(d) + 2f(c) + 4f(e) + f(b)\big)$$

zur Näherung von $\int_a^b f$.

[30] Gauss, Carl Friedrich: 1777–1855, deutscher Mathematiker. Gauß wird oft als einer der einflussreichsten Mathematiker der Geschichte bezeichnet. Er war ein notorischer Perfektionist und publizierte seine Resultate immer erst dann, wenn sie vollständig ausgereift und jeder Kritik erhaben waren. Neben Geometrie und Zahlentheorie, die er die „Königin der Mathematik" nannte, beschäftigte er sich auch mit dem Erdmagnetfeld und ermittelte 1839 die Lage des magnetischen Südpols. Am Unterrichten hatte er keine große Freude, er betreute aber z. B. Riemann, siehe Seite 6, und war bei dessen Habilitationsvortrag anwesend.

Sowohl $S_1(f, a, b) = S(f, a, b)$ als auch $S_2(f, a, b)$ sind ein Spezialfall der *summierten Simpson-Regel*

$$S_m(f, a, b) = \frac{h_{2m}}{3}\Big(f(a) + 4\sum_{j=0}^{m-1} f\left(a + (2j+1)h_{2m}\right) + 2\sum_{j=1}^{m-1} f\left(a + 2jh_{2m}\right) + f(b)\Big) \quad (4.37)$$

mit $h_{2m} = (b-a)/2m$. Diese erhält man durch $\sum_{j=0}^{m-1} S(f, t_{2j}, t_{2j+2})$, wobei

$$t_j = a + jh_{2m} \quad \text{für alle } j = 0, \ldots, 2m.$$

Unter Verwendung von (4.34) für die Teilintervalle $[t_{2j}, t_{2j+2}]$ folgt für eine viermal auf $[a, b]$ stetig differenzierbare Funktion f der Approximationsfehler

$$S_m(f, a, b) - \int_a^b f = \frac{b-a}{180} f^{(4)}(\xi_{S_m}) h_{2m}^4 \quad \text{mit } \xi_{S_m} \in [a, b]. \quad (4.38)$$

Wählt man alternativ mit $h_m = (b-a)/m$ die Unterteilung

$$t_j = a + jh_m \quad \text{für } j = 0, \ldots, m,$$

so führt $\sum_{j=0}^{m-1} T(f, t_j, t_{j+1})$ auf die *summierte Trapezregel*

$$T_m(f, a, b) = h_m\Big(\frac{f(a)}{2} + \sum_{j=0}^{m-2} f(a + jh_m) + \frac{f(b)}{2}\Big). \quad (4.39)$$

Für eine zweimal auf $[a, b]$ stetig differenzierbare Funktion f lautet der Approximationsfehler

$$T_m(f, a, b) - \int_a^b f = \frac{b-a}{12} f''(\xi_{T_m}) h_m^2 \quad \text{mit } \xi_{T_m} \in [a, b]. \quad (4.40)$$

Zur algorithmischen Umsetzung der summierten Trapez- bzw. Simpson-Regel ist lediglich ein Summationsproblem zu lösen, siehe dazu auch die Diskussion in Band *1*. Man beachte, dass die Anzahl der für $S_m(f, a, b)$ benötigten Funktionsauswertungen doppelt so hoch ist wie jene für $T_m(f, a, b)$.

Beispiel Wir betrachten die Funktion f aus (4.25). Zur numerischen Approximation von $\int_0^1 f$ mit Hilfe von Trapez- und Simpson-Regel wählen wir $T_{2m}(f, a, b)$ und $S_m(f, a, b)$, um einen Vergleich bei gleicher Anzahl $2m + 1$ von Funktionsauswertungen zu ermöglichen. Abbildung I.2 links zeigt die Approximationsfehlerbeträge $|T_{2m}(f, 0, 1) - \int_0^1 f|$ und $|S_m(f, 0, 1) - \int_0^1 f|$ in Abhängigkeit von m. Der Fehler von S_m entspricht dabei in etwa dem Quadrat des Fehlers von T_{2m}.

Zwischen (4.37) und (4.39) besteht der Zusammenhang

$$S_m(f, a, b) = \frac{1}{3}\left(4T_{2m}(f, a, b) - T_m(f, a, b)\right),$$

was zeigt, dass durch eine Kombination von summierten Trapezregeln zu unterschiedlich feinen Unterteilungen der Exaktheitsgrad erhöht werden kann. Die Idee, verschiedene Trapezsummen zu mitteln, wird rekursiv bei der Romberg-Integration genutzt und kann bei hinreichend glattem f zu einer deutlichen Reduktion des Approximationsfehlers im Vergleich zu (4.40) oder (4.38) führen. Wir verweisen auf [12] für Details, untermauern das Grundprinzip aber anhand des folgenden Beispiels.

Beispiel

Sowohl S_1 als auch S_2 besitzen Exaktheitsgrad 4. Wegen $h_2 = h_1/2$ ist aber nach (4.38) der Approximationsfehler von S_2 in etwa $2^4 = 16$-mal kleiner als jener von S_1, also

$$S_2(f, a, b) - \int_a^b f = \frac{b-a}{180} f^{(4)}(\xi_{S_2}) \frac{h_1^4}{16}, \quad S_1(f, a, b) - \int_a^b f = \frac{b-a}{180} f^{(4)}(\xi_{S_1}) h_1^4.$$

Somit besteht die Hoffnung, dass

$$S_2(f, a, b) + \frac{1}{15}(S_2(f, a, b) - S_1(f, a, b)) = \int_a^b f + \frac{b-a}{2700}(f^{(4)}(\xi_{S_2}) - f^{(4)}(\xi_{S_1}))h_1^4$$

eine bessere Näherung an $\int_a^b f$ darstellt. Tatsächlich handelt es sich bei der Kombination auf der linken Seite gerade um die Newton-Cotes-Formel $N_4(f, a, b)$, also

$$N_4(f, a, b) = \frac{1}{15}(16 S_2(f, a, b) - S_1(f, a, b)),$$

die laut Tabelle I.1 den höheren Exaktheitsgrad 5 besitzt.

Die bisher besprochenen Quadraturverfahren wählen allesamt die Stützstellen unabhängig von der zu integrierenden Funktion f, zudem sind die angegebenen Fehlerschranken in der Regel praktisch nicht nutzbar. Bei *adaptiven Integrationsmethoden* wird hingegen die Wahl der Stützstellen automatisch gesteuert, um das Integral $\int_a^b f$ mit einer gewünschten Genauigkeit zu approximieren und dabei die Anzahl der Funktionsauswertungen möglichst gering zu halten. Genügt die Anwendung einer Quadratur auf $[a, b]$ nicht der Genauigkeitsvorgabe, werden basierend auf (4.36) Approximationen von $\int_a^c f$ und $\int_c^b f$ bestimmt. Kann auch deren Summe nicht als Näherung für $\int_a^b f$ akzeptiert werden, wird die Additivitätseigenschaft in rekursiver Weise auf die Teilintervalle $[a, c]$ und $[c, b]$ angewandt. So erhält man eine adaptive Unterteilung des Intervalls $[a, b]$, die in Bereichen starker Veränderung von f feiner und in Bereichen langsamer Veränderung gröber ist. Notwendig dafür ist eine Schätzung des jeweiligen Approximationsfehlers. Zur Illustration betrachten wir zunächst die Simpson-Regel $S_2(f, a, b)$. Den Approximationsfehler schätzen wir mit Hilfe der genaueren Quadraturformel $N_4(f, a, b)$, also

$$S_2(f, a, b) - \int_a^b f \approx S_2(f, a, b) - N_4(f, a, b) = \delta.$$

Dies hat den Vorteil, dass zur Fehlerschätzung keine zusätzliche Funktionsauswertung notwendig ist. Liegt der Schätzwert δ unterhalb einer vorgegebenen Toleranz ε, verwenden wir dann auch gleich den im Vergleich zu $S_2(f, a, b)$ vermeintlich besseren Wert $N_4(f, a, b)$ als Näherung für $\int_a^b f$. Andernfalls unterteilen wir $[a, b]$ in $[a, c]$ und $[c, b]$ mit $c = (a+b)/2$ und fahren auf beiden Intervallen rekursiv fort. Dabei kann auf die bereits zuvor berechneten Funktionswerte $y = \big(f(a), f(c), f(b)\big)$ zurückgegriffen werden. Das daraus entstehende Verfahren nennt man eine *adaptive Simpson-Regel*, siehe *BestIntAdSimp*.

Algorithmus *BestIntAdSimp*: Bestimmtes Integral mit adaptiver Simpson-Regel

```
h ← (b − a)/2, c ← (a + b)/2
ξ1 ← f((a + c)/2), ξ2 ← f((c + b)/2)
S1 ← h · (y1 + 4y2 + y3)/3
S2 ← h · (y1 + 4ξ1 + 2y2 + 4ξ2 + y3)/6
N4 ← (1/15)(16S2 − S1)
δ ← S2 − N4
if |δ| ≤ ε
   I ← N4
else
   y' ← (y1, ξ1, y2), y'' ← (y2, ξ2, y3)
   I1 ← BestIntAdSimp(f, a, c, y', ε/2)
   I2 ← BestIntAdSimp(f, c, b, y'', ε/2)
   I ← I1 + I2
return I
```

Aufruf: *BestIntAdSimp*$(f, a, b, y, \varepsilon)$
Eingabe: f stetig auf $[a, b]$,
$\varepsilon \in \mathbb{R}^+, y \in \mathbb{R}^3$
mit: $y_1 = f(a)$,
$y_2 = f((a+b)/2)$,
$y_3 = f(b)$.
Ausgabe: $I \in \mathbb{R}$
mit: $|I - \int_a^b f| \le \varepsilon$.

Um $|I - \int_a^b f| \le \varepsilon$ zu garantieren, verlangen wir $|I_1 - \int_a^b f| \le \varepsilon/2$ und $|I_2 - \int_a^b f| \le \varepsilon/2$ in jedem rekursiven Aufruf. Tatsächlich ist diese Halbierung der Fehlerschranke meist viel zu restriktiv, da in der if-Abfrage der Fehler der Simpsonnäherung S_2 geschätzt wird, dann aber mit der in der Regel genaueren Näherung $N_4 = S_2 + \delta$ fortgesetzt wird. Um den Aufwand gering zu halten, verwendet man daher oft auch nur ε anstelle von $\varepsilon/2$ in den rekursiven Aufrufen, um zu einem Approximationsfehler mit $|I - \int_a^b f| = O(\varepsilon)$ zu gelangen. Um sicher zu stellen, das *BestIntAdSimp* nach endlich vielen Schritten ein Resultat liefert, muss die if-Abfrage um ein Abbruchskriterium erweitert werden, das etwa prüft, ob die aktuelle Schrittweite h noch oberhalb eines vorgegebenen Minimalwerts $h_{\min}$ liegt, siehe [9] für Details.

Beispiel Zur numerischen Integration der Funktion (4.25) über $[0, 1]$ verwenden wir *BestIntAdSimp* mit der Fehlerschranke $\varepsilon = 10^{-7}$, *ohne* diese in den rekursiven Aufrufen zu halbieren. Dies führt bei 237 Funktionsauswertungen auf einen Näherungswert I mit $|I - \int_0^1 f| = 4 \cdot 10^{-9}$. Abbildung I.2 rechts zeigt die verwendeten Funktionswerte sowie die Lage der entsprechenden Stützstellen. Bei der Verwendung der summierten Simpson-Regel sind in etwa doppelt so viele Funktionsauswertungen notwendig, um zu einem ähnlichen Approximationsfehler zu gelangen.

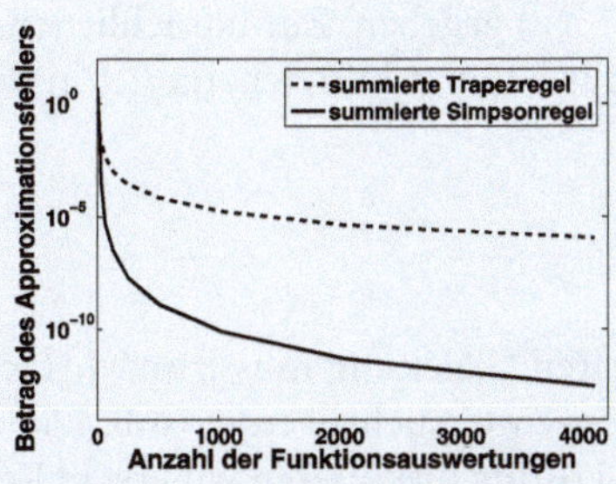

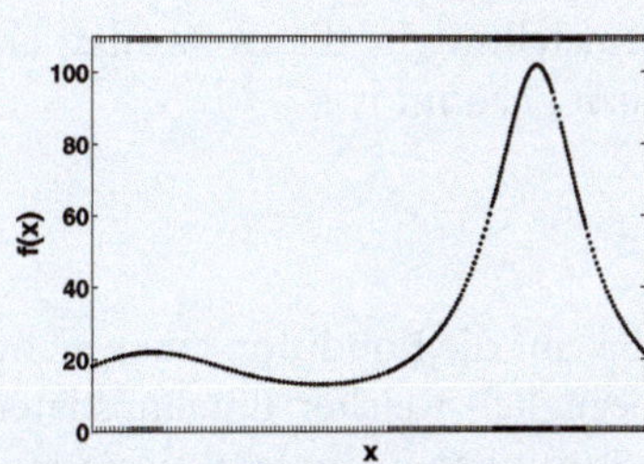

Abb. I.2: Links: Betrag des Approximationsfehlers der summierten Trapez- bzw. Simpsonformel. Rechts: Funktionswerte und Stützstellen bei der Berechnung von $\int_0^1 f$ mit f aus (4.25) bei Verwendung von *BestIntAdSimp*.

In der obigen Diskussion wurde stets vorausgesetzt, dass die zu integrierende Funktion hinreichende Glattheitseigenschaften besitzt. Für Bemerkungen zu schwierigen Integranden wie unstetigen Funktionen, Nadelimpulse oder schwach singulären Funktionen verweisen wir auf [6].

5 Nichtlineare Gleichungen

Das Lösen einer Gleichung

$$f(x) = y \tag{5.41}$$

bei gegebener Funktion $f\colon \mathbb{R} \to \mathbb{R}$ und rechter Seite $y \in \mathbb{R}$ zählt zu den zentralen Fragestellungen der Mathematik.

Problemstellung (Nichtlineare Gleichung).

Gegeben: $f\colon \mathbb{R} \to \mathbb{R}, y \in \mathbb{R}$
Gesucht: $\bar{x} \in \mathbb{R}$
mit: $f(\bar{x}) = y.$

Bereits das Beispiel der quadratischen Gleichung, siehe etwa Band *1*, Seite 3, zeigt, dass die Frage nach Existenz und Eindeutigkeit einer Lösung dieses Problems im Allgemeinen wenn überhaupt nur unter Zusatzinformationen über f und/oder Einschränkungen des Definitionsbereichs geklärt werden kann. Ist f stetig und liegt y in $[f(a), f(b)]$ (bzw. in $[f(b), f(a)]$), so folgt etwa die Existenz einer Lösung aus dem Zwischenwertsatz der Analysis.

Zwischenwertsatz. Seien $a < b$ und $f\colon [a, b] \to \mathbb{R}$ stetig. Dann existiert zu jedem $y \in [f(a), f(b)]$ falls $f(a) \leq f(b)$ (bzw. $y \in [f(b), f(a)]$ falls $f(b) \leq f(a)$) ein $\bar{x} \in [a, b]$ mit $f(\bar{x}) = y$. Satz

Gibt es ein $\bar{x}$ mit $f'(\bar{x}) \neq 0$, so ist nach dem Umkehrsatz von Seite 5 die Umkehrfunktion f^{-1} auf einer Umgebung von $f(\bar{x})$ definiert. Liegt y in dieser Umgebung, so ist die dann lokal eindeutige Lösung durch $\bar{x} = f^{-1}(y)$ gegeben. Zur tatsächlichen Lösung der Problemstellung ist dieses Resultat aber nur bedingt hilfreich, da f^{-1} in der Regel nicht explizit bekannt ist.

Kondition

Im Hinblick auf die Kondition einer nichtlinearen Gleichung muss zunächst festgelegt werden, bezüglich welcher Eingangsdaten diese untersucht werden soll. Die Auswirkung von Störungen in der Funktion f auf die Lösung diskutieren wir erst in Kapitel IV in allgemeinerem Zusammenhang, sodass wir an dieser Stelle lediglich die rechte Seite y als Eingangsgröße des Problems auffassen. Unter den Voraussetzungen und Bezeichnungen des Satzes über inverse Funktionen von Seite 5 lässt sich das Problem dann beschreiben durch (φ, y) mit

$$\varphi := f^{-1}: (f(\bar{x}) - \rho, f(\bar{x}) + \rho) \to \hat{I}. \tag{5.42}$$

Satz

Kondition der nichtlinearen Gleichung. Seien ein offenes Intervall I, eine stetig differenzierbare Funktion $f: I \to \mathbb{R}$ und $y \in \mathbb{R}$ gegeben. Sei des Weiteren $\bar{x} \in I$ eine Lösung von (5.41) mit $f'(\bar{x}) \neq 0$. Dann sind die absolute bzw. die relative Kondition des Problems (φ, y) mit φ wie in (5.42) gegeben durch

$$\kappa_{\text{abs}} = |f'(\bar{x})^{-1}| \qquad \kappa_{\text{rel}} = \frac{|f(\bar{x})|}{|\bar{x}|} |f'(\bar{x})^{-1}|,$$

wobei für die relative Kondition $\bar{x} \neq 0$ und $y \neq 0$ vorausgesetzt ist.

Beweis. Nach (1.4) ist die Funktion φ an der Stelle y differenzierbar mit

$$\varphi'(y) = (f^{-1})'(y) = f'(\bar{x})^{-1}. \tag{5.43}$$

Die Aussage folgt damit aus den allgemeinen Formeln für die Konditionszahlen eines Problems (φ, y) aus Band *1*, Seiten 28 und 29. □

Zur Lösung polynomialer Gleichungen bis zum Grad 4 kann man auf Formeln zurückgreifen, diese sind auch in Programmpaketen wie *Mathematica* eingebaut. Ein wesentliches Resultat der Galois[31]-Theorie besagt, dass für eine allgemeine Polynomfunktion von Grad größer 4 eine explizite Lösungsformel in geschlossener Form[32]

---

[31] Galois, Evariste: 1811–1832, französischer Mathematiker. Seine Arbeit über die Lösbarkeit algebraischer Gleichungen wurde an die Akademie der Wissenschaften in Paris zu Fourier gesandt, geriet dort aber aufgrund des Todes von Fourier in Vergessenheit. Galois starb an den Folgen eines Bauchdurchschusses nach einem Duell. Ein Freund schrieb seine mathematischen Arbeiten ab und sandte sie an bekannte Mathematiker dieser Zeit, u.a. Gauß, siehe Seite 29. Ihre Bedeutung wurde jedoch erst nach deren Publikation durch Liouville im Jahr 1843 erkannt.

[32] Unter einer *Lösungsformel in geschlossener Form* versteht man in diesem Zusammenhang eine Beschreibung der Lösung(en) durch einen geschlossenen Term, siehe Seite 4, bestehend aus den vier Grundrechnungsarten und Wurzeln.

nicht existieren kann. In diesem Fall und auch in Situationen, in denen f keine Polynomfunktion ist, kann eine Lösung mit numerischen Verfahren im Allgemeinen nur näherungsweise bestimmt werden. Dabei wird eine Folge $(x^{(k)})_{k\in\mathbb{N}_0}$ erzeugt, die unter geeigneten Voraussetzungen gegen eine Lösung konvergiert. Zunächst beschäftigen wir uns jedoch mit dem Begriff der *Konvergenzgeschwindigkeit* (auch *Konvergenzrate* genannt), mit deren Hilfe geeignete Lösungsverfahren dann auch klassifiziert werden können.

Konvergenzgeschwindigkeit

Definition

Konvergenzgeschwindigkeit. Seien die reelle Folge $(x^{(k)})_{k\in\mathbb{N}_0}$ und $\bar{x} \in \mathbb{R}$ gegeben.

i. Die Folge $(x^{(k)})_{k\in\mathbb{N}_0}$ *konvergiert (mindestens) linear* gegen $\bar{x}$ genau dann, wenn es Konstanten $c \in (0, 1)$ und $k_0 \in \mathbb{N}$ gibt mit

$$|x^{(k+1)} - \bar{x}| \leq c|x^{(k)} - \bar{x}| \quad \text{für alle } k \geq k_0.$$

ii. Die Folge $(x^{(k)})_{k\in\mathbb{N}_0}$ *konvergiert (mindestens) superlinear* gegen $\bar{x}$ genau dann, wenn es eine Nullfolge $(\varepsilon^{(k)})_{k\in\mathbb{N}_0}$ mit $\varepsilon_k \geq 0$ und $k_0 \in \mathbb{N}$ gibt mit

$$|x^{(k+1)} - \bar{x}| \leq \varepsilon^{(k)}|x^{(k)} - \bar{x}| \quad \text{für alle } k \geq k_0.$$

iii. Es gelte $x^{(k)} \to \bar{x}$ für $k \to \infty$. Die Folge $(x^{(k)})_{k\in\mathbb{N}_0}$ *konvergiert (mindestens) quadratisch* gegen $\bar{x}$ genau dann, wenn es Konstanten $C > 0$ und $k_0 \in \mathbb{N}$ gibt mit

$$|x^{(k+1)} - \bar{x}| \leq C|x^{(k)} - \bar{x}|^2 \quad \text{für alle } k \geq k_0. \tag{5.44}$$

Zu beachten ist, dass die Definitionen von linearer und superlinearer Konvergenz insbesondere die Konvergenz der Folge implizieren. Dagegen muss bei der Definition der quadratischen Konvergenz explizit die Konvergenz der Folge vorausgesetzt werden, da (5.44) allein noch nicht zwangsläufig die Konvergenz der Folge garantiert. Es ist zu beachten, dass Aussagen, die auf Basis dieser Definitionen getroffen werden, wegen $k \geq k_0$ für ein $k_0 \in \mathbb{N}$ nur asymptotischer Natur sind. So kann etwa im Laufe eines Iterationsverfahrens das entsprechende Konvergenzverhalten erst sehr spät auftreten. Liegt quadratische Konvergenz vor, so folgt aus (5.44) die Abschätzung

$$\frac{\log_{10}(|x^{(k)} - \bar{x}|)}{\log_{10}(|x^{(k+1)} - \bar{x}|)} + \frac{\log_{10}(C)}{2\log_{10}(|x^{(k+1)} - \bar{x}|)} \leq \frac{1}{2} \quad \text{für alle } k \geq k_0, \tag{5.45}$$

sobald $|x^{(k+1)} - \bar{x}| < 1$ und damit $\log(|x^{(k+1)} - \bar{x}|) < 0$ erfüllt sind. Da der zweite Term auf der linken Seite in (5.45) zunehmend an Bedeutung verliert, gilt als Faustregel, dass sich bei einem Iterationsverfahren mit quadratischer Konvergenzgeschwindigkeit die Anzahl der korrekten Dezimalstellen[33] mit jedem Schritt verdoppelt.

[33] Wir erinnern daran, dass $\log_{10}(x)$ im Wesentlichen die Anzahl der Dezimalstellen der Zahl x beschreibt, siehe etwa Band *1* Seite 81.

Beispiel Seien $q \in (0,1)$, $\bar{x} \in \mathbb{R}$ und eine Folge $(x^{(k)})_{k\in\mathbb{N}_0}$ gegeben. Gilt $|x^{(k)} - \bar{x}| = q^k$, so konvergiert die Folge linear gegen $\bar{x}$. Gilt $|x^{(k)} - \bar{x}| = q^{k^2}$, so ist die Konvergenz wegen

$$|x^{(k+1)} - \bar{x}| = q^{k^2+2k+1} = q^{2k+1}|x^{(k)} - \bar{x}|$$

und $q^{2k+1} \to 0$ superlinear. Schließlich impliziert $|x^{(k)} - \bar{x}| = q^{2^k}$, dass die Folge konvergiert, und die Konvergenz wegen

$$|x^{(k+1)} - \bar{x}| = q^{2^{k+1}} = (q^{2^k})^2 = |x^{(k)} - \bar{x}|^2$$

quadratisch erfolgt.

Die (mindestens) quadratische Konvergenz von $(x^{(k)})_{k\in\mathbb{N}_0}$ gegen $\bar{x}$ kann unter Verwendung des Landau-Symbols O für reell-wertige Funktionen auf $\mathbb{N}$ aus Band *1*, Seite 43 auch durch

$$|x^{(k+1)} - \bar{x}| = O(|x^{(k)} - \bar{x}|^2) \tag{5.46}$$

beschrieben werden. Aufgrund der Einschränkung $c \in (0,1)$ ist eine O-Schreibweise bei linearer Konvergenz aber nicht möglich.

Lösungsverfahren

Für die Diskussion von Verfahren zur Lösung nichtlinearer Gleichungen genügt es, sich auf den homogenen Fall zu konzentrieren und das *Nullstellenproblem*

$$f(x) = 0 \tag{5.47}$$

zu betrachten, da jede inhomogene Gleichung $g(x) = y$ mit der Setzung $f(x) = g(x) - y$ auf (5.47) zurückgeführt werden kann[34].

Bisektionsverfahren

Zur Lösung der Gleichung (5.47) mit einer stetigen Funktion $f\colon [a,b] \to \mathbb{R}$ bietet sich das Bisektionsverfahren an. Die Idee dabei ist, eine reelle Nullstelle von f durch immer kleiner werdende Intervalle $[a^{(k)}, b^{(k)}]$ einzuschließen. Voraussetzung ist, dass die Funktion f in den Randpunkten $a^{(k)}$ und $b^{(k)}$ des aktuellen Intervalls Funktionswerte unterschiedlichen Vorzeichens besitzt, also dass $f(a^{(k)})f(b^{(k)}) < 0$ gilt. Nach dem Zwischenwertsatz von Seite 33 liegt dann in $[a^{(k)}, b^{(k)}]$ mindestens eine Nullstelle von f. Gilt für den Mittelpunkt $x^{(k)} = (a^{(k)} + b^{(k)})/2$ des Intervalls $f(x^{(k)}) = 0$, ist das Problem gelöst. Andernfalls liegt je nach Vorzeichen von $f(x^{(k)})$ zumindest eine Nullstelle in $[a^{(k+1)}, b^{(k+1)}] = [a^{(k)}, x^{(k)}]$ oder $[a^{(k+1)}, b^{(k+1)}] = [x^{(k)}, b^{(k)}]$, sodass die Suche im Intervall $[a^{(k+1)}, b^{(k+1)}]$ halber Länge mit $f(a^{(k+1)})f(b^{(k+1)}) < 0$ fortgesetzt werden

[34]Auch die Kondition nichtlinearer Gleichungen kann ohne Verlust der Allgemeinheit anhand eines homogenen Problems diskutiert werden. Wir kommen darauf in Kapitel IV zurück, die Diskussion von Seite 34 stellt dann einen Spezialfall dar.

kann. Für die Intervallslängen $L^{(k)} := b^{(k)} - a^{(k)}$ gilt also

$$L^{(k+1)} \leq \tfrac{1}{2} L^{(k)} \quad \text{für alle } k \geq 0,$$

weshalb man das Verfahren zu jenen mit (mindestens) linearer Konvergenzgeschwindigkeit zählt. Insbesondere gilt für die gegen eine Nullstelle $\bar{x}$ konvergierenden Mittelpunkte $x^{(k)}$ die Fehlerabschätzung

$$|x^{(k)} - \bar{x}| \leq \tfrac{1}{2^{k+1}}(b^{(0)} - a^{(0)}) \quad \text{für alle } k \geq 0. \tag{5.48}$$

Diese lässt sich in der algorithmischen Umsetzung *Glg1DBisekt* des Verfahrens als Abbruchskriterium verwenden.

Algorithmus *Glg1DBisekt*: Lösung von $f(x) = 0$ mit Bisektion

```
k ← 0, L = b^(0) − a^(0)
a ← a^(0), b ← b^(0)
while 1/2^(k+1) L > η
  x ← (a + b)/2
  if f(a) · f(x) < 0
    b ← x
  else
    a ← x
x ← (a + b)/2
k ← k + 1
return x
```

Aufruf: *Glg1DBisekt* $(f, a^{(0)}, b^{(0)}, \eta)$
Eingabe: f stetig auf $[a^{(0)}, b^{(0)}]$, $a^{(0)}, b^{(0)} \in \mathbb{R}$, $\eta \in \mathbb{R}^+$
mit: $a^{(0)} < b^{(0)}, f(a^{(0)}) \cdot f(b^{(0)}) < 0$.
Ausgabe: $x \in [a^{(0)}, b^{(0)}]$
mit: $|x - \bar{x}| \leq \eta$,
wobei $\bar{x} \in [a^{(0)}, b^{(0)}]$ und $f(\bar{x}) = 0$.

Computerprogrammierung. *Im Algorithmus Glg1DBisekt kann in einem erweiterten Abbruchskriterium $\mathcal{A}$ zusätzlich geprüft werden, ob es sich beim berechneten Mittelwert $x^{(k)}$ bereits um eine Nullstelle handelt. Von einer Abfrage, ob $f(x^{(k)}) = 0$ gilt, ist allerdings im Hinblick auf Rundungsfehler durch Gleitkommaarithmetik abzuraten. Vielmehr wird man die Größe von $|f(x^{(k)})|$ prüfen. Weitere Bemerkungen zum Thema Abbruchskriterium finden sich auf Seite 41.*

Beispiel

Zur Bestimmung der (einzigen) Nullstelle $\bar{x} = 1.5$ in $[1, 2.8]$ von

$$f : \mathbb{R} \to \mathbb{R}, \; x \mapsto x^4 - x^3 - 1.6875 \tag{5.49}$$

wenden wir den Algorithmus *Glg1DBisekt* mit $a^{(0)} = 1, b^{(0)} = 2.8$ und $\eta = 10^{-16}$ an. Das Verhalten des (betragsweisen) relativen Fehlers $|x^{(k)} - \bar{x}|/|\bar{x}|$ ist in Abbildung I.4 links auf Seite 42 dargestellt, trotz der relativ guten Startnäherung $x^{(0)} = 1.9$ bricht das Verfahren erst nach 53 Schritten mit $x^{(53)} = 1.5$ ab.

Neben der langsamen Konvergenz der Bisektion ist ein weiterer Nachteil, dass unter Umständen die Voraussetzung $f(a) \cdot f(b) < 0$ nicht erfüllbar und damit das Verfahren nicht anwendbar ist, man denke nur an $f : [-1, 1] \to \mathbb{R}, \; x \mapsto x^2$.

Fixpunktverfahren

Ein weiterer Zugang zur Lösung des Nullstellenproblems ist, die nichtlineare Gleichung (5.47) in eine Fixpunktgleichung

$$x = \phi(x) \tag{5.50}$$

zu überführen und diese dann mittels Fixpunktiteration

$$x^{(k+1)} = \phi(x^{(k)}) \tag{5.51}$$

zu lösen[35]. Ein hinreichendes Konvergenzkriterium für (5.51) liefert der Banachsche Fixpunktsatz aus Band *1*, Seite 12. Danach konvergiert die Fixpunktfolge, wenn ϕ auf einem Intervall $[a, b]$ eine kontrahierende Selbstabbildung ist, d. h. den Bedingungen $W(\phi) \subset [a, b]$ und

$$|\phi(x) - \phi(y)| \leq L|x - y| \quad \text{mit } L < 1 \tag{5.52}$$

genügt, und $x^{(0)} \in [a, b]$ gilt. Ist (5.52) erfüllt, so folgt

$$|x^{(k+1)} - \bar{x}| = |\phi(x^{(k)}) - \phi(\bar{x})| \leq L|x^{(k)} - \bar{x}|.$$

Beim Fixpunktverfahren ist also nur lineare – und damit langsame – Konvergenz der Fixpunktfolge $(x^{(k)})_{k\in\mathbb{N}_0}$ garantiert. Im Fall einer differenzierbaren Abbildung ϕ ist nach dem Mittelwertsatz von Seite 7 die Bedingung (5.52) erfüllt, falls

$$|\phi'(x)| < 1 \quad \text{für alle } x \in (a, b).$$

Beispiel

Wir betrachten erneut die nichtlineare Gleichung (5.47) mit f aus (5.49) und der Lösung $\bar{x} = 1.5$. Zum Startwert $x^{(0)} = 1.9$ liefert die Iteration (5.51) der Fixpunktgleichung

$$x = \phi(x) = \frac{1.6875}{x^3 - x^2} \tag{5.53}$$

eine divergente Folge $(x^{(k)})_{k\in\mathbb{N}_0}$. Verwendet man hingegen die alternative Fixpunktgleichung

$$x = \phi(x) = \sqrt[3]{\frac{1.6875}{x} + x^2}, \tag{5.54}$$

so liefert die Fixpunktiteration (5.51) mit $x^{(0)} = 1.9$ nach 33 Schritten die Lösung 1.5, siehe dazu auch Tabelle I.2 auf Seite 41. Die Voraussetzung des Banachschen Fixpunktsatzes sind in diesem Fall mit $[a, b] = [1.2, 2]$ und $L = 0.5$ erfüllt, wovon man sich etwa durch die graphische Darstellung von ϕ und ϕ' über dem Intervall $[1.2, 2]$ überzeugen kann.

---

[35] Diesem Zugang sind wir bereits in Band *1* auf Seite 9 bei Betrachtung der nichtlinearen Gleichung $x^2 - r = 0$ begegnet.

Newton-Verfahren

Wir wenden uns nun dem Newton-Verfahren und damit der zentralen Methode zur numerischen Lösung nichtlinearer Gleichungen zu. Sei dazu $x^{(k)}$ eine Näherung an eine Nullstelle $\bar{x}$ der Funktion f. Ist f stetig differenzierbar, so lässt sich f durch die Taylor-Polynomfunktion ersten Grades $T_1(x) = f(x^{(k)}) + f'(x^{(k)})(x - x^{(k)})$ in einer Umgebung des Entwicklungspunkts $x^{(k)}$ approximieren, vergleiche etwa mit (1.8) und Band *1*, Seite 20. Betrachtet man die Nullstellenaufgabe (5.47) nun mit T_1 anstelle von f, so erhält man für $f'(x^{(k)}) \neq 0$ mit der eindeutigen Lösung

$$x^{(k+1)} = x^{(k)} - \frac{f(x^{(k)})}{f'(x^{(k)})} \tag{5.55}$$

eine hoffentlich bessere Näherung von $\bar{x}$. Bei der Iterationsvorschrift (5.55) handelt es sich gerade um das *Newton-Verfahren*. Durch T_1 wird die Tangente an die Funktion f bzw. die *Linearisierung* von f im Punkt $x^{(k)}$ beschrieben, deren Nullstelle liefert dann das nächste Folgenglied $x^{(k+1)}$, siehe Abbildung I.3. Das Newton-Verfahren (5.55) kann mit

$$\phi(x) = x - \frac{f(x)}{f'(x)}$$

auch als Fixpunktiteration (5.51) aufgefasst werden. Unter den Voraussetzungen des Banachschen Fixpunktsatzes lässt sich dann lineare Konvergenz der Folge gegen eine Nullstelle $\bar{x}$ ableiten. Die Stärke des Newton-Verfahrens ist jedoch, dass die Folge unter geeigneten Voraussetzungen (lokal) zumindest superlinear oder gar quadratisch gegen $\bar{x}$ konvergiert.

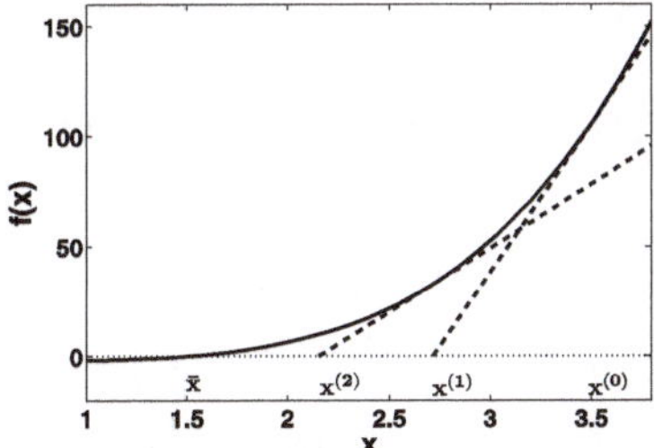

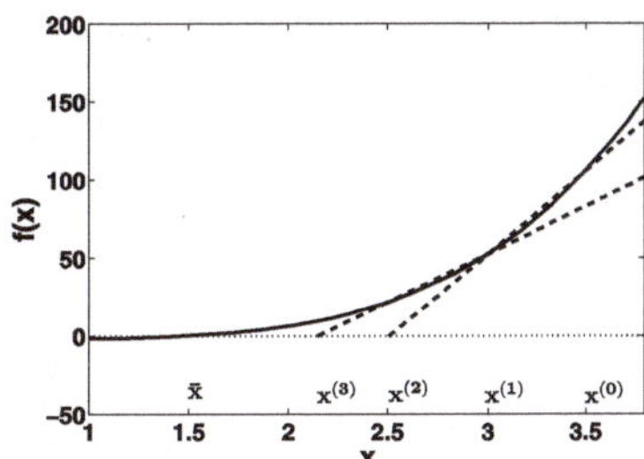

Abb. I.3: Graphische Interpretation des Newton- (5.55) und des Sekantenverfahrens (5.58)

Satz

> Seien $f\colon \mathbb{R} \to \mathbb{R}$ stetig differenzierbar und $\bar{x} \in \mathbb{R}$ mit $f(\bar{x}) = 0$ und $f'(\bar{x}) \neq 0$ gegeben. Dann existiert ein $\rho > 0$, sodass das Newton-Verfahren (5.55) für alle Startwerte $x^{(0)} \in [\bar{x}-\rho, \bar{x}+\rho]$ wohldefiniert ist, und die Folge $(x^{(k)})_{k\in\mathbb{N}_0}$ superlinear gegen $\bar{x}$ konvergiert. Gilt zudem, dass f' lokal Lipschitz-stetig in $\bar{x}$ ist, so liegt sogar quadratische Konvergenzgeschwindigkeit vor.

Beweis. Aus der Stetigkeit von f' auf $\mathbb{R}$ und $f'(\bar{x}) \neq 0$ folgt die Existenz von Konstanten $\rho_1 > 0$ und $c > 0$ mit

$$\frac{1}{|f'(x)|} \leq c \quad \text{für alle } x \in (\bar{x} - \rho_1, \bar{x} + \rho_1). \tag{5.56}$$

Nach dem Lemma von Seite 7 existiert zusätzlich ein $\rho_2 > 0$ mit

$$|f(x) - f(\bar{x}) - f'(x)(x - \bar{x})| \leq \tfrac{1}{2c}|x - \bar{x}| \quad \text{für alle } x \in (\bar{x} - \rho_2, \bar{x} + \rho_2).$$

Sei nun $\rho := \min\{\rho_1, \rho_2\}$. Gilt $x^{(k)} \in (\bar{x} - \rho, \bar{x} + \rho)$, so ist $x^{(k+1)}$ wohldefiniert, und wegen

$$\begin{aligned} |x^{(k+1)} - \bar{x}| &= |x^{(k)} - \bar{x} - \tfrac{f(x^{(k)})}{f'(x^{(k)})}| \\ &= \tfrac{1}{|f'(x^{(k)})|}|f(x^{(k)}) - f(\bar{x}) - f'(x^{(k)})(x^{(k)} - \bar{x})| \leq \tfrac{1}{2}|x^{(k)} - \bar{x}| \end{aligned}$$

ist auch $x^{(k+1)} \in [\bar{x} - \rho, \bar{x} + \rho]$. Liegt also der Startwert $x^{(0)}$ in $(\bar{x} - \rho, \bar{x} + \rho)$, so ist die gesamte Folge wohldefiniert, und es gilt

$$|x^{(k)} - \bar{x}| \leq \tfrac{1}{2}|x^{(k-1)} - \bar{x}| \leq \cdots \leq \left(\tfrac{1}{2}\right)^k |x^{(0)} - \bar{x}| \quad \text{für alle } k \in \mathbb{N}_0.$$

Daraus folgt die Konvergenz der Folge $(x^{(k)})_{k\in\mathbb{N}_0}$ gegen $\bar{x}$.

Hinsichtlich der Konvergenzgeschwindigkeit gilt[36] zunächst

$$\begin{aligned} \frac{|x^{(k+1)} - \bar{x}|}{|x^{(k)} - \bar{x}|} &= \frac{|f(x^{(k)}) - f(\bar{x}) - f'(x^{(k)})(x^{(k)} - \bar{x})|}{|f'(x^{(k)})||x^{(k)} - \bar{x}|} \\ &\leq c\frac{|f(x^{(k)}) - f(\bar{x}) - f'(x^{(k)})(x^{(k)} - \bar{x})|}{|x^{(k)} - \bar{x}|} =: \varepsilon^{(k)}. \end{aligned}$$

Unter Verwendung des Lemmas auf Seite 7 folgt $\lim\limits_{k\to\infty} \varepsilon^{(k)} = 0$ und damit die superlineare Konvergenz der Folge $(x^{(k)})_{k\in\mathbb{N}_0}$.

Im Hinblick auf die quadratische Konvergenz betrachten wir mit $f(\bar{x}) = 0$ die Gleichheit

$$\begin{aligned} f'(x^{(k)})(x^{(k+1)} - \bar{x}) &= f(x^{(k)}) + f'(x^{(k)})(x^{(k+1)} - x^{(k)}) \\ &\quad - \big(f(x^{(k)}) - f(\bar{x}) - f'(x^{(k)})(x^{(k)} - \bar{x})\big) \\ &= -\big(f(x^{(k)}) - f(\bar{x}) - f'(x^{(k)})(x^{(k)} - \bar{x})\big). \end{aligned}$$

Unter Verwendung von (5.56) führt eine Division durch $|x^{(k)} - \bar{x}|^2$ auf

$$\frac{|x^{(k+1)} - \bar{x}|}{|x^{(k)} - \bar{x}|^2} \leq c\frac{|f(x^{(k)}) - f(\bar{x}) - f'(x^{(k)})(x^{(k)} - \bar{x})|}{|x^{(k)} - \bar{x}|^2}.$$

Da f' nach Voraussetzung lokal Lipschitz-stetig ist, folgt aus (1.9) schließlich

$$|x^{(k+1)} - \bar{x}| = O(|x^{(k)} - \bar{x}|^2). \qquad \square$$

Die Iterationsvorschrift (5.55) führt unmittelbar auf den Algorithmus *Glg1DNewton*.

[36] Im Konvergenzbeweis nehmen wir an, dass $x^{(k)} \neq \bar{x}$ für alle $k \in \mathbb{N}_0$, da andernfalls die Lösung bereits nach endlich vielen Schritten erreicht ist.

Algorithmus *Glg1DNewton*: Lösung von $f(x) = 0$ nach Newton

$f' \leftarrow$ *Ableitung*(f) $x \leftarrow x^{(0)}$ **while** $\mathcal{A}$ nicht erfüllt $x \leftarrow x - \frac{f(x)}{f'(x)}$ **return** x	Aufruf: *Glg1DNewton*$(f, x^{(0)})$ Eingabe: $f: \mathbb{R} \to \mathbb{R}, x^{(0)} \in \mathbb{R}$ mit: f stetig differenzierbar, $f'(\bar{x}) \neq 0$ für $\bar{x}$ mit $f(\bar{x}) = 0$. Ausgabe: $x \in \mathbb{R}$ mit: x als Näherung von $\bar{x}$, die vom Startwert $x^{(0)}$ und dem Abbruchskriterium $\mathcal{A}$ abhängt.

Computerprogrammierung. *Für die Umsetzung von Glg1DNewton auf dem Computer muss die Funktion f in einer Datenstruktur vorliegen, die die symbolische Berechnung der Ableitungsfunktion f' mit Hilfe von Ableitung(f) erlaubt, siehe dazu auch unsere Diskussion im Abschnitt 3. In einer alternativen Realisierung des Newton-Verfahrens kann durch Erweiterung der Eingabeparameter neben der Funktion f auch die Ableitungsfunktion f' an den Algorithmus übergeben werden, wobei es dann genügt, wenn sowohl f als auch f' als Black-Box-Funktionen vorliegen. Ist dies nicht möglich, muss in jedem Schritt der Wert $f'(x^{(k)})$ numerisch approximiert werden, etwa mit Hilfe der ab Seite 19 vorgestellten Methoden.*

Beispiel

Wir kehren zum Nullstellenproblem mit f aus (5.49) zurück und wenden nun den Algorithmus *Glg1DNewton* mit Startwert $x^{(0)} = 1.9$ an. Tabelle I.2 zeigt das quadratische Konvergenzverhalten[37] der erzeugten Newton-Iterationsfolge und stellt es der linearen Konvergenzgeschwindigkeit der Fixpunktiteration gegenüber. Nach nur 6 Schritten ist mit *Glg1DNewton* die Nullstelle $\bar{x}$ erreicht. Einen weiteren Vergleich zwischen linearer und quadratischer Konvergenz zu diesem Beispiel zeigt die Abbildung I.4 links.

Tabelle I.2: Gegenüberstellung von linearer und quadratischer Konvergenzgeschwindigkeit anhand von f aus (5.49).

k	$x^{(k)}$ bei Fixpunktiteration mit (5.54)	$x^{(k)}$ bei Newton-Iteration
0	1.9	1.9
1	1.650738316013129	1.629880765988197
2	1.553230422764504	1.518672823275928
3	1.518145550545990	1.500451752255235
4	1.506096581999179	1.500000271915709
5	1.502037673151810	1.500000000000099
6	1.500679838491422	1.5

Abbruchskriterien für das Newton-Verfahren (sowie für alle anderen Methoden) können auf der Größe von $|f(x^{(k)})|$ oder dem absoluten bzw. relativen Fehler von $x^{(k)}$ basieren. Umsetzbare Fehlerabschätzungen haben wir beim Bisektionsverfahren auf Seite 37 und bei der Fixpunktiteration bereits im Zusammenhang mit der Diskussion des Banachschen Fixpunktsatzes in Band *1*, Seite 12 kennengelernt. Liegen solche nicht

[37] Entsprechend der Faustregel von Seite 35 verdoppelt sich in etwa die Anzahl der korrekten Dezimalstellen mit jedem Iterationsschritt.

vor, wird der Fehlerbetrag $|x^{(k)} - \bar{x}|$ typischerweise durch die berechenbare Größe $|x^{(k+1)} - x^{(k)}|$ ersetzt. Übung I.8 zeigt, dass im Fall von superlinearer Konvergenz das Abbruchskriterium $|x^{(k+1)} - x^{(k)}| \leq \eta$ auch gerechtfertigt ist. Des Weiteren wird man die Iteration in *Glg1DNewton* abbrechen, falls $f'(x^{(k)}) = 0$ auftritt, um eine Division durch Null zu vermeiden.

Sind die Voraussetzungen des Konvergenzsatzes nicht erfüllt, kann es zur Divergenz der Iterationsfolge kommen. Insbesondere kann dies bei Vorliegen eines schlechten Startwertes $x^{(0)}$ auftreten.

Beispiel Bei Durchführung des Newton-Verfahrens mit

$$f(x) = -4x \cdot e^{-x} \tag{5.57}$$

divergiert die Folge für alle Startwerte $x^{(0)} > 1$, wie durch Anlegen entsprechender Tangenten an den Graphen ersichtlich wird. Für $x^{(0)} = 1$ ist wegen $f'(x^{(0)}) = 0$ das Verfahren nicht durchführbar, bei $x^{(0)} = 0.999$ erhält man im zweiten Schritt bei Durchführung in IEEE double precision einen Exponentenüberlauf, siehe Band *1*, Seite 87. Hingegen führt der Startwert $x^{(0)} = 0.99$ auf eine gegen die Lösung $\bar{x} = 0$ konvergente Folge. Die anfänglich langsame Konvergenz, siehe Abbildung I.4 rechts, steht dabei in keinem Widerspruch zur Konvergenzgeschwindigkeitsaussage des obigen Satzes, da in den Definitionen von Seite 35 die Abschätzungen ja jeweils erst ab einem gewissen Iterationsindex k_0 gelten müssen.

Für Beispiele, bei denen die Newton-Folge zyklisches Verhalten, also $x^{(2k)} = x^{(k)}$, aufweist und damit ebenfalls nicht konvergiert, verweisen wir auf Übung I.10.

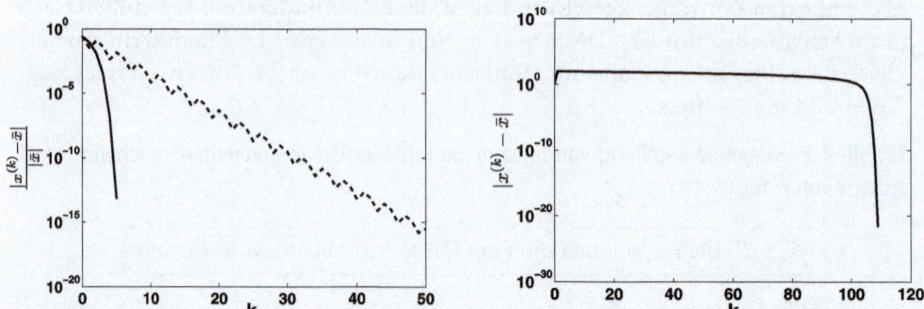

Abb. I.4: Links: Vergleich des Betrags des relativen Fehlers $\frac{x^{(k)}-\bar{x}}{\bar{x}}$ (bei logarithmisch skalierter y-Achse) für das Bisektionsverfahren (strichliert) und das Newton-Verfahren (durchgezogen). Rechts: Graphische Darstellung des Fehlerbetrags $|x^{(k)} - \bar{x}|$ für das Newton-Verfahren mit (5.57) zum Startwert $x^{(0)} = 0.99$.

Zur Wahl eines geeigneten Startwertes $x^{(0)}$ kann man etwa einige Schritte des Bisektionsverfahrens oder theoretische Aussagen zur Lage der Nullstellen heranziehen. Handelt es sich bei f um eine Polynomfunktion zu einem Polynom $p \in \mathbb{R}[x]$ n-ten Grades, so gilt z. B. für jede Nullstelle $\bar{x}$ die Ungleichung

$$|\bar{x}| \leq \max \left\{1, \sum_{i=0}^{n-1} \frac{|p_i|}{|p_n|}\right\}.$$

Deren praktische Bedeutung macht der folgende Satz aus [22] klar.

Satz

Das Polynom $p \in \mathbb{R}[x]$ mit $\deg(p) = n \geq 2$ besitze nur reelle Nullstellen[38] $\bar{x}_1 \geq \cdots \geq \bar{x}_n$. Dann liefert das Newton-Verfahren für jeden Startwert $x^{(0)} > \bar{x}_1$ eine streng monoton fallende Folge $(x^{(k)})_{k\in\mathbb{N}_0}$, die gegen $\bar{x}_1$ konvergiert.

Wir gelangen somit zu einem Algorithmus *Glg1DPolyNewton* für Polynome mit rein reellen Nullstellen, der mit Hilfe der Polynomkoeffizienten einen Startwert $x^{(0)}$ konstruiert, für den die Newton-Folge dann garantiert gegen die Lösung $\bar{x}_1$ konvergiert. Zur Auswertung von p und p' greifen wir dabei auf den Horner-Algorithmus von Seite 24 zurück.

Algorithmus *Glg1DPolyNewton*: Lösung von $\text{eval}(p, x) = 0$ nach Newton

$x \leftarrow \max\{1, \sum_{i=0}^{n-1} \frac{|p_i|}{|p_n|}\}$
while $\mathcal{A}$ nicht erfüllt
  $(\xi, \eta) \leftarrow$ *EvalAblPolyHorner*(p, x)
  $x \leftarrow x - \frac{\xi}{\eta}$
return x

Aufruf:	*Glg1DPolyNewton*(p)
Eingabe:	$p \in \mathcal{P}_{\mathbb{R}}$
mit:	$\deg(p) \geq 2$ und p besitzt nur reelle Nullstellen.
Ausgabe:	$x \in \mathbb{R}$
mit:	x als Näherung an die größte Nullstelle von p, die vom Abbruchskriterium $\mathcal{A}$ abhängt.

Beispiel

Rufen wir *Glg1DPolyNewton*(p) mit $p = x^6 - \frac{4}{9}x^4$ auf, so wird als Startwert $x^{(0)} = 1$ gewählt. Im ersten Schleifendurchlauf ist $\xi^{(1)} = 0.55$ und $\eta^{(1)} = 4.22$, und für $x^{(1)}$ ergibt sich 0.86842. Im weiteren Verlauf erhält man die Werte

$$x^{(2)} = 0.77052 \quad x^{(3)} = 0.70607 \quad x^{(4)} = 0.67460 \quad x^{(5)} = 0.66707 \quad x^{(6)} = 0.66667.$$

Ein Nachteil der automatischen Startwertgenerierung in *Glg1DPolyNewton* ist, dass bei zu großem Wert von $x^{(0)}$ die Folge wegen

$$x^{(k+1)} = x^{(k)} - \frac{\sum_{i=0}^{n} p_i {x^{(k)}}^i}{\sum_{i=1}^{n} i p_i {x^{(k)}}^{i-1}} \approx x^{(k)}\left(1 - \frac{1}{n}\right)$$

[38] Selbst wenn eine Gleichung der Form $f(x) = 0$ zunächst mit Hilfe einer reellen Funktion beschrieben ist, kann sich die Lösungsmenge bzw. -eigenschaft bei Erweiterung des Definitionsgebietes auf den Körper der komplexen Zahlen $\mathbb{C}$ ändern. So besitzt die Gleichung $x^2 + 1 = 0$ über $\mathbb{R}$ keine, über $\mathbb{C}$ hingegen zwei Lösungen. Eine entsprechende Formulierung der Problemstellung für eine Polynomfunktion zu $p \in \mathbb{R}[x]$ erfordert dann trotz der reellen Koeffizienten zunächst auch eine Erweiterung der Polynomevaluation $\text{eval}(p, w)$ von $w \in \mathbb{R}$ auf $w \in \mathbb{C}$. Ein $w \in \mathbb{C}$ mit $\text{eval}(p, w) = 0$ wird dann als reelle Nullstelle von p bezeichnet, falls der Imaginärteil von w gleich Null ist. Da wir in dem Buch auf eine algorithmische Behandlung der komplexen Zahl verzichten, sprechen wir in diesem Fall der Einfachheit wegen hier, aber insbesondere auch in Abschnitt 14, trotz der im Buch nur auf $\mathbb{R}$ definierten Operationen von einer „rein reellen Lösung bei Erweiterung des Lösungsbegriffs auf den Körper der komplexen Zahlen".

anfänglich nur sehr langsam konvergiert. Ein ähnliches Verhalten haben wir bereits im Beispiel auf Seite 42 beobachtet. Abhilfe kann dann durch die Verwendung von Schrittweiten t_k in einem modifizierten Newton-Verfahren

$$x^{(k+1)} = x^{(k)} - t_k \frac{f(x^{(k)})}{f'(x^{(k)})}$$

geschaffen werden. Wir kommen darauf in Kapitel IV noch einmal zu sprechen, verweisen aber bereits hier auf die einschlägige Literatur.

Schließlich erwähnen wir, dass sich auch bei der Lösung nichtlinearer Gleichungen die Frage nach der Auswirkung von Rundungsfehlern stellt. So wird in Gleitkommaarithmetik etwa durch das Newton-Verfahren ja eigentlich eine Folge $(\tilde{x}^{(k)})_{k\in\mathbb{N}_0}$ gemäß

$$\tilde{x}^{(k+1)} = \tilde{x}^{(k)} \stackrel{\sim}{-} \left(\tilde{f}(\tilde{x}^{(k)}) \,\tilde{/}\, \tilde{f}'(\tilde{x}^{(k)})\right)$$

erzeugt. Unter Annahmen an die bei der Funktionsauswertung von f und f' entstehenden Fehler, die Abschätzung von Seite 13 ist lediglich ein einfaches Beispiel dafür, finden sich Aussagen zur Rundungsfehlerproblematik beim Newton-Verfahren in [15] oder [13]. Der Grundtenor der dort getroffenen Aussagen ist, dass nicht nur die Voraussetzungen für Konvergenz erfüllt sein müssen, sondern auch gute Kondition der Problemstellung sowie hinreichende Qualität der Funktionsauswertungen notwendig sind, um die Nullstelle mit Hilfe des Newton-Verfahrens mit einem relativen Fehler in der Größenordnung der Rundungseinheit annähern zu können.

Sekantenverfahren

Steht die Ableitungsfunktion f' nicht zur Verfügung, so ist das Newton-Verfahren eigentlich nicht realisierbar, zumindest ist dann eine Approximation von $f'(x^{(k)})$ erforderlich. Ersetzt man in (5.55) $f'(x^{(k)})$ durch den Differenzenquotienten

$$\frac{f(x^{(k)}) - f(x^{(k-1)})}{x^{(k)} - x^{(k-1)}},$$

so erhält man das *Sekantenverfahren*

$$x^{(k+1)} = x^{(k)} - f(x^{(k)}) \frac{x^{(k)} - x^{(k-1)}}{f(x^{(k)}) - f(x^{(k-1)})}. \tag{5.58}$$

Da zur Berechnung von $x^{(k+1)}$ die beiden Vorgänger $x^{(k)}$ und $x^{(k-1)}$ benötigt werden, spricht man von einem *zweistufigen Verfahren*[39]. Insbesondere sind für den sich ableitenden Algorithmus *Glg1DSek* zwei Startwerte $x^{(0)}$ und $x^{(1)}$ erforderlich. Die Funktion f wird hier durch die Sekante

$$S\colon \mathbb{R} \to \mathbb{R},\ x \mapsto f(x^{(k)}) + \frac{f(x^{(k)}) - f(x^{(k-1)})}{x^{(k)} - x^{(k-1)}}(x - x^{(k)})$$

durch die Punkte $(x^{(k-1)}, f(x^{(k-1)}))$ und $(x^{(k)}, f(x^{(k)}))$ mit $x^{(k)} \neq x^{(k-1)}$ approximiert, $x^{(k+1)}$ ist dann die Lösung der Nullstellenaufgabe mit S anstelle von f, siehe Abbildung I.3.

[39]Die Fixpunktiteration und das Newton-Verfahren gehören zur Klasse der einstufigen Verfahren.

Algorithmus *Glg1DSek*: Lösung von $f(x) = 0$ mit Sekantenverfahren

$x^- \leftarrow x^{(0)}, x \leftarrow x^{(1)}$
$f^- \leftarrow f(x^-)$
while $\mathcal{A}$ nicht erfüllt
  $\zeta \leftarrow f(x)$
  $x^+ \leftarrow x - \zeta \cdot \frac{x-x^-}{\zeta-f^-}$
  $x^- \leftarrow x, f^- \leftarrow \zeta$
  $x \leftarrow x^+$
return x
	Aufruf: *Glg1DSek*$(f, x^{(0)}, x^{(1)})$
	Eingabe: $f: \mathbb{R} \to \mathbb{R}, x^{(0)}, x^{(1)} \in \mathbb{R}$
	mit: f stetig differenzierbar,
	$f'(\bar{x}) \neq 0$ für $\bar{x}$ mit $f(\bar{x}) = 0$.
	Ausgabe: $x \in \mathbb{R}$
	mit: x als Näherung einer Nullstelle von f, die von den Startwerten $x^{(0)}$, $x^{(1)}$ und dem Abbruchskriterium $\mathcal{A}$ abhängt.

Computerprogrammierung. *Zur Vermeidung unnötiger Auswertungen der Funktion f wird in Glg1DSek der aktuelle Funktionswert $f(x)$ als ζ zwischengespeichert und nach Aktualisierung von x auf x^+ der Variablen f^- zugewiesen.*

Über die Konvergenz des Verfahrens gibt der folgende Satz Auskunft:

Satz

Seien $f: [a, b] \to \mathbb{R}$ stetig differenzierbar, f' Lipschitz-stetig auf $[a, b]$ und $\bar{x} \in (a, b)$ mit $f(\bar{x}) = 0$ und $f'(\bar{x}) \neq 0$. Dann existiert $\rho > 0$, sodass das Sekantenverfahren (5.58) für alle $x^{(0)}, x^{(1)} \in [\bar{x} - \rho, \bar{x} + \rho] \subset [a, b]$ mit $x^{(0)} \neq x^{(1)}$ wohldefiniert ist, und die durch (5.58) erzeugte Folge gegen $\bar{x}$ konvergiert. Zusätzlich gilt

$$|x^{(k+1)} - \bar{x}| = O(|x^{(k)} - \bar{x}|^p) \text{ mit } p = (1 + \sqrt{5})/2 \approx 1.618. \tag{5.59}$$

Beweis. Es sei $L > 0$ die Lipschitz-Konstante von f' und es sei $\rho > 0$ so klein, dass $[\bar{x} - \rho, \bar{x} + \rho] \subset [a, b]$ und $L\rho \leq \frac{1}{2}|f'(\bar{x})|$ erfüllt sind. Aus

$$|f'(\bar{x})| - |f'(x)| \leq |f'(\bar{x}) - f'(x)| \leq L|\bar{x} - x| \leq L\rho \leq \tfrac{1}{2}|f'(\bar{x})|$$

folgt dann

$$\tfrac{1}{2}|f'(\bar{x})| \leq |f'(x)| \quad \text{für alle } x \in [\bar{x} - \rho, \bar{x} + \rho]. \tag{5.60}$$

Gilt $x^{(k)}, x^{(k-1)} \in [\bar{x} - \rho, \bar{x} + \rho]$ mit $x^{(k)} \neq x^{(k-1)}$, so gilt auch $f(x^{(k)}) \neq f(x^{(k-1)})$, da andernfalls (5.60) einen Widerspruch zum Mittelwertsatz liefert. Somit ist $x^{(k+1)}$ dann wohldefiniert, und unter Verwendung der Mittelwertsätze von Seite 7 folgt aus (5.58) die Darstellung

$$\begin{aligned} x^{(k+1)} - \bar{x} &= x^{(k)} - \bar{x} - f(x^{(k)}) \frac{x^{(k)} - x^{(k-1)}}{f(x^{(k)}) - f(x^{(k-1)})} \\ &= (x^{(k)} - \bar{x}) \frac{\frac{f(x^{(k)}) - f(x^{(k-1)})}{x^{(k)} - x^{(k-1)}} - \frac{f(x^{(k)}) - f(\bar{x})}{x^{(k)} - \bar{x}}}{\frac{f(x^{(k)}) - f(x^{(k-1)})}{x^{(k)} - x^{(k-1)}}} \\ &= (x^{(k)} - \bar{x}) \frac{\int_0^1 f'(x^{(k-1)} + t(x^{(k)} - x^{(k-1)})) - f'(\bar{x} + t(x^{(k)} - \bar{x}))\, dt}{f'(\xi_1)} \end{aligned}$$

mit $\xi_1 \in [\bar{x} - \rho, \bar{x} + \rho]$. Aus (5.60) folgt damit

$$\begin{aligned}
|x^{(k+1)} - \bar{x}| &\le \frac{2|x^{(k)} - \bar{x}|}{|f'(\bar{x})|} \int_0^1 |f'(x^{(k-1)} + t(x^{(k)} - x^{(k-1)})) - f'(\bar{x} + t(x^{(k)} - \bar{x}))| \, dt \\
&\le \frac{2|x^{(k)} - \bar{x}|}{|f'(\bar{x})|} L \int_0^1 |1 - t| \, dt |x^{(k-1)} - \bar{x}| \\
&\le \frac{L\rho}{|f'(\bar{x})|} |x^{(k)} - \bar{x}| \le \tfrac{1}{2} |x^{(k)} - \bar{x}|.
\end{aligned}$$

Somit gilt auch $x^{(k+1)}$ in $[\bar{x} - \rho, \bar{x} + \rho]$ mit $x^{(k+1)} \neq x^{(k)}$. Liegen daher die Startwerte $x^{(1)}$, $x^{(0)}$ in $[\bar{x} - \rho, \bar{x} + \rho]$ mit $x^{(1)} \neq x^{(0)}$, so ist die Folge wohldefiniert und gegen $\bar{x}$ konvergent. Für den Nachweis der Konvergenzgeschwindigkeit verweisen wir auf [12]. □

Die Aussage (5.59) ist zwar schwächer als[40] (5.46), sie garantiert jedoch (relativ schnelle) superlineare Konvergenz. Allerdings ist bei Realisierung des Sekantenverfahrens in Gleitkommaarithmetik die Gefahr der Auslöschung gegeben.

Eine Kombination des Sekantenverfahrens mit dem Bisektionsverfahren führt auf die Methode der *Regula Falsi*[41]. Dabei wird erneut eine Folge von Intervallen $[a^{(k+1)}, b^{(k+1)}] = [a^{(k)}, x^{(k)}]$ oder $[a^{(k+1)}, b^{(k+1)}] = [x^{(k)}, b^{(k)}]$ mit $f(a^{(k+1)}) \cdot f(b^{(k+1)}) < 0$ erzeugt. Anders als beim Bisektionsverfahren wird $x^{(k)}$ jedoch nicht als Mittelpunkt von $[a^{(k)}, b^{(k)}]$ gewählt, sondern als Nullstelle der durch $(a^{(k)}, f(a^{(k)}))$ und $(b^{(k)}, f(b^{(k)}))$ gehenden Sekante, was zu

$$x^{(k)} = a^{(k)} - \frac{(a^{(k)} - b^{(k)}) f(a^{(k)})}{f(a^{(k)}) - f(b^{(k)})}$$

mit $x^{(k)} \in (a^{(k)}, b^{(k)})$ führt.

Eine weitere Möglichkeit zur Lösung nichtlinearer Gleichungen besteht darin, nicht wie beim Sekantenverfahren nur durch die Punkte $(x^{(k-1)}, f(x^{(k-1)}))$ und $(x^{(k-2)}, f(x^{(k-2)}))$ zu interpolieren, sondern auch $(x^{(k-2)}, f(x^{(k-2)}))$ zu berücksichtigen. Dies führt auf die Methode der *inversen*[42] quadratischen Interpolation, die in Kombination mit dem Bisektionsverfahren wiederum die Grundlage des Algorithmus von Brent[43] darstellt. Für Details verweisen wir auf [19].

---

[40] In [12] wird gezeigt, dass die Folge beim Sekantenverfahren nicht schneller als (5.59) konvergieren kann.

[41] Leonardo von Pisa (mittelalterlicher italienischer Mathematiker) wird aus seinem „Liber abbaci" die „Regel des zweifachen falschen Ansatzes" zugeschrieben, mit der man bei linearen Aufgaben aus zwei falschen Lösungen eine richtige ermitteln kann, woraus sich in weiterer Folge der Begriff Regula Falsi („Regel des Falschen") entwickelt hat.

[42] Man spricht von inverser Interpolation, da das quadratische Interpolationspolynom p hier nicht durch die Bedingung $\text{eval}(p, x^{(j)}) = f(x^{(j)}), j = n-2, n-1, n$ sondern durch $\text{eval}(p, f(x^{(j)})) = x^{(j)}, j = n-2, n-1, n$ definiert wird.

[43] BRENT, RICHARD PEIRCE: geb. 1946, australischer Mathematiker.

Übungsaufgaben

I.1 Sei $f : A \to B$. Zeigen Sie: f ist invertierbar genau dann, wenn f bijektiv ist.

I.2 Implementieren Sie für den Term-Konstruktor $\mathcal{T}$ von Seite 12 zusätzliche algebraische Vereinfachungsregeln und beobachten Sie die Auswirkungen auf das symbolische Differenzieren im Algorithmus *SymbDiff*.

I.3 Implementieren Sie den Algorithmus *DiffElementar* so, dass er auch die Betragsfunktion und die Inversen der trigonometrischen Funktionen (und evtl. andere elementare Funktionen, deren Ableitung Sie in Formelsammlungen finden) behandelt.

I.4 Leiten Sie aus dem rekursiven Zusammenhang $p = p_0 + \mathrm{x} \cdot p_{1:n}$ für univariate Polynome $p \in \mathcal{P}_{\mathbb{R}}$ den Zusammenhang $p' = p_{1:n} + \mathrm{x} \cdot (p_{1:n})'$ für die Ableitung von p her. (Hinweis: Betrachten Sie die zu p gehörige Polynomfunktion pf_p und leiten Sie diese mit den bekannten Differentiationsregeln ab.)

I.5 Implementieren Sie $\mathrm{eval}(p', \bar{x}) = \mathrm{eval}(p_{1:n}, \bar{x}) + \bar{x} \cdot \mathrm{eval}((p_{1:n})', \bar{x})$ von Seite 23 als rekursiven Algorithmus zur Berechnung von $\mathrm{eval}(p', \bar{x})$ für ein Polynom $p \in \mathcal{P}_{\mathbb{R}}$. Überlegen Sie (z. B. durch Analyse der Rekursion anhand von Beispielrechnungen mit dem Algorithmus), wie Sie die Rekursion ähnlich jener im Horner-Algorithmus in einer Schleife realisieren können.

I.6 Zeigen Sie, dass der Exaktheitsgrad e der Newton-Cotes Formel $N_n(f, a, b)$ für gerades n gleich $n + 1$ ist.

I.7 Berechnen Sie die Integrale mit Hilfe der Newton-Cotes-Formeln aus Tabelle I.1, der summierten Simpsonformel und des Algorithmus *BestIntAdSimp* und ermitteln Sie die jeweils benötigte Anzahl von Funktionsauswertungen. Experimentieren Sie mit den Eingabeparametern und vergleichen Sie die Resultate mit den exakten Integralwerten (wenn möglich).

$$\int_{-1}^{1} \frac{2^{-i}}{4^{-i} + t^2}\, dt \quad \text{für } i = 1, \ldots, 5. \qquad \int_{0}^{1} \sqrt{t}\, dt. \qquad \int_{-1}^{1} \cos(te^{4t^2}).$$

I.8 Gegeben sei eine gegen $\bar{x}$ superlinear konvergente Folge $\left(x^{(k)}\right)_{k \in \mathbb{N}_0}$ mit $x^{(k)} \neq \bar{x}$ für alle $k \in \mathbb{N}_0$. Zeigen Sie, dass dann

$$\lim_{k \to \infty} \frac{|x^{(k+1)} - x^{(k)}|}{|x^{(k)} - \bar{x}|} = 1.$$

I.9 Seien $a < b$ und $\phi\colon [a, b] \to [a, b]$ stetig. Zeigen Sie, dass die Fixpunktgleichung (5.50) dann eine Lösung besitzt.

I.10 Wenden Sie das Newton-Verfahren zur Lösung von $f(x) = 0$ mit

$$f(x) = x^3 + 2x^2 - 5x + 6, \qquad f(x) = \frac{11}{91}x^5 - \frac{38}{91}x^3 + x, \qquad f(x) = \mathrm{sgn}(x)\sqrt{|x|}$$

an und vergleichen Sie das Vehalten zu den Startwerten $x^{(0)} = 1$ und $x^{(0)} = 1.01$.

II Matrizen

Die in diesem Kapitel vorgestellten Algorithmen behandeln $m \times n$-Matrizen, worunter wir uns zunächst „Rechtecksschemata" bestehend aus m Zeilen und n Spalten vorstellen wollen. Unser Hauptaugenmerk liegt auf dem *Lösen reeller linearer Gleichungssysteme* der Form

$$\begin{array}{ccccccc} A_{11}x_1 & + & \dots & + & A_{1n}x_n & = & b_1 \\ \vdots & & & & \vdots & & \vdots \\ A_{m1}x_1 & + & \dots & + & A_{mn}x_n & = & b_m \end{array},$$

mit $m = n$, wobei zu gegebenen $A_{11}, \dots, A_{mn}, b_1, \dots, b_m \in \mathbb{R}$ die Unbekannten $x_1, \dots, x_n \in \mathbb{R}$ gesucht sind. Unter Verwendung der *Matrixmultiplikation* schreibt man ein lineares Gleichungssystem kompakt als

$$\begin{pmatrix} A_{11} & \dots & A_{1n} \\ \vdots & \ddots & \vdots \\ A_{m1} & \dots & A_{mn} \end{pmatrix} \cdot \begin{pmatrix} x_1 \\ \vdots \\ x_n \end{pmatrix} = \begin{pmatrix} b_1 \\ \vdots \\ b_m \end{pmatrix} \quad \text{bzw.} \quad A \cdot x = b,$$

mit einer *Matrix* A bzw. Vektoren x und b. Liegen mehr Gleichungen als Unbekannte vor, also $m > n$, so sucht man in der Regel nach einer Ersatzlösung $\bar{x}$, für die der Abstand zwischen den Vektoren b und $A \cdot \bar{x}$ bezüglich der euklidschen Norm minimal ist. Dies führt uns zur *linearen Ausgleichsrechnung*.

6 Mathematische Grundlagen

Definition

Matrix. Für $m, n \in \mathbb{N}$ nennt man A eine *$m \times n$-Matrix (über $\mathbb{R}$)* genau dann, wenn

$$A\colon \{1, \dots, m\} \times \{1, \dots, n\} \to \mathbb{R}.$$

Für die Menge aller $m \times n$-Matrizen über $\mathbb{R}$ schreiben wir $\mathbb{R}^{m \times n}$. Man nennt $m \times n$ die *Dimension von A*.

Eine $m \times n$-Matrix A besitzt somit für alle $i \in \{1, \dots, m\}$ und $j \in \{1, \dots, n\}$ einen Funktionswert $A(i, j)$. Insgesamt ist A durch die $m \cdot n$ Funktionswerte vollständig charakterisiert, und man schreibt eine Matrix als rechteckiges Schema mit m Zeilen und n Spalten, in dem in der i-ten Zeile und j-ten Spalte genau der Wert $A(i, j)$ steht. Neben $A(i, j)$ sind die Indexschreibweisen $A_{i,j}$ oder kurz A_{ij} gebräuchlich, also

$$A = \begin{pmatrix} A_{11} & \dots & A_{1n} \\ \vdots & \ddots & \vdots \\ A_{m1} & \dots & A_{mn} \end{pmatrix}. \tag{6.1}$$

Im Fall $m = n$ nennt man die Matrix *quadratisch*. Die Einträge A_{ii} nennt man die *Hauptdiagonale* von A. Gilt $A_{ij} = 0$ für alle $i > j$, so spricht man von einer *(rechten) oberen Dreiecksmatrix*, ist $A_{ij} = 0$ für alle $i < j$, so spricht man von einer *(linken) unteren Dreiecksmatrix*.

In Anlehnung an die entsprechende Schreibweise bei Tupel steht $A_{i_1:i_2, j_1:j_2}$ (für $1 \le i_1 \le i_2 \le m$ und $1 \le j_1 \le j_2 \le n$) für eine *Untermatrix* von A der Dimension $(i_2 - i_1 + 1) \times (j_2 - j_1 + 1)$, in der an der Position (i, j) genau $A_{i+i_1-1, j+j_1-1}$ steht. In (6.1) entspricht dies dem rechteckigen Teilbereich von der i_1-ten bis zur i_2-ten Zeile und der j_1-ten bis zur j_2-ten Spalte. Fasst man geeignete Untermatrizen als Blöcke auf, aus denen sich die Matrix A zusammensetzt, so spricht man oft von einer *Blockmatrix*. Für $1 \le k < m$ und $1 \le l < n$ etwa kann man eine Matrix A gemäß[1]

$$A = \left(\begin{array}{ccc|ccc} A_{1,1} & \dots & A_{1,l} & A_{1,l+1} & \dots & A_{1,n} \\ \vdots & \ddots & \vdots & \vdots & \ddots & \vdots \\ A_{k,1} & \dots & A_{k,l} & A_{k,l+1} & \dots & A_{k,n} \\ \hline A_{k+1,1} & \dots & A_{k+1,l} & A_{k+1,l+1} & \dots & A_{k+1,n} \\ \vdots & \ddots & \vdots & \vdots & \ddots & \vdots \\ A_{m,1} & \dots & A_{m,l} & A_{m,l+1} & \dots & A_{m,n} \end{array}\right) = \left(\begin{array}{c|c} \Lambda_{11} & \Lambda_{12} \\ \hline \Lambda_{21} & \Lambda_{22} \end{array}\right)$$

mit den Blöcken

$$\Lambda_{11} = A_{1:k,1:l} \qquad \Lambda_{12} = A_{1:k,l+1:n} \qquad \Lambda_{21} = A_{k+1:m,1:l} \qquad \Lambda_{22} = A_{k+1:m,l+1:n}$$

partitionieren. Die Untermatrix $A_{i\bullet} := A_{i,1:n} \in \mathbb{R}^{1\times n}$ steht für die i-te Zeile von A, analog dazu schreiben wir $A_{\bullet j} := A_{1:m,j} \in \mathbb{R}^{m\times 1}$ für die j-te Spalte von A, also[2]

$$A = \begin{pmatrix} A_{1\bullet} \\ \vdots \\ A_{m\bullet} \end{pmatrix} \quad \text{und} \quad A = (A_{\bullet 1} \ \dots \ A_{\bullet n}).$$

Jede Spalte $A_{\bullet j}$ kann dabei auch als Spaltenvektor in $\mathbb{R}^m$ aufgefasst werden, ähnlich interpretiert man $A_{i\bullet}$ als Zeilenvektor der Länge n, siehe Band *1*.

Beispiel $A = \left(\begin{smallmatrix} 1 & 3 & 5 \\ 7 & 2 & 1 \end{smallmatrix}\right)$ ist eine 2×3-Matrix mit $A_{11} = 1, A_{12} = 3, A_{21} = 7$ etc. $A_{1:2,2:3} = \left(\begin{smallmatrix} 3 & 5 \\ 2 & 1 \end{smallmatrix}\right)$ ist eine 2×2-Untermatrix von A, die zweite Zeile von A ist $A_{2\bullet} = (7\ 2\ 1)$. Die Matrizen $\left(\begin{smallmatrix} 1 & 0 \\ 7 & 2 \end{smallmatrix}\right)$ und $\left(\begin{smallmatrix} 1 & 0 & 0 \\ 7 & 2 & 0 \end{smallmatrix}\right)$ sind untere Dreiecksmatrizen.

[1] Die Anzeige einer Partitionierung durch horizontale bzw. vertikale Linien soll immer auf eine Auffassung als Blockmatrix hinweisen.

[2] Ist die Partitionierung offensichtlich, verzichten wir auf Linien zu deren Anzeige.

Spiegelt man die Einträge einer $m \times n$-Matrix entlang ihrer Hauptdiagonalen, so erhält man eine Matrix der Dimension $n \times m$.

Definition

Transponierte Matrix. Sei $A \in \mathbb{R}^{m \times n}$. Dann ist $A^T \in \mathbb{R}^{n \times m}$ mit

$$(A^T)_{ij} := A_{ji}$$

die *transponierte Matrix* (die *Transponierte*) von A.

Quadratische Matrizen $A \in \mathbb{R}^{n \times n}$, die mit ihrer Transponierten übereinstimmen, d. h. $A = A^T$, werden *symmetrisch* (bez. der Hauptdiagonalen) genannt.

Arithmetische Grundoperationen auf Matrizen

Die Addition von Matrizen entspricht genau der Addition von Funktionen. Eine Matrix A wird mit einem Skalar t multipliziert, indem jeder Eintrag von A mit t multipliziert wird. Mit diesen Operationen bildet $\mathbb{R}^{m \times n}$ einen Vektorraum über $\mathbb{R}$, dessen neutrales Element (bez. +) gegeben ist durch

$$0_{ij}^{(m,n)} := 0 \quad \text{für alle } i = 1, \ldots, m \text{ und } j = 1, \ldots, n.$$

Man nennt $0^{(m,n)}$ die *Nullmatrix*[3] (der Dimension $m \times n$). Matrizen gleichen Formats können – wie Funktionen – komponentenweise multipliziert werden. Für spätere Anwendungen stellt sich aber folgende Definition als wichtiger heraus:

Definition

Matrixmultiplikation. Für $A \in \mathbb{R}^{m \times l}$ und $B \in \mathbb{R}^{l \times n}$ ist das Produkt $A \cdot B$ eine $m \times n$-Matrix, deren Einträge definiert sind durch

$$(A \cdot B)_{ij} := \sum_{k=1}^{l} A_{ik} B_{kj} \quad \text{für alle } i = 1, \ldots, m \text{ und } j = 1, \ldots, n. \tag{6.2}$$

Ein Spezialfall ist das Produkt $A \cdot x$ einer Matrix $A \in \mathbb{R}^{m \times n}$ mit einem Vektor $x \in \mathbb{R}^n$, wobei man einfach den Spaltenvektor x als 1-spaltige Matrix $x \in \mathbb{R}^{n \times 1}$ auffasst. Allgemein gilt für die i-te Zeile bzw. j-te Spalte in $A \cdot B$ nach (6.2)

$$(A \cdot B)_{i\bullet} = A_{i\bullet} \cdot B \qquad\qquad (A \cdot B)_{\bullet j} = A \cdot B_{\bullet j}.$$

Beispiel

Das Produkt einer 2×3 und einer 3×4-Matrix ergibt eine 2×4-Matrix, etwa gilt

$$\begin{pmatrix} 3 & 1 & 2 \\ 2 & 5 & 4 \end{pmatrix} \cdot \begin{pmatrix} 3 & 9 & 3 & 2 \\ 1 & 8 & 5 & -1 \\ 7 & 1 & -4 & 0 \end{pmatrix} = \begin{pmatrix} 24 & 37 & 6 & 5 \\ 39 & 62 & 15 & -1 \end{pmatrix}.$$

---

[3] Ist die Dimension der Nullmatrix aus dem Zusammenhang klar, so schreiben wir einfach 0.

Die Matrixmultiplikation ist assoziativ, die Kommutativität ist im Allgemeinen jedoch auch bei quadratischen Matrizen *nicht* erfüllt. Die Transponierte eines Matrixprodukts erhält man durch Multiplikation der Transponierten *in vertauschter Reihenfolge*, es gilt also

$$(A \cdot B)^T = B^T \cdot A^T. \tag{6.3}$$

Satz

Seien $A \in \mathbb{R}^{M \times L}$ und $B \in \mathbb{R}^{L \times N}$. Fasst man A und B als Blockmatrizen mit Blöcken $\Lambda_{11}, \dots, \Lambda_{ml}$ bzw. $\Theta_{11}, \dots, \Theta_{ln}$ mit $\Lambda_{ik} \in \mathbb{R}^{\mu_i \times \kappa_k}$ und $\Theta_{kj} \in \mathbb{R}^{\kappa_k \times \eta_j}$ auf, so ist $A \cdot B$ eine Blockmatrix in $\mathbb{R}^{M \times N}$ mit Blöcken

$$\Gamma_{ij} = \sum_{k=1}^{l} \Lambda_{ik} \cdot \Theta_{kj} \in \mathbb{R}^{\mu_i \times \eta_j} \quad \text{für alle } i = 1, \dots, m \text{ und } j = 1, \dots, n. \tag{6.4}$$

Ein Vergleich von (6.4) mit (6.2) zeigt, dass zur Multiplikation von Blockmatrizen wie bei der normalen Matrixmultiplikation vorgegangen wird, zur Multiplikation der einzelnen Blöcke wendet man einfach Matrixmultiplikation rekursiv auf kleineren Untermatrizen an. Die Dimensionierung der Blöcke muss dabei gerade so sein, dass alle in (6.4) auftretenden Matrixoperationen auch definiert sind. Zum Beweis verweisen wir auf Übung II.2.

Inverse und Rang einer Matrix

Zwei Matrizen gleicher Dimension, also $A, B \in \mathbb{R}^{m \times n}$, können nur im Fall $m = n$ miteinander multipliziert werden. Für die Diskussion der algebraischen Eigenschaften der Matrixmultiplikation konzentrieren wir uns daher auf den Fall quadratischer Matrizen.

Definition

Einheitsmatrix. Die Matrix[4]

$$\mathsf{E}^{(n)} := \begin{pmatrix} 1 & 0 & \dots & 0 \\ 0 & 1 & \dots & 0 \\ \vdots & \vdots & \ddots & \vdots \\ 0 & 0 & \dots & 1 \end{pmatrix} \qquad \text{d.h. } \mathsf{E}^{(n)}_{ij} = \delta_{ij} \quad \text{für } i, j = 1, \dots, n$$

heißt *Einheitsmatrix*[5] (der Dimension $n \times n$).

In $\mathbb{R}^{n \times n}$ ist $\mathsf{E}^{(n)}$ das neutrale Element bezüglich der Multiplikation.

Definition

Regularität. Eine Matrix $A \in \mathbb{R}^{n \times n}$ heißt *regulär* genau dann, wenn sie bezüglich der Matrixmultiplikation invertierbar ist. Andernfalls nennt man A *singulär*.

---

[4]Wie in Band *1* verwenden wir das Kronecker-Symbol $\delta_{ij} := \begin{cases} 1 & \text{falls } i = j \\ 0 & \text{sonst.} \end{cases}$

[5]Auch bei der Einheitsmatrix führen wir oft die Dimension nicht explizit an, sofern sie aus dem Kontext klar hervorgeht, und schreiben einfach E.

Falls $A \in \mathbb{R}^{n \times n}$ invertierbar ist, so ist die zu A *inverse Matrix* $A^{-1} \in \mathbb{R}^{n \times n}$ mit

$$A \cdot A^{-1} = A^{-1} \cdot A = \mathsf{E}$$

eindeutig bestimmt. Nicht jede Matrix $A \in \mathbb{R}^{n \times n}$ ist invertierbar, aber wenn A und B regulär sind, dann ist auch deren Produkt regulär, und es gilt

$$(A \cdot B)^{-1} = B^{-1} \cdot A^{-1}. \tag{6.5}$$

Die Lineare Algebra liefert als ein notwendiges und hinreichendes Kriterium für Invertierbarkeit, dass alle Spalten der Matrix linear unabhängig sind. Die Frage nach der Anzahl linear unabhängiger Spalten kann aber auch für eine Rechtecksmatrix gestellt werden.

Rang. Die maximale Anzahl von linear unabhängigen Spalten einer Matrix $A \in \mathbb{R}^{m \times n}$ nennt man den *Rang* von A und schreibt dafür $\mathrm{rg}(A)$. Definition

Für $A = \left(\begin{smallmatrix} 1 & 0 \\ 0 & 0 \end{smallmatrix}\right)$ gilt $\mathrm{rg}(A) = 1$. Die Spalten der Matrix $B = \begin{pmatrix} 1 & 2 & -1 \\ 1 & -1 & 2 \\ 1 & -1 & 2 \\ -1 & 1 & 1 \end{pmatrix}$ sind linear unabhängig, daher gilt $\mathrm{rg}(B) = 3$. Beispiel

Matrizen und lineare Abbildungen

Auch wenn Matrizen als Funktionen von $\{1, \ldots, m\} \times \{1, \ldots, n\}$ nach $\mathbb{R}$ definiert sind, ihre Bedeutung erhalten sie in erster Linie durch ihre Assoziation mit *linearen Abbildungen von* $\mathbb{R}^n$ *nach* $\mathbb{R}^m$, da diese genau die Abbildungen der Gestalt $f_A : x \mapsto A \cdot x$ mit $A \in \mathbb{R}^{m \times n}$ sind[6].

Wertebereich und Nullraum. Der *Wertebereich* der Matrix $A \in \mathbb{R}^{m \times n}$ ist definiert als $W(A) := W(f_A)$, entspricht also gerade dem Wertebereich der zugehörigen linearen Abbildung[7]. Der *Nullraum* der Matrix ist definiert als Definition

$$N(A) := \left\{x \in \mathbb{R}^n \mid A \cdot x = 0\right\}.$$

$W(A)$ kann dabei auch als lineare Hülle der Spalten von A aufgefasst werden, also $W(A) = \mathrm{span}\,(A_{\bullet 1}, \ldots, A_{\bullet n})$. Zusammen mit Übung II.1 folgt

$$\dim(W(A)) = \mathrm{rg}(A) = \mathrm{rg}(A^T) = \dim(W(A^T)).$$

[6]Eine Motivation für die Definition der Matrixmultiplikation (6.2) kommt daher, dass die Verknüpfung geeigneter linearer Abbildungen gerade einer Multiplikation der zugehörigen Matrizen entspricht, d. h. $f_A \circ f_B = f_{A \cdot B}$.

[7]Vergleiche mit Seite 2.

Der folgende Satz aus der linearen Algebra erklärt den Zusammenhang zwischen dem Rang der Matrix und der Dimension des Nullraums:

Satz

Sei $A \in \mathbb{R}^{m\times n}$. Dann gilt

$$\dim(N(A)) = n - \operatorname{rg}(A) \quad \text{und} \quad \dim(N(A^T)) = m - \operatorname{rg}(A^T). \tag{6.6}$$

Im Hinblick auf die Invertierbarkeit einer Matrix $A \in \mathbb{R}^{n\times n}$ folgt damit

$$A \text{ ist regulär} \iff n = \operatorname{rg}(A) = \dim(W(A)) \iff \dim(N(A)) = 0. \tag{6.7}$$

Ist A regulär, so folgt aus $A \cdot x = 0$ klarerweise $x = 0$. Im allgemeinen Fall $A \in \mathbb{R}^{m\times n}$ gilt mit $A \cdot x = 0$ auch $A^T A \cdot x = 0$. Ist umgekehrt $A^T A \cdot x = 0$, so gilt $x^T A^T A \cdot x = \sum_{i=1}^{m} (A \cdot x)_i^2 = 0$ und daher $A \cdot x = 0$. Damit ist $N(A) = N(A^T A)$ und folglich $\dim(N(A)) = \dim(N(A^T A))$. Mit (6.6) und (6.7) lässt sich daraus leicht ableiten, dass

$$\operatorname{rg}(A) = n \iff \dim(N(A)) = \dim(N(A^T A)) = 0 \iff A^T A \text{ regulär}. \tag{6.8}$$

Matrixnormen und weitere wichtige Kenngrößen

Für spätere Konditions- und Stabilitätsuntersuchungen ist es wichtig, den Fehler zwischen zwei Matrizen A und $\tilde{A}$ beurteilen zu können. Wie bei Vektoren kann dies entweder komponentenweise oder mit Hilfe von Normen geschehen.

Definition

Matrixnorm. Eine Abbildung $\|\cdot\| : \mathbb{R}^{m\times n} \to \mathbb{R}_0^+$ ist eine *Matrixnorm* genau dann, wenn für alle $A, \tilde{A} \in \mathbb{R}^{m\times n}$ und $\lambda \in \mathbb{R}$ gilt[8]

$$\|A\| = 0 \iff A = 0 \qquad \|\lambda A\| = |\lambda| \cdot \|A\| \qquad \|A + \tilde{A}\| \le \|A\| + \|\tilde{A}\|.$$

Tritt in Fehlerabschätzungen ein Matrix-Vektor-Produkt auf, ist folgende Zusatzeigenschaft einer Matrixnorm von Bedeutung:

Definition

Verträglichkeit. Die Matrixnorm $\|\cdot\|$ heißt mit den Vektornormen $\|\cdot\|_\alpha$ (auf $\mathbb{R}^n$) und $\|\cdot\|_\beta$ (auf $\mathbb{R}^m$) *verträglich* genau dann, wenn gilt

$$\|A \cdot x\|_\beta \le \|A\| \, \|x\|_\alpha \quad \text{für alle } A \in \mathbb{R}^{m\times n} \text{ und } x \in \mathbb{R}^n.$$

Die Verträglichkeit ist nur bei bestimmten Kombinationen von Normen gegeben. Zu gegebenen Vektornormen kann man jedoch stets eine mit diesen verträgliche Matrixnorm definieren.

---

[8] Vergleiche mit den Normkriterien in Band *1*, Seite 30.

Definition

Induzierte Norm. Sei $A \in \mathbb{R}^{m\times n}$ und seien $\|\cdot\|_\alpha$ und $\|\cdot\|_\beta$ Vektornormen auf $\mathbb{R}^n$ bzw. $\mathbb{R}^m$. Dann ist

$$\|A\|_{\alpha,\beta} := \max_{\|x\|_\alpha=1} \|A \cdot x\|_\beta \tag{6.9}$$

die durch $\|\cdot\|_\alpha$ und $\|\cdot\|_\beta$ *induzierte Matrixnorm*[9].

Bei $\|A\|_{\alpha,\beta}$ handelt es sich gerade um die kleinste reelle Zahl c, für die

$$\|A \cdot x\|_\beta \leq c\|x\|_\alpha \quad \text{für alle } x \in \mathbb{R}^n \tag{6.10}$$

erfüllt ist.

Beispiel

Verwendet man in (6.9) auf $\mathbb{R}^n$ und $\mathbb{R}^m$ jeweils die euklidsche Norm $\|\cdot\|_2$, so induziert dies die *Spektralnorm*

$$\|A\|_2 = \|A\|_{2,2} = \max_{\|x\|_2=1} \|A \cdot x\|_2 = \max_{\|x\|_2=1} \sqrt{x^T A^T Ax}.$$

Wählt man in (6.9) jeweils $\|\cdot\|_\infty$, so ergibt das die *Zeilensummennorm*

$$\|A\|_\infty = \|A\|_{\infty,\infty} = \max_{1\leq i\leq m} \sum_{j=1}^{n} |A_{ij}|.$$

Ein weiteres Beispiel einer Matrixnorm ist die *Frobenius*[10]*-Norm*

$$\|A\|_F = \sqrt{\sum_{i=1}^{m} \sum_{j=1}^{n} |A_{ij}|^2},$$

die der euklidschen Norm des Vektors $\begin{pmatrix} A_{\bullet 1} \\ \vdots \\ A_{\bullet n} \end{pmatrix} \in \mathbb{R}^{mn}$ entspricht. Sie ist etwa mit der euklidschen Norm verträglich, jedoch *nicht durch Vektornormen induzierbar.*

Zu den zentralen Kenngrößen einer Matrix zählt auch ihre *Konditionszahl*. Sie tritt häufig im Zusammenhang mit der *Kondition eines Problems* auf, ist aber nicht mit dieser zu verwechseln.

---

[9] Im Fall $\alpha = \beta$ schreiben wir $\|A\|_\alpha$ statt $\|A\|_{\alpha,\alpha}$. Sind die verwendeten Normen aus dem Zusammenhang klar, so lassen wir die Indizes zur Gänze weg.

[10] FROBENIUS, FERDINAND GEORG: 1849–1917, deutscher Mathematiker. Nach einem Jahr als außerordendlicher Professor in Berlin arbeitete er ab 1875 am Eidgenössischen Polytechnikum Zürich. 1892 kehrte er an die Universität Berlin zurück und wurde durch seine Arbeit in der Darstellungstheorie für Gruppen zu einem der führenden Mathematiker seiner Zeit. Typisch für das damalige Berlin war Frobenius ein Verfechter der reinen Mathematik im Kontrast zur angewandten Mathematik, wie sie damals vor allem in Göttingen vertreten wurde.

Definition

Konditionszahl einer Matrix. Sei $A \in \mathbb{R}^{m\times n}$ mit $\mathrm{rg}(A) = n$ und seien $\|\cdot\|_\alpha$ und $\|\cdot\|_\beta$ Vektornormen auf $\mathbb{R}^n$ bzw. $\mathbb{R}^m$. Dann nennt man

$$\kappa_{\alpha,\beta}(A) := \frac{\max\limits_{\|x\|_\alpha=1} \|A\cdot x\|_\beta}{\min\limits_{\|x\|_\alpha=1} \|A\cdot x\|_\beta} \tag{6.11}$$

die *Konditionszahl*[11] *der Matrix A (bez.* $\|\cdot\|_\alpha$ *und* $\|\cdot\|_\beta$*).*

Wegen $\mathrm{rg}(A) = n$ ist $\dim(N(A)) = 0$, siehe (6.6). Somit ist $A\cdot x = 0$ nur für $x = 0$ möglich und $\kappa_{\alpha,\beta}(A)$ wohldefiniert[12]. Offensichtlich gilt stets $\kappa_{\alpha,\beta}(A) \geq 1$. Im Falle einer regulären Matrix liefert der folgende Satz eine alternative Darstellung von $\kappa_{\alpha,\beta}(A)$.

Satz

Sei $A \in \mathbb{R}^{n\times n}$ regulär. Dann gilt

$$\kappa_{\alpha,\beta}(A) = \|A\|_{\alpha,\beta}\, \|A^{-1}\|_{\beta,\alpha}. \tag{6.12}$$

Beweis. Nach Definition der induzierten Matrixnorm gilt zunächst $\max\limits_{\|x\|_\alpha=1} \|A\cdot x\|_\beta = \|A\|_{\alpha,\beta}$. Seien nun $z \in \mathbb{R}^n$ mit $\|z\|_\beta = 1$, $\|A^{-1}\|_{\beta,\alpha} = \|A^{-1}z\|_\alpha$ und $y = A^{-1}z/\|A^{-1}z\|_\alpha$ mit $\|y\|_\alpha = 1$ gegeben. Dann gilt

$$\frac{1}{\min\limits_{\|x\|_\alpha=1} \|A\cdot x\|_\beta} \geq \frac{1}{\|A\cdot y\|_\beta} = \frac{\|A^{-1}z\|_\alpha}{\|z\|_\beta} = \|A^{-1}\|_{\beta,\alpha}.$$

Seien umgekehrt nun $z \in \mathbb{R}^n$ mit $\|z\|_\alpha = 1$, $\|A\cdot z\|_\beta = \min\limits_{\|x\|_\alpha=1} \|A\cdot x\|_\beta$ und $y = A\cdot z/\|A\cdot z\|_\beta$ mit $\|y\|_\beta = 1$ gegeben. Dann gilt

$$\|A^{-1}\|_{\beta,\alpha} = \max_{\|x\|_\beta=1} \|A^{-1}x\|_\alpha \geq \|A^{-1}y\|_\alpha = \frac{1}{\|A\cdot z\|_\beta} = \frac{1}{\min\limits_{\|x\|_\alpha=1} \|A\cdot x\|_\beta}.$$

Somit gilt $\frac{1}{\min\limits_{\|x\|_\alpha=1} \|A\cdot x\|_\beta} = \|A^{-1}\|_{\beta,\alpha}$ und damit (6.12). □

In der Regel verwendet man (6.12) nur für $\alpha = \beta$, also $\kappa_\alpha(A) = \|A\|_\alpha\, \|A^{-1}\|_\alpha$. Häufig wird diese Gleichung auch zur Definition der Konditionszahl einer regulären Matrix herangezogen, wobei die verwendete Matrixnorm dann nicht mehr notwendigerweise induzierbar sein muss, etwa $\kappa_F(A) := \|A\|_F\, \|A^{-1}\|_F$.

---

[11] Im Fall $\alpha = \beta$ schreiben wir $\kappa_\alpha(A)$ statt $\kappa_{\alpha,\alpha}(A)$. Sind die verwendeten Normen aus dem Zusammenhang klar, so lassen wir die Indizes zur Gänze weg.

[12] Durch $\kappa_{\alpha,\beta}(A) := 0$ für $\min\limits_{\|x\|_\alpha=1} \|A\cdot x\|_\beta = 0$ kann die Definition auch auf den Fall $\mathrm{rg}(A) < n$ erweitert werden.

Spezielle Matrizen

Matrizen mit speziellen Gestalten oder Eigenschaften werden mit eigenen Namen versehen, so sind uns etwa bereits reguläre Matrizen begegnet.

Orthogonale Matrix. Eine Matrix $Q \in \mathbb{R}^{n\times n}$ heißt *orthogonal* genau dann, wenn $Q^{-1} = Q^T$. Definition

Wegen $Q^{-1} = Q^T \iff Q^T \cdot Q = \mathsf{E}$ ist die Orthogonalität von Q gleichbedeutend damit, dass die Familie der Spaltenvektoren von Q eine Orthonormalbasis des $\mathbb{R}^n$ bildet. Aus (6.3) und (6.5) folgt leicht, dass das Produkt zweier orthogonaler Matrizen wieder eine orthogonale Matrix ergibt.

Permutationsmatrix und elementare Vertauschungsmatrix. Eine Matrix $P \in \mathbb{R}^{n\times n}$ heißt *Permutationsmatrix* genau dann, wenn sie aus der Einheitsmatrix E durch Vertauschen von Spalten hervorgeht. Die ledigliche Vertauschung der k-ten mit der l-ten Spalte führt zur *elementaren Vertauschungsmatrix*[13] Definition

$$\mathsf{V}^{(k,l,n)} = \begin{matrix} \\ \\ k\rightarrow \\ \\ l\rightarrow \\ \\ \end{matrix} \begin{pmatrix} \ddots & & & & \\ & 0 & & 1 & \\ & & \ddots & & \\ & 1 & & 0 & \\ & & & & \ddots \end{pmatrix}_{\substack{\uparrow k \quad \uparrow l}} .$$

Multipliziert man eine elementare Vertauschungsmatrix $\mathsf{V}^{(k,l,n)}$ *von links* zu A, so bewirkt dies die Vertauschung der k-ten mit der l-ten *Zeile* von A, also

$$\mathsf{V}^{(k,l,n)} \cdot A = \mathsf{V}^{(k,l,n)} \cdot \begin{pmatrix} A_{1\bullet} \\ \vdots \\ A_{k\bullet} \\ \vdots \\ A_{l\bullet} \\ \vdots \\ A_{n\bullet} \end{pmatrix} = \begin{pmatrix} A_{1\bullet} \\ \vdots \\ A_{l\bullet} \\ \vdots \\ A_{k\bullet} \\ \vdots \\ A_{n\bullet} \end{pmatrix} . \qquad (6.13)$$

Eine weitere wichtige Zeilenmanipulation, das Subtrahieren eines Vielfachen einer Zeile von einer anderen, lässt sich mit Hilfe folgender Matrizen durchführen.

Frobenius-Matrix. Eine Matrix $F \in \mathbb{R}^{n\times n}$ *ist eine Frobenius-Matrix* genau dann, wenn sie von E in höchstens einer Spalte unterhalb der Hauptdiagonalen abweicht. Definition

[13] Die mit $\ddots$ markierten Positionen sind mit 1 besetzt, alle nicht explizit angeführten Einträge sind 0.

Satz Zu jedem $A \in \mathbb{R}^{m\times n}$ mit $A_{11} \neq 0$ existiert eine Frobenius-Matrix $F \in \mathbb{R}^{m\times m}$ mit[14]

$$(F \cdot A)_{\bullet 1} = A_{11} \cdot \mathsf{e}_1 .$$

Beweis. Wegen $A_{11} \neq 0$ ist die Frobenius-Matrix

$$F := \begin{pmatrix} 1 & & & \\ -\frac{A_{21}}{A_{11}} & 1 & & \\ \vdots & & \ddots & \\ -\frac{A_{m1}}{A_{11}} & & & 1 \end{pmatrix} \tag{6.14}$$

wohldefiniert. Zusätzlich gilt

$$F \cdot A = F \cdot \begin{pmatrix} A_{1\bullet} \\ A_{2\bullet} \\ \vdots \\ A_{m\bullet} \end{pmatrix} = \begin{pmatrix} A_{1\bullet} \\ A_{2\bullet} - \frac{A_{21}}{A_{11}} A_{1\bullet} \\ \vdots \\ A_{m\bullet} - \frac{A_{m1}}{A_{11}} A_{1\bullet} \end{pmatrix}, \tag{6.15}$$

woraus sich $(F \cdot A)_{\bullet 1} = A_{11}\mathsf{e}_1$ ergibt. □

Frobenius-Matrizen sind regulär, deren Inverse erhält man einfach, indem man die Einträge unterhalb der Diagonalen negiert.

Beispiel Es sei $A = \begin{pmatrix} 2&2&4&2 \\ 0&1&1&0 \\ 1&3&4&4 \\ 2&2&6&4 \end{pmatrix} \in \mathbb{R}^{4\times 4}$. Dann gilt für F aus (6.14)

$$F = \begin{pmatrix} 1&0&0&0 \\ 0&1&0&0 \\ -\frac{1}{2}&0&1&0 \\ -1&0&0&1 \end{pmatrix}, \quad F^{-1} = \begin{pmatrix} 1&0&0&0 \\ 0&1&0&0 \\ \frac{1}{2}&0&1&0 \\ 1&0&0&1 \end{pmatrix} \quad \text{und} \quad F \cdot A = \begin{pmatrix} 2&2&4&2 \\ 0&1&1&0 \\ 0&2&2&3 \\ 0&0&2&2 \end{pmatrix}.$$

Der obige Satz besagt also, dass die *erste Spalte* des Matrixprodukts $F \cdot A$ *stets* ein Vielfaches des Einheitsvektors e_1 ist. Vergleichbares kann man durch die Verwendung spezieller Orthogonalmatrizen anstelle von Frobenius-Matrizen erzielen.

Definition **Householder[15]-Transformation.** Für $v \in \mathbb{R}^m \setminus \{0\}$ nennt man die Matrix $\mathsf{E} - \frac{2}{\langle v,v\rangle} v \cdot v^T$ die *Householder-Transformation* zu v.

Satz Jede Householder-Transformation ist orthogonal und symmetrisch.

---

[14] Den *j-ten kanonischen Basisvektor* des $\mathbb{R}^m$ bezeichnen wir mit $\mathsf{e}_j^{(m)}$. Ist die Dimension aus dem Zusammenhang klar, so schreiben wir nur e_j.

[15] Householder, Alston Scott: 1904–1993, amerikanischer Mathematiker. Householder arbeitete schon in den 1930er Jahren in Chicago an mathematischer Biologie. Später verlagerte sich sein Interesse zur numerischen linearen Algebra, und er trug wesentlich zur Systematisierung des anfangs chaotischen neuen Teilgebiets der Mathematik bei. Er war Präsident der American Mathematical Society (AMS), der Society for Industrial and Applied Mathematics (SIAM) und der Association for Computing Machinery (ACM). Er rief 1961 das *Gatlinburg Symposium on Numerical Linear Algebra* ins Leben, das noch heute unter dem Namen *Householder-Symposium* stattfindet.

Beweis. Die Symmetrie von $\mathsf{E} - \frac{2}{\langle v,v\rangle} v \cdot v^T$ ist trivial, die Orthogonalität folgt aus

$$(\mathsf{E} - \frac{2}{\langle v,v\rangle} v \cdot v^T)^T \cdot (\mathsf{E} - \frac{2}{\langle v,v\rangle} v \cdot v^T) = \mathsf{E} - \frac{4}{\langle v,v\rangle} v \cdot v^T + \frac{4}{\langle v,v\rangle^2} v \cdot \underbrace{v^T v}_{=\langle v,v\rangle} \cdot v^T = \mathsf{E}. \qquad \square$$

Satz

Zu jedem $A \in \mathbb{R}^{m\times n}$ mit $A_{\bullet 1} \neq 0$ existiert eine symmetrische und orthogonale Matrix $H \in \mathbb{R}^{m\times m}$ mit

$$(H \cdot A)_{\bullet 1} = \|A_{\bullet 1}\|_2 \cdot \mathsf{e}_1. \tag{6.16}$$

Beweis. Gilt $A_{\bullet 1} = \|A_{\bullet 1}\|_2 \mathsf{e}_1$, so ist (6.16) offensichtlich mit $H := \mathsf{E}$ erfüllt. Andernfalls wählt man die Householder-Transformation

$$H := \mathsf{E} - \frac{2}{\langle v,v\rangle} v \cdot v^T \quad \text{mit } v := A_{\bullet 1} - \|A_{\bullet 1}\|_2 \mathsf{e}_1. \tag{6.17}$$

Mit dieser Wahl gilt dann $\langle v, v\rangle = 2\langle v, A_{\bullet 1}\rangle$ und daher

$$(H \cdot A)_{\bullet 1} = H \cdot A_{\bullet 1} = A_{\bullet 1} - \frac{2}{\langle v,v\rangle} v \cdot \underbrace{v^T \cdot A_{\bullet 1}}_{=\langle v, A_{\bullet 1}\rangle} = \|A_{\bullet 1}\|_2 \mathsf{e}_1. \qquad \square$$

Beispiel

Es sei $A = \begin{pmatrix} 1 & 2 & -1 \\ 1 & -1 & 2 \\ 1 & -1 & 2 \\ -1 & 1 & 1 \end{pmatrix} \in \mathbb{R}^{4\times 3}$. Dann ist $\|A_{\bullet 1}\|_2 = 2$, und für H wie in (6.17) mit $v = (-1\ 1\ 1\ -1)^T$ gilt

$$H = \begin{pmatrix} \frac12 & \frac12 & \frac12 & -\frac12 \\ \frac12 & \frac12 & -\frac12 & \frac12 \\ \frac12 & -\frac12 & \frac12 & \frac12 \\ -\frac12 & \frac12 & \frac12 & \frac12 \end{pmatrix} \quad \text{und} \quad H \cdot A = \begin{pmatrix} 2 & -\frac12 & 1 \\ 0 & \frac32 & 0 \\ 0 & \frac32 & 0 \\ 0 & -\frac32 & 3 \end{pmatrix}.$$

7 Matrizen am Computer

Eine Matrix $A \in \mathbb{R}^{m\times n}$ ist durch *endlich viele Werte* $A_{11}, \ldots, A_{mn} \in \mathbb{R}$ bestimmt. Setzen wir voraus, dass eine Computerdarstellung für reelle Zahlen zur Verfügung steht, so führt dies zu einer naheliegenden Computerrepräsentation für Matrizen.

Computerrepräsentation (Datenstruktur $\mathcal{M}_{\mathbb{R}}^{m,n}$ für Matrizen in $\mathbb{R}^{m\times n}$). *Zur Darstellung einer Matrix $A \in \mathbb{R}^{m\times n}$ am Computer führen wir eine Datenstruktur $\mathcal{M}_{\mathbb{R}}^{m,n}$ ein, in der man lediglich $A_{11}, \ldots, A_{mn}$ so abspeichert, dass mit Hilfe zweier Parameter i und j der Zugriff auf die Elemente A_{ij} möglich ist. Je nach verwendeter Programmiersprache eignen* *sich dazu* Felder *(*Arrays*) oder* geschachtelte Listen[16]. *Wir gehen davon aus, dass in dieser Datenstruktur auch der Zugriff auf Untermatrizen, siehe Seite 50, und die Bestimmung der Dimension einer Matrix zur Verfügung stehen. Wir übernehmen die entsprechenden Notationen für* $\mathbb{R}^{m\times n}$ *aus Abschnitt 6 auch für* $\mathcal{M}_{\mathbb{R}}^{m,n}$. *Wie schon bei Vektoren und Polynomen kann man auch bei Matrizen eine* parametrisierte Datenstruktur *einsetzen, um Matrizen über beliebigem Körper K darzustellen, siehe dazu die entsprechenden Bemerkungen über parametrisierte Datenstrukturen in Band* 1.

Die arithmetischen Grundoperationen in $\mathbb{R}^{m\times n}$ aus Abschnitt 6 sind mühelos auf $\mathcal{M}_{\mathbb{R}}^{m,n}$ übertragbar. Der Rechenaufwand für Addition bzw. skalare Multiplikation beträgt $O(m \cdot n)$ arithmetische Operationen in $\mathbb{R}$. Für $A \in \mathbb{R}^{m\times l}$ und $B \in \mathbb{R}^{l\times n}$ benötigt man zur klassischen Multiplikation von A und B folgend der Definition von Seite 51 $O(m \cdot n \cdot l)$ arithmetische Operationen in $\mathbb{R}$.

Basierend auf einer Idee von Strassen[17] liegen für $n \times n$-Matrizen auch Multiplikationsalgorithmen mit einer geringeren asymptotischen Zeitkomplexität als $O(n^3)$ vor. Für $A, B \in \mathbb{R}^{2\times 2}$ gilt

$$\begin{pmatrix} A_{11} & A_{12} \\ A_{21} & A_{22} \end{pmatrix} \cdot \begin{pmatrix} B_{11} & B_{12} \\ B_{21} & B_{22} \end{pmatrix} = \begin{pmatrix} C_{11} & C_{12} \\ C_{21} & C_{22} \end{pmatrix} \quad \text{mit} \tag{7.18}$$

$$\begin{aligned} C_{11} &= \alpha + A_{12} \cdot B_{21} \\ C_{12} &= \beta + \gamma + (A_{11} + A_{12} - A_{21} - A_{22}) \cdot B_{22} \\ C_{21} &= \beta + \delta + A_{22} \cdot (B_{21} + B_{12} - B_{11} - B_{22}) \\ C_{22} &= \beta + \gamma + \delta \\ \alpha &= A_{11} \cdot B_{11} \\ \beta &= \alpha + (A_{21} + A_{22} - A_{11}) \cdot (B_{11} + B_{22} - B_{12}) \\ \gamma &= (A_{21} + A_{22}) \cdot (B_{12} - B_{11}) \\ \delta &= (A_{21} - A_{11}) \cdot (B_{12} - B_{22}). \end{aligned} \tag{7.19}$$

Anstelle von 8 Multiplikationen bei der klassischen Multiplikation benötigt man in (7.19) nur 7 Multiplikationen auf Kosten einer größeren Anzahl an Additionen[18], die man aber aufgrund ihres geringeren Aufwands in Kauf nimmt. Entscheidend ist, dass (7.18) auch für *Blockmatrizen* gilt, also wenn A_{ij} und B_{ij} Matrizen sind, wobei die Multiplikationen in (7.19) dann selbst Matrixmultiplikationen sind, für die man das Verfahren *rekursiv* anwendet. Demnach betrachtet man eine Matrix $A \in \mathbb{R}^{n\times n}$ für $n = 2k$ als aus vier quadratischen Blöcken

$$A = \left(\begin{array}{c|c} A_{1:k,1:k} & A_{1:k,k+1:2k} \\ \hline A_{k+1:2k,1:k} & A_{k+1:2k,k+1:2k} \end{array}\right) \tag{7.20}$$

[16] Matrizen sind die Basis-Datenstruktur in MATLAB, das „MAT" im Namen MATLAB kommt von „Matrix", und nicht von „Mathematik". Natürlich stehen Matrizen auch in *Mathematica* als eingebaute Datenstruktur zur Verfügung.

[17] STRASSEN, VOLKER: *1936, deutscher Mathematiker. Arbeitete anfangs an der University of Berkley in Kalifornien in Statistik und Informationstheorie. Nach der Habilitation in Erlangen wechselte er 1968 an die Universität Zürich, wo sein Interesse für Algorithmenanalyse entstand. Er erhielt 2003 den ACM Paris Kanellakis Theory and Practice Award für die Entwicklung eines probabilistischen Primzahltests mit großer Bedeutung für die Kryptographie.

[18] Das von Strassen ursprünglich vorgeschlagene Verfahren benötigt 18 Additionen. Bei sorgsamer Anordnung der Berechnungen in (7.19) und Zwischenspeicherung der Resultate kommt man mit nur 15 Additionen bzw. Subtraktionen aus.

aufgebaut, analog dazu die Matrix B, und multipliziert A und B (rekursiv) gemäß (7.18) bzw. (7.19). Ist die Dimension der Matrizen ungerade, so füllt man beide Matrizen wie in (7.21) mit Nullen auf Dimension $2k \times 2k$ auf, und wegen der Rechenregel für Blockmatrizen

$$\left(\begin{array}{c|c} A & 0 \\ \hline 0 & 0 \end{array}\right) \cdot \left(\begin{array}{c|c} B & 0 \\ \hline 0 & 0 \end{array}\right) = \left(\begin{array}{c|c} A \cdot B & 0 \\ \hline 0 & 0 \end{array}\right) \tag{7.21}$$

befindet sich das gesuchte Produkt $A \cdot B$ genau im linken oberen Block des Resultats. Der Basisfall der Rekursion ist für $n = 1$ erreicht, die Multiplikation zweier 1×1-Matrizen kann mittels einer Multiplikation in $\mathbb{R}$ realisiert werden, siehe Algorithmus *MultMatStrassen*.

Algorithmus *MultMatStrassen*: Matrixmultiplikation nach Strassen

Aufruf: *MultMatStrassen*(A, B)
Eingabe: $A, B \in \mathbb{R}^{n\times n}$.
Ausgabe: $C \in \mathbb{R}^{n\times n}$ mit $C = A \cdot B$.

if $n = 1$
  $C_{11} \leftarrow A_{11} \cdot B_{11}$
else
  $k \leftarrow (n+1) \operatorname{div} 2$
  $A' \leftarrow \mathit{Fülle}(A, 2k), B' \leftarrow \mathit{Fülle}(B, 2k)$
  $A \leftarrow \mathit{Teile}(A', k, k), B \leftarrow \mathit{Teile}(B', k, k)$
  $a_1 \leftarrow A_{21} + A_{22}, a_2 \leftarrow a_1 - A_{11}, a_3 \leftarrow A_{21} - A_{11}, a_4 \leftarrow A_{12} - a_2$
  $b_1 \leftarrow B_{12} - B_{11}, b_2 \leftarrow B_{22} - b_1, b_3 \leftarrow B_{12} - B_{22}, b_4 \leftarrow B_{21} - b_2$
  $p_1 \leftarrow \mathit{MultMatStrassen}(A_{12}, B_{21}), p_2 \leftarrow \mathit{MultMatStrassen}(a_2, b_2)$
  $p_3 \leftarrow \mathit{MultMatStrassen}(a_4, B_{22}), p_4 \leftarrow \mathit{MultMatStrassen}(A_{22}, b4)$
  $\alpha \leftarrow \mathit{MultMatStrassen}(A_{11}, B_{11}), \beta \leftarrow \alpha + p_2$
  $\gamma \leftarrow \mathit{MultMatStrassen}(a_1, b_1), \delta \leftarrow \mathit{MultMatStrassen}(a_3, b_3)$
  $c_1 \leftarrow \beta + \gamma, c_2 \leftarrow \beta + \delta$
  $C_{11} \leftarrow \alpha + p_1, C_{12} \leftarrow c_1 + p_3, C_{21} \leftarrow c_2 + p_4, C_{22} \leftarrow c_2 + \gamma$
  $C \leftarrow \mathit{BlockMatrix}(C_{11}, C_{12}, C_{21}, C_{22}), C \leftarrow C_{1:n,1:n}$
return C

Der Unteralgorithmenaufruf *Fülle*$(A, 2k)$ füllt die Matrix A gemäß (7.21) mit Nullen auf Dimension $2k \times 2k$ auf, und in *Teile*(A, k, k) wird die Matrix A in vier Untermatrizen wie in (7.20) geteilt. Schlussendlich konstruiert *BlockMatrix*$(C_{11}, C_{12}, C_{21}, C_{22})$ eine Matrix C aus den Blöcken C_{11}, C_{12}, C_{21} und C_{22}.

Ist $M(n)$ der Rechenaufwand von *MultMatStrassen* zur Multiplikation zweier $n \times n$-Matrizen, dann gilt unter der Annahme eines konstanten Aufwands für die Grundoperationen in $\mathbb{R}$

$$M(2n) \leq 7 \cdot M(n) + 15 \cdot O(n^2),$$

woraus man

$$M(n) = O(n^{\log_2(7)}) \approx O(n^{2.807})$$

herleiten kann, siehe [24]. Die Einsparung *einer* Multiplikation führt also bei rekursiver Anwendung trotz der weitaus größeren Anzahl von Additionen – immerhin 15 anstelle von nur 4 bei der klassischen Multiplikation – auf einen asymptotisch geringeren

Rechenaufwand. Mit ähnlichen wie den gezeigten Techniken kann die asymptotische Komplexität noch weiter verringert werden. Der beste derzeit bekannte Algorithmus benötigt $O(n^{2.376})$ arithmetische Operationen in $\mathbb{R}$. Der administrative Mehraufwand sowie der Aufwand für die zusätzlichen Additionen lohnen sich erst bei größeren Matrizen. Die praktische Anwendbarkeit dieser Algorithmen hängt sehr stark von der konkreten Implementierung und von der verwendeten Hardware ab. Unter bestimmten Bedingungen kann sich die Strassen-Multiplikation wie in *MultMatStrassen* schon für Matrizen ab Dimension 16 × 16 auszahlen, siehe [24, 17].

8 Faktorisierung

Ein Zugang zur Lösung eines linearen Gleichungssystems $A \cdot x = b$ ist, die Matrix A als Matrixprodukt $M \cdot R$ darzustellen – man spricht von einer *Faktorisierung* der Matrix – und anstelle von $A \cdot x = b$ nacheinander die Probleme

1. löse $M \cdot c = b$ für c und 2. löse $R \cdot x = c$ für x

zu betrachten. Die Zerlegung hat dabei so zu erfolgen, dass sowohl $R \cdot x = c$ als auch $M \cdot c = b$ einfacher zu lösen sind als $A \cdot x = b$. Dies trifft beispielsweise auf Gleichungssysteme der Gestalt

$$\begin{array}{rcl} R_{11}x_1 + R_{12}x_2 + \ldots + R_{1n}x_n & = & c_1 \\ R_{22}x_2 + \ldots + R_{2n}x_n & = & c_2 \\ \ddots \qquad \vdots & \vdots & \vdots \\ R_{nn}x_n & = & c_n \end{array} \tag{8.22}$$

mit einer quadratischen oberen Dreiecksmatrix R mit $R_{ii} \neq 0$ für alle $i = 1, \ldots, n$ zu, die wir mit der besonders einfachen Methode der *Rückwärtssubstitution* in Abschnitt 9 lösen. Dort sehen wir, dass sich auch Gleichungssysteme mit einer unteren Dreiecksmatrix oder einer Orthogonalmatrix ähnlich einfach lösen lassen. Im Folgenden beschäftigen wir uns daher mit Algorithmen, die eine Faktorisierung $A = M \cdot R$ berechnen, in der R eine obere Dreiecksmatrix und M eine untere Dreiecks- oder eine Orthogonalmatrix ist.

LR-Zerlegung

In der Diskussion der LR-Zerlegung[19], also der Zerlegung in ein Produkt einer *linken* unteren und einer *rechten* oberen Dreiecksmatrix, beschränken wir uns auf den Fall einer quadratischen Matrix $A \in \mathbb{R}^{n \times n}$. Selbst wenn diese regulär ist, kann die Existenz einer solchen LR-Zerlegung im Allgemeinen nicht garantiert werden. Eine Zerlegung in abgeschwächter Form ist aber unter Zuhilfenahme von Permutationsmatrizen für jede reguläre Matrix möglich.

[19] Auch die Bezeichnungen *LU-Zerlegung* und *LU-Dekomposition* sind gebräuchlich, sie stammen von den englischen Bezeichnungen *lower* und *upper* für die beteiligten Dreiecksmatrizen.

Problemstellung (LRP-Zerlegung).

Gegeben: $A \in \mathbb{R}^{n\times n}$
mit: A regulär.
Gesucht: $L, R, P \in \mathbb{R}^{n\times n}$
mit: einer unteren Dreiecksmatrix L mit $L_{ii} = 1$ für alle $i = 1, \ldots, n$,
einer oberen Dreiecksmatrix R und
einer Permutationsmatrix P so, dass gilt $P \cdot A = L \cdot R$.

Beispiel

Für $A = \begin{pmatrix} 1&1&0\\2&2&3\\0&2&2 \end{pmatrix} \in \mathbb{R}^{3\times 3}$ gilt $P \cdot A = L \cdot R$ mit

$$L = \begin{pmatrix} 1&0&0\\0&1&0\\2&0&1 \end{pmatrix} \qquad R = \begin{pmatrix} 1&1&0\\0&2&2\\0&0&3 \end{pmatrix} \qquad P = \begin{pmatrix} 1&0&0\\0&0&1\\0&1&0 \end{pmatrix}.$$

Satz

LRP-Zerlegung. Zu jeder regulären Matrix $A \in \mathbb{R}^{n\times n}$ existieren Matrizen $L, R, P \in \mathbb{R}^{n\times n}$ mit $L_{ii} = 1$ für alle $i = 1, \ldots, n$ und

$$P \cdot A = L \cdot R, \tag{8.23}$$

wobei L eine untere bzw. R eine obere Dreiecksmatrix und P eine Permutationsmatrix ist.

Beweis. Wir zeigen (8.23) durch Induktion nach n. Im Fall $n = 1$ ist A eine obere Dreiecksmatrix und (8.23) gilt mit $L = P = \mathsf{E}$ und $R = A$. Ist $n > 1$, dann ist

$$I = \{i \mid A_{i1} \neq 0\} \neq \emptyset, \tag{8.24}$$

da andernfalls die erste Spalte von A nur aus Nullen bestünde, im Widerspruch zur Regularität von A. Wir wählen $i \in I$ und vertauschen in einem ersten Schritt die erste und i-te Zeile, d. h.

$$\bar{A} := \bar{V} \cdot A \quad \text{mit } \bar{V} = \mathsf{V}^{(1,i,n)},$$

und erreichen damit[20] $\bar{A}_{11} \neq 0$. Laut dem Satz von Seite 58 kann man durch Multiplikation mit einer Frobenius-Matrix F in der ersten Spalte von $\bar{A}$ unter der Diagonalen Nullen erzeugen, sodass $F \cdot \bar{A}$ die Gestalt

$$F \cdot \bar{A} = \left(\begin{array}{c|c} \bar{A}_{11} & \bar{A}_{12} \ldots \bar{A}_{1n} \\ \hline 0 & \\ \vdots & A' \\ 0 & \end{array}\right) \quad \text{mit } A' \in \mathbb{R}^{(n-1)\times(n-1)} \tag{8.25}$$

hat, man vergleiche mit (6.15). Aufgrund der Regularität von F ist auch $F \cdot \bar{A}$ und damit nach Übung II.5 auch A' regulär. Laut Induktionsannahme existieren L', R' und P' mit $P' \cdot A' = L' \cdot R'$, und mit $\bar{P} = \left(\begin{array}{c|c} 1 & 0 \\ \hline 0 & P' \end{array}\right)$ folgt aus (8.25)

$$\bar{P} \cdot F \cdot \bar{A} = \bar{P} \cdot \left(\begin{array}{c|c} \bar{A}_{11} & \bar{A}_{1,2:n} \\ \hline 0 & A' \end{array}\right) = \left(\begin{array}{c|c} \bar{A}_{11} & \bar{A}_{1,2:n} \\ \hline 0 & L' \cdot R' \end{array}\right) = \underbrace{\left(\begin{array}{c|c} 1 & 0 \\ \hline 0 & L' \end{array}\right)}_{=:\bar{L}} \cdot \underbrace{\left(\begin{array}{c|c} \bar{A}_{11} & \bar{A}_{1,2:n} \\ \hline 0 & R' \end{array}\right)}_{=:R}.$$

[20] Man beachte, dass $i = 1$ sein kann, was $\bar{V} = \mathsf{E}$ zur Folge hat.

Nach Übung II.3 gibt es eine Frobenius-Matrix $\bar{F}$ mit $\bar{F} \cdot \bar{P} = \bar{P} \cdot F$, sodass

$$\bar{F} \cdot \bar{P} \cdot \bar{V} \cdot A = \bar{P} \cdot F \cdot \bar{A} = \bar{L} \cdot R.$$

Insgesamt gilt also (8.23) mit

$$L := \bar{F}^{-1} \cdot \bar{L} \quad \text{bzw.} \quad P := \bar{P} \cdot \bar{V}. \tag{8.26}$$

L ist eine untere Dreiecksmatrix mit $L_{ii} = 1$ für alle $i = 1, \ldots, n$, da L ein Produkt zweier unterer Dreiecksmatrizen mit Einsen entlang der Diagonalen ist. P ist als Produkt zweier Permutationsmatrizen selbst eine Permutationsmatrix. □

Selbst unter der Zusatzforderung $L_{ii} = 1$ ist die Eindeutigkeit der LRP-Zerlegung nicht gegeben, da die Indexmenge I aus (8.24) mehrere Elemente beinhalten kann, und damit verschiedene Kandidaten für die Wahl des *Pivotelements* A_{i1} zur Verfügung stehen. Eindeutigkeit kann nur bei Vorliegen einer (echten) LR-Zerlegung $A = L \cdot R$ mit $L_{ii} = 1$, also $P = \mathsf{E}$, gezeigt werden. In diesem Fall können auch Aussagen über die Kondition der Problemstellung getroffen werden. Diese ist Forschungsgegenstand der jüngeren Vergangenheit, aus [21] sei exemplarisch für $\tilde{A} = \tilde{L} \cdot \tilde{R}$ die Abschätzung

$$\frac{\|\tilde{L} - L\|}{\|L\|} \lesssim \kappa_{\text{rel}} \frac{\|\tilde{A} - A\|}{\|A\|} \quad \text{für } \|\tilde{A} - A\| \to 0$$

mit $\kappa_{\text{rel}} = \|L^{-1}\| \|R^{-1}\| \|A\| \geq \kappa(A)$ zitiert. Schlechte Kondition der LR-Zerlegung liegt also jedenfalls bei hoher Konditionszahl von A vor.

Der obige Existenzbeweis zeigt, wie aus einer regulären Matrix A durch sukzessives Erzeugen von Nullen unterhalb der Diagonalen mit Hilfe von Multiplikation mit Frobenius-Matrizen eine Zerlegung $P \cdot A = L \cdot R$ erzeugt werden kann. Beginnend mit der ersten Spalte erzeugt man Nullen unterhalb der Diagonalen und setzt diesen Prozess rekursiv mit der nach (8.25) entstehenden Untermatrix A' fort bis nach $n - 1$ Schritten der Basisfall der Rekursion erreicht ist und die Matrizen P, L und R wie im Beweis gezeigt ermittelt werden können.

Beispiel

Wir zerlegen die Matrix $A = \begin{pmatrix} 0&1&1&0 \\ 2&2&4&2 \\ 1&3&4&4 \\ 2&2&6&4 \end{pmatrix} \in \mathbb{R}^{4\times4}$, d. h. $n = 4$. Es ist $I = \{2, 3, 4\}$, wir wählen etwa[21] $i = 2$, damit ist $\bar{V} = \mathsf{V}^{(1,2,4)}$ und $\bar{A} = \begin{pmatrix} 2&2&4&2 \\ 0&1&1&0 \\ 1&3&4&4 \\ 2&2&6&4 \end{pmatrix}$. Dann lauten nach dem Beispiel auf Seite 58

$$F = \begin{pmatrix} 1&0&0&0 \\ 0&1&0&0 \\ -\frac{1}{2}&0&1&0 \\ -1&0&0&1 \end{pmatrix} \qquad F \cdot \bar{A} = \left(\begin{array}{c|ccc} 2&2&4&2 \\ \hline 0&1&1&0 \\ 0&2&2&3 \\ 0&0&2&2 \end{array}\right) \qquad A' = \begin{pmatrix} 1&1&0 \\ 2&2&3 \\ 0&2&2 \end{pmatrix}.$$

Für A' kennen wir bereits eine LRP-Zerlegung aus dem Beispiel von Seite 63, nämlich $P' \cdot A' = L' \cdot R'$ mit $L' = \begin{pmatrix} 1&0&0 \\ 0&1&0 \\ 2&0&1 \end{pmatrix}$, $R' = \begin{pmatrix} 1&1&0 \\ 0&2&2 \\ 0&0&3 \end{pmatrix}$ und $P' = \begin{pmatrix} 1&0&0 \\ 0&0&1 \\ 0&1&0 \end{pmatrix}$. Für

[21] Dem Beweis nach ist jedes A_{i1} mit $i \in I$ als Pivotelement zulässig. Für einen späteren Algorithmus ist die Wahl des Pivotelements jedoch eindeutig festzulegen, meist basiert eine solche *Pivotsuche* auf numerischen Überlegungen, siehe Seite 68.

die LRP-Zerlegung von A bilden wir zuerst wie im Beweis $\bar{P} = \begin{pmatrix} 1&0&0&0 \\ 0&1&0&0 \\ 0&0&0&1 \\ 0&0&1&0 \end{pmatrix}$, durch Vertauschen der Einträge der ersten Spalte von F gemäß $\bar{P}$, siehe Übung II.3, ergibt sich $\bar{F} = \begin{pmatrix} 1&0&0&0 \\ 0&1&0&0 \\ -1&0&1&0 \\ -\frac{1}{2}&0&0&1 \end{pmatrix}$ und mit $\bar{L} = \begin{pmatrix} 1&0&0&0 \\ 0&1&0&0 \\ 0&0&1&0 \\ 0&2&0&1 \end{pmatrix}$ schlussendlich nach (8.26)

$$L = \begin{pmatrix} 1&0&0&0 \\ 0&1&0&0 \\ 1&0&1&0 \\ \frac{1}{2}&2&0&1 \end{pmatrix} \qquad R = \begin{pmatrix} 2&2&4&2 \\ 0&1&1&0 \\ 0&0&2&2 \\ 0&0&0&3 \end{pmatrix} \qquad P = \begin{pmatrix} 0&1&0&0 \\ 1&0&0&0 \\ 0&0&0&1 \\ 0&0&1&0 \end{pmatrix}.$$

Die im Beispiel veranschaulichte Vorgehensweise kann direkt in einem rekursiven Algorithmus umgesetzt werden. Für eine alternative Realisierung als Schleife beobachten wir zunächst, dass sich in der j-ten Zeile von R genau die erste Zeile der Matrix $\bar{A}^{(j)}$ (mit Nullen vor der Diagonalen) befindet[22]. Die Berechnung von P aus (8.26) erfolgt nach dem Muster

$$P = \bar{P}^{(1)}\bar{V}^{(1)} = \left(\begin{array}{c|c} 1 & 0 \\ \hline 0 & P' \end{array}\right)\bar{V}^{(1)} = \left(\begin{array}{c|c} 1 & 0 \\ \hline 0 & \bar{P}^{(2)}\bar{V}^{(2)} \end{array}\right)\bar{V}^{(1)} = \left(\begin{array}{c|c} 1 & 0 \\ \hline 0 & \bar{P}^{(2)} \end{array}\right)\left(\begin{array}{c|c} 1 & 0 \\ \hline 0 & \bar{V}^{(2)} \end{array}\right)\bar{V}^{(1)} = \dots$$

Nach $n-1$ Schritten gilt demnach

$$P = V^{(n-1)} \cdot \ldots \cdot V^{(2)} \cdot V^{(1)} \quad \text{mit } V^{(j)} := \begin{cases} \bar{V}^{(1)} & \text{falls } j = 1 \\ \left(\begin{array}{c|c} \mathsf{E}^{(j-1)} & 0 \\ \hline 0 & \bar{V}^{(j)} \end{array}\right) & \text{falls } j > 1. \end{cases}$$

Aus dieser Konstruktion der $V^{(j)}$ geht hervor, dass jeweils $V^{(j)} \in \mathbb{R}^{n\times n}$ und $V^{(j)} = \mathsf{V}^{(j,i+j-1,n)}$ (da $\bar{V}^{(j)} = \mathsf{V}^{(1,i,n-j+1)}$ mit $i \in I$ wie in (8.24)) gelten. Umgekehrt ist klarerweise $\bar{V}^{(j)} = V^{(j)}_{j:n,j:n}$.

Die Berechnung von L folgt nach (8.26) aufgrund der Blockgestalt von $\bar{F}^{-1}$ und $\bar{L}$ ähnlich wie für P oben dem Muster

$$L = (\bar{F}^{-1})^{(1)} \cdot \bar{L}^{(1)} = \left(\begin{array}{c|c} 1 & 0 \\ \hline -\bar{F}^{(1)}_{2:n,1} & L'^{(1)} \end{array}\right) = \left(\begin{array}{c|cc} 1 & \multicolumn{2}{c}{0} \\ \hline -\bar{F}^{(1)}_{2:n,1} & \begin{array}{c|c} 1 & 0 \\ \hline -\bar{F}^{(2)}_{2:n-1,1} & L'^{(2)} \end{array} \end{array}\right) = \dots$$

Diese Formel berücksichtigt bereits das triviale Invertieren der Frobenius-Matrix $\bar{F}^{(j)}$ von Seite 58. In der j-ten Spalte von L steht unterhalb der Diagonalen die erste Spalte von $-\bar{F}^{(j)}$, zu klären bleibt nur noch die Berechnung von $\bar{F}^{(j)}$. Dazu bemerken wir, dass im j-ten Schritt der Rekursion in $\bar{P}^{(j)}$ genau die aus den Schritten $j+1$ bis $n-1$ akkumulierten Vertauschungen vorliegen, siehe auch obiges Beispiel. Gemäß Übung II.3 hat $\bar{F}^{(j)}$ dann die Gestalt

$$\bar{F}^{(j)} = \left(\bar{P}^{(j)} \cdot F^{(j)}_{\bullet 1} \;\middle|\; \begin{array}{c} 0 \\ \hline \mathsf{E}^{(n-j)} \end{array}\right).$$

Es müssen also *alle Zeilenvertauschungen* aus den Schritten $j+1$ bis $n-1$ auf die erste Spalte von $F^{(j)}$ angewendet werden. Da diese Vertauschungen aber im j-ten Durchlauf

[22]Wir verwenden die Notation $\bar{A}^{(j)}$ für die Matrix $\bar{A}$ im j-ten Schritt der Rekursion.

einer Schleifenrealisierung noch nicht zur Verfügung stehen, kann man stattdessen die im j-ten Schritt benötigte Vertauschung $\bar{V}^{(j)}$ auf die jeweils ersten Spalten von $F^{(1)}, \ldots, F^{(j-1)}$ anwenden und erreicht damit letztlich denselben Effekt. Dies bewerkstelligt man am besten, indem man im j-ten Durchlauf in der j-ten Spalte von L unterhalb der Diagonale vorerst nur $F^{(j)}_{\bullet 1}$ abspeichert und $V^{(j)}$ auf die Spalten $1, \ldots, j-1$ von $L^{(j)}$ anwendet.

Zusammengefasst ergibt dies den Schleifenalgorithmus *LRPZerlegung*, in dem wir die Ermittlung der Position i des Pivotelements in einen Unteralgorithmus *Pivotsuche* auslagern[23]. Im Unteralgorithmus *Frobenius*($\bar{A}$) berechnen wir die zu $\bar{A}$ laut dem Satz von Seite 58 existierende Frobenius-Matrix (6.14). Für die oben beschriebenen Zeilenvertauschungen in den vorderen Spalten von L und das dem Invertieren der Frobenius-Matrizen entsprechende Negieren der Einträge in der j-ten Spalte unter der Diagonalen führen wir der Übersichtlichkeit halber einen Unteralgorithmus *Tausche*(L, V, j) ein.

Algorithmus *LRPZerlegung*: LRP-Zerlegung von Matrizen

$P \leftarrow \mathsf{E}^{(n)}, L \leftarrow \mathsf{E}^{(n)}, R \leftarrow \mathsf{E}^{(n)}, A' \leftarrow A$	Aufruf: *LRPZerlegung*(A)
for j **from** 1 **to** $n-1$	Eingabe: $A \in \mathbb{R}^{n\times n}$
$\quad i \leftarrow$ *Pivotsuche*(A'), $V \leftarrow \mathsf{V}^{(j,i+j-1,n)}$	mit: A ist regulär.
$\quad \bar{A} \leftarrow V_{j:n,j:n} \cdot A', F \leftarrow$ *Frobenius*$(\bar{A})$	Ausgabe: $L, R, P \in \mathbb{R}^{n\times n}$
$\quad L_{j:n,j} \leftarrow F_{\bullet 1}, L \leftarrow$ *Tausche*(L, V, j)	mit: $L\ldots$ untere Dreiecksmatrix,
$\quad R_{j,j:n} \leftarrow \bar{A}_{1\bullet}, P \leftarrow V \cdot P$	$L_{ii} = 1$ für $i = 1, \ldots, n$,
$\quad A' \leftarrow (F \cdot \bar{A})_{2:n-j+1,2:n-j+1}$	$R\ldots$ obere Dreiecksmatrix,
$R_{nn} \leftarrow A'_{11}$	$P\ldots$ Permutationsmatrix
return (L, R, P)	und $P \cdot A = L \cdot R$.

Beispiel Wir veranschaulichen den Ablauf des Algorithmus anhand des Beispiels von Seite 63. Wir starten mit $A' = A = \begin{pmatrix} 1&1&0\\2&2&3\\0&2&2 \end{pmatrix} \in \mathbb{R}^{3\times 3}$ und $j = 1$. Wegen $A'_{11} \neq 0$ liefert die (einfache) Pivotsuche $i = 1$, sodass $V = \mathsf{E}$ und $\bar{A} = A'$. *Frobenius*($\bar{A}$) ergibt $F = \begin{pmatrix} 1&0&0\\-2&1&0\\0&0&1 \end{pmatrix}$ und damit

$$L = \begin{pmatrix} 1&0&0\\2&1&0\\0&0&1 \end{pmatrix}, \quad R = \begin{pmatrix} 1&1&0\\0&1&0\\0&0&1 \end{pmatrix}, \quad P = \mathsf{E}, \quad F\cdot\bar{A} = \begin{pmatrix} 1&1&0\\0&0&3\\0&2&2 \end{pmatrix}, \quad A' = \begin{pmatrix} 0&3\\2&2 \end{pmatrix}.$$

Im nächsten Schritt ($j = 2$) ist wegen $A'_{11} = 0$ dann $i = 2$ und $V = \mathsf{V}^{(2,3,3)}$. $\bar{A}$ entsteht dann durch Vertauschen der ersten mit der zweiten Zeile in A'. Die Frobenius-Matrix ist jetzt $F = \mathsf{E}$, und in *Tausche* wird in der ersten Spalte von L der zweite mit dem dritten Eintrag vertauscht. Damit ist $A' = (3) \in \mathbb{R}^{1\times 1}$, und mit $R_{33} = 3$ erhält man abschließend

$$L = \begin{pmatrix} 1&0&0\\0&1&0\\2&0&1 \end{pmatrix} \qquad R = \begin{pmatrix} 1&1&0\\0&2&2\\0&0&3 \end{pmatrix} \qquad P = V\cdot P = \begin{pmatrix} 1&0&0\\0&0&1\\0&1&0 \end{pmatrix}.$$

[23] Eine einfache Realisierung von *Pivotsuche*(A') wählt das kleinste i mit $A'_{i1} \neq 0$, für Alternativen verweisen wir auf die Diskussion auf den Seiten 68 und 69.

Vernachlässigt man zunächst den Aufwand für die Pivotsuche, so sind im j-ten Schleifendurchlauf maximal jeweils $(n-j)^2$ Divisionen, Multiplikationen bzw. Subtraktionen in $\mathbb{R}$ zum Erzeugen von Nullen notwendig, den Aufwand für die Vertauschungen kann man gegenüber den arithmetischen Operationen vernachlässigen. Da die Schleife $(n-1)$-mal durchlaufen wird, beträgt der Aufwand für *LRPZerlegung* schlechtestenfalls $O(n^3)$ arithmetische Operationen[24] in $\mathbb{R}$.

Computerprogrammierung (Speicherplatzoptimierung). *Die untere Dreiecksmatrix L und die obere Dreiecksmatrix R können gemeinsam in einer einzigen $n \times n$-Matrix abgelegt werden. Da die Einträge $L_{ii} = 1$ ja nicht gespeichert werden müssen, kann man oberhalb und in der Diagonalen die Einträge von R bzw. unterhalb der Diagonalen die verbleibenden Einträge von L speichern.*

Wir wenden uns nun der Frage nach der numerischen Stabilität der Gleitkommarealisierung[25] von *LRPZerlegung* zu. Im folgenden Satz nach [15] gehen wir zunächst auf die *LRPZerlegung ohne Pivotsuche* ein, d. h. eine echte LR-Zerlegung, in der in jedem Schritt A'_{11} als Pivotelement verwendet wird.

Satz

Rückwärtsfehler in *LRPZerlegung*. Sei $A \in \mathbb{R}^{n\times n}$ und $\tilde{A}$ die entsprechend gerundete Größe. Besitzen A und $\tilde{A}$ eine LRP-Zerlegung mit $P = \mathsf{E}$, dann liefert die Gleitkommarealisierung des Algorithmus *LRPZerlegung ohne Pivotsuche* Matrizen $\tilde{L}$ und $\tilde{R}$ mit $\hat{A} = \tilde{L} \cdot \tilde{R}$, wobei $\hat{A} \in \mathbb{R}^{n\times n}$ und

$$\|\hat{A} - \tilde{A}\|_\infty \lesssim 2n\|\tilde{L}\|_\infty\|\tilde{R}\|_\infty \cdot \mathbf{u} \quad \text{für } \mathbf{u} \to 0. \tag{8.27}$$

Auf den ersten Blick scheint dieses Resultat die normweise Stabilität im Sinne der Rückwärtsanalyse zu liefern. Das Problem jedoch ist, dass in der oberen Schranke in (8.27) nicht $\|\tilde{A}\|_\infty$, sondern nur $\|\tilde{L}\|_\infty\|\tilde{R}\|_\infty$ auftritt.

Beispiel

Sei $A = \left(\begin{smallmatrix} 0.001 & 1 \\ 1 & 1 \end{smallmatrix}\right)$. Dann führt *LRPZerlegung ohne Pivotsuche* in Gleitkommaarithmetik auf $L = \left(\begin{smallmatrix} 1 & 0 \\ 1000 & 1 \end{smallmatrix}\right)$ und $R = \left(\begin{smallmatrix} 0.001 & 1 \\ 0 & -999 \end{smallmatrix}\right)$. Es ergibt sich $\|\tilde{L}\|_\infty = 1001$, $\|\tilde{R}\|_\infty = 999$ bzw. $\|\tilde{L}\|_\infty\|\tilde{R}\|_\infty = 999999$ im Vergleich zu $\|\tilde{A}\|_\infty = 2$.

Das Produkt $\|\tilde{L}\|_\infty\|\tilde{R}\|_\infty$ kann also deutlich größer als $\|\tilde{A}\|_\infty$ sein, sodass Rückwärtsstabilität durch (8.27) nicht garantiert ist. Der Pivotsuche kommt somit auch aus numerischer Sicht große Bedeutung zu, da mit ihrer Hilfe die Elemente des Faktors L beschränkt werden können, was sich dann vorteilhaft auf $\|\tilde{L}\|_\infty\|\tilde{R}\|_\infty$ bei Gleitkommarealisierung auswirkt. Im j-ten Schleifendurchlauf entsteht durch Zeilenvertauschung

---

[24] In [24] ist gezeigt, dass der asymptotische Rechenaufwand für eine LRP-Zerlegung mit jenem der Matrixmultiplikation übereinstimmt. Ein Blick auf Seite 62 zeigt daher, dass eine LRP-Zerlegung auch mit einem geringeren Aufwand als $O(n^3)$ berechnet werden kann.

[25] Alle Stabilitätsaussagen in diesem Abschnitt über *LRPZerlegung* beruhen auf einer Umsetzung des Algorithmus, in der die elementaren Zeilenumformungen auf A (das Vertauschen zweier Zeilen und das Erzeugen von Nullen) ohne Matrixmultiplikation direkt auf der Matrix-Datenstruktur gemäß (6.13) bzw. (6.15) durchgeführt werden, siehe auch Übung II.7.

aus $A'^{(j-1)} \in \mathbb{R}^{(n-j+1)\times(n-j+1)}$ die Matrix $\bar{A}^{(j)} \in \mathbb{R}^{(n-j+1)\times(n-j+1)}$, für die

$$L^{(j)}_{i+j,j} = \frac{\bar{A}^{(j)}_{i+1,1}}{\bar{A}^{(j)}_{11}} \quad \text{für alle } i = 0, \dots, n-j \tag{8.28}$$

gilt, da in der j-ten Spalte von $L^{(j)}$ gerade die negierten Einträge der Frobenius-Matrix $F^{(j)}$ stehen, siehe die Seiten 58 und 66. Wählt man als Pivotelement im Rahmen der *Spaltenpivotsuche* das betragsgrößte aller möglichen Elemente der ersten Spalte von $A'^{(j-1)}$, so gilt

$$|\bar{A}^{(j)}_{11}| = \max_{k=1,\dots,n-j+1} |\bar{A}^{(j)}_{k1}|.$$

Aus (8.28) folgt damit $|L^{(j)}_{i+j,j}| \leq 1$. Da der Unteralgorithmus *Vertausche* lediglich Positionsänderungen bewirken kann, gilt $|L_{ij}| \leq 1$ für alle Einträge der resultierenden Dreiecksmatrix $L = L^{(n-1)} \in \mathbb{R}^{n\times n}$ und daher

$$\|L\|_\infty \leq n. \tag{8.29}$$

Beispiel Wir betrachten erneut $A = \begin{pmatrix} 0.001 & 1 \\ 1 & 1 \end{pmatrix}$. Dann führt *LRPZerlegung* mit Spaltenpivotsuche in Gleitkommaarithmetik zu $L = \begin{pmatrix} 1 & 0 \\ 0.001 & 1 \end{pmatrix}$, $R = \begin{pmatrix} 1 & 1 \\ 0 & 0.999 \end{pmatrix}$ und $P = \begin{pmatrix} 0 & 1 \\ 1 & 0 \end{pmatrix}$, insbesondere gilt dann $\|\tilde{L}\|_\infty = 1.001$.

Im Hinblick auf die Auswirkung von *LRPZerlegung* auf R betrachtet man den *Wachstumsfaktor*

$$w(A) := \frac{\max\limits_{\substack{j=1,\dots,n \\ i,k=1,\dots,n-j+1}} |A'^{(j)}_{ik}|}{\max\limits_{i,k=1,\dots,n} |A^{(0)}_{ik}|} \tag{8.30}$$

der Matrix $A^{(0)} = A$. Für die Norm von R ergibt sich damit

$$\|R\|_\infty \leq n \cdot \max_{i,k=1,\dots,n} |R_{ik}| \leq n\, w(A) \|A\|_\infty. \tag{8.31}$$

Die Aussage (8.27) aus dem Satz von Seite 67 gilt auch, wenn A eine beliebige reguläre Matrix ist, und $\tilde{L}$, $\tilde{R}$ die Ergebnisse bei Gleitkommarealisierung von *LRPZerlegung* mit Spaltenpivotsuche sind, siehe [6]. Mit (8.29) und (8.31) folgt daher die Abschätzung

$$\|\hat{A} - \tilde{A}\|_\infty \lesssim 2n^3 w(A) \|\tilde{A}\|_\infty \cdot \mathbf{u} \quad \text{für } \mathbf{u} \to 0.$$

Da der Algorithmus *LRPZerlegung* $O(n^3)$ elementare Rechenoperationen[26] benötigt, entscheidet letztlich der Wachstumsfaktor von A über die Rückwärtsstabilität bei Gleitkommarealisierung. In vielen praktischen Anwendungen kann *LRPZerlegung* (mit Spaltenpivotsuche) aufgrund eines niedrigen Wachstumsfaktors als stabil betrachtet

[26]Der Aufwand der Spaltenpivotsuche beträgt $O(n^2)$ Vergleichsoperationen und ist im Vergleich zum Aufwand für die arithmetischen Operationen vernachlässigbar.

werden. Allgemein ist bei Spaltenpivotsuche jedoch nur die Abschätzung

$$w(A) \leq 2^{n-1} \tag{8.32}$$

möglich, Gleichheit gilt etwa für die von Wilkinson[27] angeführte Matrix

$$A = \begin{pmatrix} 1 & & & 1 \\ -1 & \ddots & & \vdots \\ \vdots & \ddots & \ddots & \vdots \\ -1 & \dots & -1 & 1 \end{pmatrix} \in \mathbb{R}^{n \times n}, \tag{8.33}$$

siehe Übungsaufgabe II.9. In bei Spaltenpivotsuche numerisch instabilen Situationen kann durch eine *Totalpivotsuche*, bei der nicht nur in der ersten Spalte von $A'^{(j-1)}$, sondern in der gesamten Matrix nach einem Pivotelement gesucht wird, Abhilfe geschaffen werden[28]. Dabei können neben Zeilen- auch Spaltenvertauschungen auftreten, sodass die resultierende Zerlegung die Gestalt $P \cdot A \cdot Q = L \cdot R$ mit einer weiteren Permutationsmatrix Q besitzt, siehe [12] für Details.

Abschließend sei noch die *Cholesky*[29]*-Zerlegung* für *symmetrische, positiv definite* Matrizen $A \in \mathbb{R}^{n \times n}$, also Matrizen mit $\langle A \cdot x, x \rangle > 0$ für alle $x \in \mathbb{R}^n$ mit $x \neq 0$, erwähnt. Dabei handelt es sich um die eindeutige Faktorisierung

$$A = L \cdot L^T \tag{8.34}$$

mit einer unteren Dreiecksmatrix L mit $L_{ii} > 0$ für alle $i = 1, \dots, n$. Diese kann in Vergleich zur LRP-Zerlegung mit etwa halb so hohem Rechenaufwand bzw. Speicherplatzbedarf und auf stets numerisch stabile Weise ermittelt werden, siehe [15] für Details.

QR-Zerlegung

Neben der LRP-Zerlegung spielt auch die QR-Zerlegung, welche wir für rechteckige Matrizen mit vollem Rang diskutieren[30], eine zentrale Rolle. Es handelt sich dabei um die Faktorisierung einer Matrix in eine orthogonale Matrix und eine obere Dreiecksmatrix.

---

[27] Wilkinson, James Hardy: 1919–1986, englischer Mathematiker. Als Assistent von Turing am National Physical Laboratory in London beschäftigte er sich schon mit Gleitkommaarithmetik, bevor es die ersten Computer gab. Wilkinson ist Begründer der numerischen linearen Algebra und erhielt 1970 den Turing-Preis der Association of Computing Machinery (ACM) und den von-Neumann-Preis der Society for Industrial and Applied Mathematics (SIAM).

[28] Der Aufwand hierbei beträgt jedoch $O(n^3)$ Vergleichsoperationen und ist daher im Vergleich zum Aufwand für die arithmetischen Operationen *nicht mehr* vernachlässigbar.

[29] Cholesky, André-Louis: 1875–1918, französischer Mathematiker. Er arbeitete für die französische Armee in der Landvermessung in Frankreich, Nordafrika und Kreta. Anfang des 20. Jahrhunderts wurde der Paris-Meridian, der vor dem Greenwich-Nullmeridian in vielen Ländern als Referenz verwendet wurde, neu justiert. Dies verlangte nach einer Anpassung des Koordinatengitters auch in Frankreich, was für die Armee von höchster Bedeutung war. In diesem Zuge entwickelte Cholesky die nach ihm benannte Matrixzerlegung als eine Methode zur Lösung der Normalgleichung in der linearen Ausgleichsrechnung, siehe Seite 89.

[30] Auch eine LRP-Zerlegung ist für rechteckige Matrizen mit vollem Rang durchführbar, Grundlage dafür ist der Satz auf Seite 58.

Problemstellung (QR-Zerlegung).

Gegeben: $A \in \mathbb{R}^{m \times n}$
mit: $\operatorname{rg}(A) = n$.
Gesucht: $Q \in \mathbb{R}^{m \times m}, R \in \mathbb{R}^{m \times n}$
mit: einer orthogonalen Matrix Q und
einer oberen Dreiecksmatrix R mit $R_{ii} > 0$ für alle $i = 1, \dots, n$
so, dass gilt $A = Q \cdot R$.

Zur Konstruktion einer QR-Zerlegung bedient man sich ähnlich der LRP-Zerlegung Matrixmultiplikationen, um spaltenweise unterhalb der Diagonalen von A Nullen zu erzeugen. Dazu können, wie schon auf Seite 59 angedeutet, anstelle der Frobenius-Matrizen geeignete Householder-Transformationen verwendet werden.

Satz

QR-Zerlegung. Für jedes $A \in \mathbb{R}^{m \times n}$ mit $\operatorname{rg}(A) = n$ existieren eine orthogonale Matrix $Q \in \mathbb{R}^{m \times m}$ und eine obere Dreiecksmatrix $R \in \mathbb{R}^{m \times n}$ mit $R_{ii} > 0$ für alle $i = 1, \dots, n$ mit $A = Q \cdot R$.

Beweis. Wegen $\operatorname{rg}(A) = n$ ist $A_{\bullet 1} \neq 0$. Nach dem Satz von Seite 59 existiert eine symmetrische und orthogonale Matrix $H \in \mathbb{R}^{m \times m}$ mit $(H \cdot A)_{\bullet 1} = \|A_{\bullet 1}\|_2 \mathrm{e}_1$. Wir verwenden Induktion nach n. Im Fall $n = 1$ ist $H \cdot A = (H \cdot A)_{\bullet 1} = \|A_{\bullet 1}\|_2 \mathrm{e}_1$, d. h. $A = H^{-1} \|A_{\bullet 1}\|_2 \mathrm{e}_1$ und

$$Q := H^{-1} = H^T = H \qquad\qquad R := \|A_{\bullet 1}\|_2 \mathrm{e}_1$$

liefert die gewünschte Zerlegung. Ist $n > 1$, so hat $H \cdot A$ die Gestalt

$$H \cdot A = \left(\begin{array}{c|c} \|A_{\bullet 1}\|_2 & r_2 \, \dots \, r_n \\ \hline 0 & \\ \vdots & A' \\ 0 & \end{array}\right) \quad \text{mit } A' \in \mathbb{R}^{(m-1) \times (n-1)} \tag{8.35}$$

und $r_j \in \mathbb{R}$ für alle $j = 2, \dots, n$. Es ist $\operatorname{rg}(A') = n - 1$, siehe Übung II.1, und $A'_{\bullet 1} \neq 0$, da sonst die ersten beiden Spalten in (8.35) im Widerspruch zu $\operatorname{rg}(A) = n$ linear abhängig wären. Somit existieren laut Induktionsannahme eine orthogonale Matrix $Q' \in \mathbb{R}^{(m-1) \times (m-1)}$ und eine obere Dreiecksmatrix $R' \in \mathbb{R}^{(m-1) \times (n-1)}$ mit $R'_{ii} > 0$ für $i = 1, \dots, n-1$ und $A' = Q' \cdot R'$. Zu $\bar{Q} := \left(\begin{array}{c|c} 1 & 0 \\ \hline 0 & Q' \end{array}\right)$ gilt mit

$$Q := H \cdot \bar{Q} \qquad\qquad R := \left(\begin{array}{c|c} \|A_{\bullet 1}\|_2 & r_2 \, \dots \, r_n \\ \hline 0 & R' \end{array}\right) \tag{8.36}$$

jedenfalls $R_{ii} > 0$ für $i = 1, \dots, n$ und durch Multiplikation von Blockmatrizen

$$Q \cdot R = H \cdot \left(\begin{array}{c|c} \|A_{\bullet 1}\|_2 & r_{2:n} \\ \hline 0 & Q' \cdot R' \end{array}\right) = H \cdot \left(\begin{array}{c|c} \|A_{\bullet 1}\|_2 & r_{2:n} \\ \hline 0 & A' \end{array}\right) = H \cdot H \cdot A.$$

Wegen $H = H^{-1}$ ist daher $Q \cdot R = A$. Als Produkt orthogonaler Matrizen ist Q orthogonal, und R ist klarerweise eine obere Dreiecksmatrix. □

Wegen $R_{ij} = 0$ für $j < i \leq m$ gilt zudem[31]

$$A = \left(Q_{\bullet 1:n} | Q_{\bullet n+1:m} \right) \left(\frac{R_{1:n\bullet}}{0} \right) = \bar{Q} \cdot \bar{R} \quad \text{mit} \quad \begin{cases} \bar{Q} := Q_{\bullet 1:n} \in \mathbb{R}^{m \times n} \\ \bar{R} := R_{1:n\bullet} \in \mathbb{R}^{n \times n}. \end{cases} \tag{8.37}$$

Man spricht bei $A = \bar{Q} \cdot \bar{R}$ von der *dünnen QR-Zerlegung* von A. Wegen $\text{rg}(A) = n$ sind die Faktoren $\bar{Q} \in \mathbb{R}^{m \times n}$ und $\bar{R} \in \mathbb{R}^{n \times n}$ eindeutig bestimmt. Aus $A^T A = \bar{R}^T \bar{Q}^T \bar{Q} \bar{R} = \bar{R}^T \bar{R}$ sieht man nämlich, dass $\bar{R}^T$ genau dem eindeutig bestimmten (regulären) Faktor L mit $L_{ii} > 0$ für alle $i = 1, \ldots, n$ aus der Cholesky-Zerlegung (8.34) der wegen (6.8) regulären Matrix $A^T A$ entspricht. Die Eindeutigkeit von $\bar{Q}$ folgt dann aus $\bar{Q} = A \cdot \bar{R}^{-1}$. Die (volle) QR-Zerlegung aus dem Satz von Seite 70 ist hingegen nicht eindeutig, da ja für jede andere orthogonale Matrix $\hat{Q} = \left(\bar{Q} | \tilde{Q} \right)$ ebenfalls $A = \hat{Q} \cdot R$ gilt.

Zur Datenfehlerverstärkung bei der QR-Zerlegung zitieren wir den folgenden Satz aus [15]:

Datenfehlerverstärkung bei der QR-Zerlegung. Seien $A, \tilde{A} \in \mathbb{R}^{m \times n}$ mit $\text{rg}(A) = \text{rg}(\tilde{A}) = n$ und $A = Q \cdot R$ bzw. $\tilde{A} = \tilde{Q} \cdot \tilde{R}$ deren dünne QR-Zerlegungen. Dann gilt Satz

$$\frac{\|\tilde{R} - R\|_F}{\|R\|_F} \lesssim c_m \kappa_F(A) \frac{\|\tilde{A} - A\|_F}{\|A\|_F} \quad \text{für } \|\tilde{A} - A\|_F \to 0,$$

$$\|\tilde{Q} - Q\|_F \lesssim c_m \kappa_F(A) \frac{\|\tilde{A} - A\|_F}{\|A\|_F} \quad \text{für } \|\tilde{A} - A\|_F \to 0,$$

mit einer Konstanten c_m, die nur von m abhängt.

Ähnlich wie bei der LR-Zerlegung auf Seite 64 ist für die Kondition des Problems die Konditionszahl der Matrix A ausschlaggebend. Ist diese hoch, so muss bei der QR-Zerlegung mit starker Datenfehlerverstärkung gerechnet werden.

Der konstruktive Existenzbeweis liefert einen rekursiven Algorithmus zur QR-Zerlegung von A. Mittels einer orthogonalen Transformation H wird A in die Gestalt (8.35) gebracht, ehe mit A' der Prozess rekursiv fortgesetzt wird. Die gesuchten Q und R ergeben sich dann aus (8.36). Ein geeignetes H berechnen wir der Übersichtlichkeit halber in einem Unteralgorithmus *Householder*, der auf dem konstruktiven Existenzbeweis des Satzes von Seite 59 beruht. Bei einer Gleitkommaberechnung von H ist zu beachten, dass es bei der Subtraktion $A_{11} - \|A_{\bullet 1}\|_2$ zur Bestimmung der ersten Komponente des Vektors v laut (6.17) im Fall $A_{11} > 0$ zu Auslöschung kommen kann. Dies kann man vermeiden, wenn v_1 nach

$$v_1 = \begin{cases} \frac{-\|A_{2:m,1}\|_2^2}{A_{11} + \|A_{\bullet 1}\|_2} & \text{falls } A_{11} > 0 \\ A_{11} - \|A_{\bullet 1}\|_2 & \text{sonst} \end{cases}$$

[31] Für $A \in \mathbb{R}^{m \times n}$ bezeichnen wir mit $A_{\bullet i:j}$ für $1 \leq i \leq j \leq n$ die Untermatrix $A_{1:m,i:j}$ und mit $A_{i:j\bullet}$ für $1 \leq i \leq j \leq m$ die Untermatrix $A_{i:j,1:n}$.

berechnet wird[32]. Es sei auch darauf hingewiesen, dass der Fall $A_{\bullet 1} = \|A_{\bullet 1}\|_2 e_1$, d. h. $H = E$, genau dann eintritt, wenn $\|A_{2:m,1}\|_2^2 = 0$.

Algorithmus *Householder*: Householder-Transformation

```
v ← A•1, s ← ⟨A2:m,1, A2:m,1⟩
α ← √(A11² + s)
if s = 0
  H ← E(m)
else
  if A11 > 0
    v1 ← −s/(A11+α)
  else
    v1 ← A11 − α
  H ← E(m) − 2/(v1²+s) v · v^T
return H
```

Aufruf: *Householder*(A)
Eingabe: $A \in \mathbb{R}^{m\times n}$
mit: $A_{\bullet 1} \neq 0$.
Ausgabe: $H \in \mathbb{R}^{m\times m}$
mit: H symmetrisch, orthogonal und $(H \cdot A)_{\bullet 1} = \|A_{\bullet 1}\|_2 \cdot e_1$.

Die Struktur des Induktionsbeweises zur Existenz einer QR-Zerlegung erinnert an die LRP-Zerlegung, daher kann auch die Berechnung einer QR-Zerlegung in einer Schleife in ähnlicher Weise erfolgen. Da man schrittweise immer in der rechten unteren Untermatrix A' voranschreitet, arbeitet man im j-ten Schritt auf einer Matrix $A'^{(j)} \in \mathbb{R}^{(m+1-j)\times(m+1-j)}$, die mittels einer orthogonalen Matrix $H^{(j)} \in \mathbb{R}^{(m+1-j)\times(m+1-j)}$ in die Gestalt (8.35) transformiert wird. Die Berechnung von Q erinnert an jene von P bei der LRP-Zerlegung auf Seite 65, das Berechnungsmuster lautet

$$Q = H^{(1)}\bar{Q}^{(1)} = H^{(1)}\left(\begin{array}{c|c} 1 & 0 \\ \hline 0 & Q' \end{array}\right) = H^{(1)}\left(\begin{array}{c|c} 1 & 0 \\ \hline 0 & H^{(2)}\bar{Q}^{(2)} \end{array}\right) = H^{(1)}\left(\begin{array}{c|c} 1 & 0 \\ \hline 0 & H^{(2)} \end{array}\right)\left(\begin{array}{c|c} 1 & 0 \\ \hline 0 & \bar{Q}^{(2)} \end{array}\right) = \ldots$$

Daraus ergibt sich

$$Q = \bar{Q}^{(1)} \cdot \ldots \cdot \bar{Q}^{(n)} \quad \text{mit } \bar{Q}^{(j)} = \begin{cases} H^{(1)} & \text{falls } j = 1 \\ \left(\begin{array}{c|c} E^{(j-1)} & 0 \\ \hline 0 & H^{(j)} \end{array}\right) & \text{falls } j > 1, \end{cases}$$

was aufgrund der Symmetrie aller $\bar{Q}^{(j)}$ sofort zu

$$R = Q^T \cdot A = (\bar{Q}^{(n)})^T \cdot \ldots \cdot (\bar{Q}^{(1)})^T \cdot A = \bar{Q}^{(n)} \cdot \ldots \cdot \bar{Q}^{(1)} \cdot A \tag{8.38}$$

führt. Somit können $Q = Q^{(n)}$ und $R = R^{(n)}$ beginnend mit $Q^{(0)} = E$ bzw. $R^{(0)} = A$ schrittweise nach

$$Q^{(j)} = Q^{(j-1)} \cdot \bar{Q}^{(j)} \qquad R^{(j)} = \bar{Q}^{(j)} \cdot R^{(j-1)}$$

berechnet werden, wobei sich durch die Blockgestalt von $\bar{Q}^{(j)}$

$$Q^{(j)} = Q^{(j-1)} \cdot \bar{Q}^{(j)} = \left(Q^{(j-1)}_{1:m,1:j-1} \middle| Q^{(j-1)}_{1:m,j:m}\right) \cdot \bar{Q}^{(j)} = \left(Q^{(j-1)}_{1:m,1:j-1} \middle| Q^{(j-1)}_{1:m,j:m} H^{(j)}\right) \quad \text{und}$$

[32] Es gilt $\frac{-\|A_{2:m,1}\|_2^2}{A_{11}+\|A_{\bullet 1}\|_2} = \frac{A_{11}^2-\|A_{\bullet 1}\|_2^2}{A_{11}+\|A_{\bullet 1}\|_2} = A_{11} - \|A_{\bullet 1}\|_2$.

$$R^{(j)} = \bar{Q}^{(j)} \cdot R^{(j-1)} = \bar{Q}^{(j)} \left(\begin{array}{c|c} R^{(j-1)}_{1:j-1,1:j-1} & R^{(j-1)}_{1:j-1,j:n} \\ \hline 0 & R^{(j-1)}_{j:m,j:n} \end{array} \right) = \left(\begin{array}{c|c} R^{(j-1)}_{1:j-1,1:j-1} & R^{(j-1)}_{1:j-1,j:n} \\ \hline 0 & H^{(j)} R^{(j-1)}_{j:m,j:n} \end{array} \right)$$

ergeben. Zur Berechnung von $Q^{(j)}$ bzw. $R^{(j)}$ muss daher lediglich $H^{(j)}$ mit den Spalten j bis m von $Q^{(j-1)}$ bzw. der Untermatrix $R^{(j-1)}_{j:m,j:n}$ multipliziert werden. Im j-ten Durchlauf wird die Untermatrix $R^{(j)}_{j:m,j:n} = H^{(j)} R^{(j-1)}_{j:m,j:n}$ gebildet. Deren erste Spalte ist wegen (8.36) ein Vielfaches von $\mathsf{e}_1^{(m-j+1)}$ und findet sich im Endresultat R als $R_{j:m,j}$. Insgesamt ergibt sich so der Algorithmus *QRMatHouseholder*.

Algorithmus *QRMatHouseholder*: QR-Zerlegung von Matrizen nach Householder

```
Q ← E^(m), R ← A
for j from 1 to n
   A' ← R_{j:m,j:n}
   H ← Householder(A')
   Q_{1:m,j:m} ← Q_{1:m,j:m} · H
   R_{j:m,j:n} ← H · R_{j:m,j:n}
return (Q, R)
```

Aufruf: *QRMatHouseholder*(A)
Eingabe: $A \in \mathbb{R}^{m\times n}$
mit: $\operatorname{rg}(A) = n$.
Ausgabe: $Q \in \mathbb{R}^{m\times m}, R \in \mathbb{R}^{m\times n}$
mit: Q ist orthogonal,
R ist eine obere Dreiecksmatrix mit
$R_{ii} > 0$ für alle $i = 1, \ldots, n$ und
$A = Q \cdot R$.

Beispiel

Rufen wir *QRMatHouseholder* mit $A = \begin{pmatrix} 1 & 2 & -1 \\ 1 & -1 & 2 \\ 1 & -1 & 2 \\ -1 & 1 & 1 \end{pmatrix} \in \mathbb{R}^{4\times 3}$ auf, so sind nach dem ersten Schritt $Q^{(1)} = H^{(1)}$ und $R^{(1)} = H^{(1)} \cdot A$ mit $H^{(1)} = H$ aus dem Beispiel von Seite 59. Für $j = 2$ liefert der Aufruf *Householder*($A'^{(2)}$) mit $A'^{(2)} = \begin{pmatrix} 1.5 & 0 \\ 1.5 & 0 \\ -1.5 & 3 \end{pmatrix}$ unter Verwendung des Vektors $v = (-1.09808\ 1.5\ -1.5)^T$ die Matrix $H^{(2)} = \begin{pmatrix} 0.57735 & 0.57735 & -0.57735 \\ 0.57735 & 0.211325 & 0.788675 \\ -0.57735 & 0.788675 & 0.211325 \end{pmatrix}$. Daraus ergeben sich

$$Q^{(2)} = \begin{pmatrix} 0.5 & 0.866025 & 0 & 0 \\ 0.5 & -0.288675 & 0.57735 & -0.57735 \\ 0.5 & -0.288675 & 0.211325 & 0.788675 \\ -0.5 & 0.288675 & 0.788675 & 0.211325 \end{pmatrix} \quad \text{und} \quad R^{(2)} = \begin{pmatrix} 2 & -0.5 & 1 \\ 0 & 2.59808 & -1.73205 \\ 0 & 0 & 2.36603 \\ 0 & 0 & 0.633975 \end{pmatrix}.$$

Schließlich ergibt bei $j = 3$ der Aufruf *Householder*($A'^{(3)}$) mit $A'^{(3)} = \begin{pmatrix} 2.36603 \\ 0.633975 \end{pmatrix}$ mit Hilfe von $v = (-0.0834643\ 0.633975)^T$ die Matrix $H^{(3)} = \begin{pmatrix} 0.965926 & 0.258819 \\ 0.258819 & -0.965926 \end{pmatrix}$, und schlussendlich

$$Q = Q^{(3)} = \begin{pmatrix} 0.5 & 0.866025 & 0 & 0 \\ 0.5 & -0.288675 & 0.408248 & 0.707107 \\ 0.5 & -0.288675 & 0.408248 & -0.707107 \\ -0.5 & 0.288675 & 0.816497 & 0 \end{pmatrix} \quad \text{und}$$

$$R = R^{(3)} = \begin{pmatrix} 2 & -0.5 & 1 \\ 0 & 2.59808 & -1.73205 \\ 0 & 0 & 2.44949 \\ 0 & 0 & 0 \end{pmatrix}.$$

Computerprogrammierung (Rechenzeit- und Speicheroptimierung). *Da $H^{(j)}$ die Gestalt $\mathsf{E}^{(m+1-j)} - \beta v \cdot v^T$ mit $\beta \in \mathbb{R}_0^+$ aufweist, gilt für alle $Q \in \mathbb{R}^{m\times m+1-j}$ und $R \in \mathbb{R}^{(m+1-j)\times(n+1-j)}$*

$$\begin{aligned} Q \cdot H^{(j)} &= Q - w \cdot v^T && \text{mit } w = \beta Q \cdot v \text{ bzw.} \\ H^{(j)} \cdot R &= R - v \cdot w^T && \text{mit } w = \beta R^T v. \end{aligned} \tag{8.39}$$

Die in QRMatHouseholder angeführten Matrixmultiplikationen können also mit einem Aufwand von $O(m^2)$ bzw. $O(m \cdot n)$ realisiert werden. Die explizite Berechnung von $H^{(j)}$ ist dafür nicht unbedingt notwendig, da lediglich v benötigt wird. Zum Speichern von v bietet sich der unterhalb der Diagonalen von R frei werdende Speicherplatz an, für Details siehe etwa [11].

Im j-ten Schleifendurchlauf ist $H^{(j)} \in \mathbb{R}^{(m+1-j)\times(m+1-j)}$, der Aufwand für deren Berechnung in *Householder* beträgt $O(m^2)$. Der Rechenaufwand für die Berechnung von $Q^{(j)}$ und $R^{(j)}$ beträgt $O(m^2)$ bzw. $O(m \cdot n)$ Grundoperationen. Nach n Schleifendurchläufen ergibt sich für *QRMatHouseholder* ein Gesamtaufwand von $O(m^2 n)$ arithmetischen Operationen in $\mathbb{R}$, selbst wenn wir in *Householder* die gesamte Matrix H berechnen. Im Spezialfall $m = n$ ergibt das wie bei der LR-Zerlegung $O(m^3)$ Elementaroperationen, eine detaillierte Analyse offenbart aber einen annähernd doppelt so hohen Rechenaufwand[33], siehe [6]. In vielen Anwendungen wird die Matrix Q nicht explizit berechnet, da man für die an eine QR-Zerlegung anschließenden Berechnungen oft analog zu (8.39) lediglich die Vektoren $v^{(j)}$ aus den Householder-Transformationen benötigt. In solchen Fällen liegt dann der Aufwand für diese (modifizierte) Householder-Transformation bei $O(m)$, der Gesamtaufwand für eine entsprechende QR-Zerlegung (ohne Berechnung von Q) liegt dann lediglich bei $O(mn^2)$ arithmetischen Operationen in $\mathbb{R}$, siehe [11].

Grundlage für eine Aussage zur numerischen Stabilität der QR-Zerlegung ist der folgende Satz nach [15]:

Satz

Rückwärtsstabilität von *QRMatHouseholder*. Sei $A \in \mathbb{R}^{m\times n}$ eine Matrix mit $\mathrm{rg}(A) = n$ und $\tilde{A} \in \mathbb{R}^{m\times n}$ die entsprechend gerundete Größe mit $\mathrm{rg}(\tilde{A}) = n$. Dann liefert die Gleitkommarealisierung des Algorithmus *QRMatHouseholder* Matrizen $\tilde{Q} \in \mathbb{R}^{m\times m}$ und $\tilde{R} \in \mathbb{R}^{m\times n}$ mit $\tilde{Q} \cdot \tilde{R} = \hat{A}$, wobei $\hat{A} \in \mathbb{R}^{m\times n}$ und

$$\frac{\|\hat{A} - \tilde{A}\|_F}{\|\tilde{A}\|_F} \lesssim \sqrt{n}\, m\, n\, \mathbf{u} \quad \text{für } \mathbf{u} \to 0.$$

Da unter der Voraussetzung $\mathrm{rg}(A) = n$ die Stabilitätszahl $\sqrt{n}\, m\, n$ jedenfalls von der gleichen Größenordnung wie die Anzahl der Elementaroperationen ist, ist die Gleitkommarealisierung von *QRMatHouseholder* – anders als jene von *LRPZerlegung* – stets stabil im Sinne der Rückwärtsanalyse.

Die dünne QR-Zerlegung kann alternativ zu (8.37) auch mit Hilfe des Gram-Schmidt-Verfahrens zur Orthonormalisierung von n linear unabhängigen Vektoren $a_j \in \mathbb{R}^m$, hier aufgefasst als Spalten $A_{\bullet j}$ einer Matrix $A \in \mathbb{R}^{m\times n}$ mit $\mathrm{rg}(A) = n$, berechnet werden. Wir betrachten dazu den Algorithmus *GramSchmidtMod*, siehe Band *1*, Seite 113, und bezeichnen mit $v_j^{(i)} \in \mathbb{R}^m$ die Vektoren am Ende des i-ten Durchlaufs der äußeren Schleife. Definieren wir damit die Matrix $V^{(i)} \in \mathbb{R}^{m\times n}$ gemäß $V_{\bullet j}^{(i)} = v_j^{(i)}$, gilt insbesondere $V^{(0)} = A$. Der i-te Schritt in der äußeren Schleife von *GramSchmidtMod* lässt sich nun als Multiplikation einer oberen Dreiecksmatrix $R^{(i)} \in \mathbb{R}^{n\times n}$ von rechts

[33] Wir erinnern daran, dass in der asymptotischen Komplexität konstante Faktoren keine Rolle spielen, so gilt etwa sowohl $\frac{m^3}{3} = O(m^3)$ als auch $\frac{2m^3}{3} = O(m^3)$.

zur Matrix $V^{(i-1)} \in \mathbb{R}^{m\times n}$ auffassen, also $V^{(i)} = V^{(i-1)}R^{(i)}$. Dabei ist $R^{(i)}$ gerade durch

$$R^{(i)} = \begin{pmatrix} 1 & & & & \\ & 1 & & & \\ & & \frac{1}{r_{ii}} & \frac{-r_{i,i+1}}{r_{ii}} & \cdots \\ & & & 1 & \\ & & & & \ddots \end{pmatrix} \quad \text{mit} \left\{ \begin{array}{l} r_{ii} = \|v_i^{(i-1)}\| \text{ und} \\ r_{ij} = \frac{1}{r_{ii}} \langle v_i^{(i-1)}, v_j^{(i-1)} \rangle \text{ für } j > i \end{array} \right.$$

definiert, vergleiche mit (12.20) in Band *1*. Somit ergibt sich die dünne QR-Zerlegung aus

$$\bar{Q} := V^{(n)} = V^{(n-1)}R^{(n)} = A \underbrace{R^{(1)}R^{(2)} \cdots R^{(n)}}_{:=\bar{R}^{-1}},$$

was erklärt, weshalb man das Gram-Schmidt-Verfahren als *trianguläre Orthogonalisierung* verstehen kann. Im Gegensatz dazu entspricht die QR-Zerlegung mittels Householder-Transformation wegen (8.38) einer *orthogonalen Triangulierung*.

9 Lineare Gleichungssysteme

Ein lineares Gleichungssystem mit gegebener Matrix $A \in \mathbb{R}^{m\times n}$ und rechter Seite $b \in \mathbb{R}^m$ lässt sich unter Zuhilfenahme der Matrixmultiplikation kompakt in der Form $A \cdot x = b$ anschreiben. Jedes $\bar{x}$ mit $A \cdot \bar{x} = b$ nennt man eine *Lösung* des Gleichungssystems. Aus der Linearen Algebra setzen wir als bekannt voraus, dass ein lineares Gleichungssystem *keine*, *genau eine* oder *unendlich viele* Lösungen besitzen kann. Wir wollen uns in diesem Abschnitt auf den Fall regulärer Matrizen mit *eindeutiger Lösung* $\bar{x} = A^{-1}b$ konzentrieren.

Problemstellung (Lineares Gleichungssystem).

Gegeben: $A \in \mathbb{R}^{n\times n}$, $b \in \mathbb{R}^n$
mit: A ist regulär.
Gesucht: $\bar{x} \in \mathbb{R}^n$
mit: $A \cdot \bar{x} = b$.

Bei der Untersuchung der Kondition des linearen Gleichungssystems betrachten wir zunächst lediglich die rechte Seite b als fehleranfällige Eingabegröße. Das Problem wird dann durch die Abbildung

$$\varphi_A \colon \mathbb{R}^n \to \mathbb{R}^n, \ b \mapsto A^{-1}b \tag{9.40}$$

beschrieben. Liegt anstelle von b ein Vektor $\tilde{b}$ vor, so lautet die Lösung anstelle von $\bar{x} = \varphi_A(b)$ dann $\tilde{x} = \varphi_A(\tilde{b})$, und der Fehler ist durch

$$\tilde{x} - \bar{x} = A^{-1}(\tilde{b} - b)$$

gegeben. Durch Abschätzung mit Hilfe der induzierten Norm von Seite 55 ergibt sich der folgende Satz zur normweisen Kondition des Problems:

Satz

Kondition eines linearen Gleichungssystems. Die normweise absolute bzw. relative Kondition des Problems (φ_A, b) mit φ_A nach (9.40) ist bez. $\|\cdot\|_\alpha$ durch

$$\kappa_{\text{abs}} = \|A^{-1}\|_\alpha \qquad\qquad \kappa_{\text{rel}} = \frac{\|b\|_\alpha}{\|A^{-1}b\|_\alpha}\|A^{-1}\|_\alpha$$

mit $b \neq 0$ für κ_{rel} gegeben.

Wegen $\|A^{-1}b\|_\alpha = \|\bar{x}\|_\alpha$ und der Verträglichkeit $\|A \cdot \bar{x}\|_\alpha \leq \|A\|_\alpha \|\bar{x}\|_\alpha$ gilt

$$\kappa_{\text{rel}} = \frac{\|b\|_\alpha}{\|A^{-1}b\|_\alpha}\|A^{-1}\|_\alpha = \frac{\|A \cdot \bar{x}\|_\alpha}{\|\bar{x}\|_\alpha}\|A^{-1}\|_\alpha \leq \|A\|_\alpha \|A^{-1}\|_\alpha = \kappa_\alpha(A), \tag{9.41}$$

die relative Kondition lässt sich also durch die Konditionszahl der Matrix abschätzen. Zur Untersuchung der Auswirkung von Störungen der Matrix A auf $A^{-1}b$ (bei fixem b) betrachtet man die Abbildung

$$\varphi_b \colon \left\{A \in \mathbb{R}^{n\times n} \;\middle|\; A \text{ regulär}\right\} \to \mathbb{R}^n, \; A \mapsto A^{-1}b.$$

Da dabei $\varphi_b(A)$ mit $\varphi_b(\tilde{A})$ verglichen werden soll, stellt sich die Frage, unter welcher Bedingung an die Datenstörung die resultierende Matrix $\tilde{A}$ überhaupt invertierbar ist. Für eine Konditionsanalyse verweisen wir auf [6] und erwähnen lediglich, dass auch die normweise relative Kondition des Problems (φ_b, A) durch die Konditionszahl der Matrix abschätzbar ist, also

$$\kappa_{\text{rel}} \leq \kappa_\alpha(A), \tag{9.42}$$

vergleiche mit (9.41). Im Hinblick auf Datenstörungen sowohl in A als auch b, führen wir abschließend noch die Fehlerabschätzung

$$\frac{\|\tilde{x} - \bar{x}\|_\alpha}{\|\bar{x}\|_\alpha} \lesssim \kappa_\alpha(A)\left(\frac{\|\tilde{A} - A\|_\alpha}{\|A\|_\alpha} + \frac{\|\tilde{b} - b\|_\alpha}{\|b\|_\alpha}\right) \quad \text{für } \|\tilde{A} - A\|_\alpha \to 0, \; \|\tilde{b} - b\|_\alpha \to 0$$

an, die sich durch Kombination der obigen Resultate ergibt. Sie unterstreicht die zentrale Rolle, die die Konditionszahl $\kappa_\alpha(A)$ der Matrix A bei der Beurteilung der Datenstabilität eines linearen Gleichungssystems spielt.

Für eine effiziente algorithmische Lösung eines linearen Gleichungssystems ist die Lösungsformel $\bar{x} = A^{-1}b$ aufgrund des mit der Invertierung der Matrix verbundenen Rechenaufwands in der Regel nicht geeignet. Vielmehr kommen zwei Klassen von Methoden zum Einsatz. *Direkte Verfahren* basieren auf einer Faktorisierung der Matrix A und liefern bei Vernachlässigung von Rundungsfehlern in endlich vielen Schritten die exakte Lösung $A^{-1}b$ des Gleichungssystems. Dem gegenüber stehen sogenannte *iterative Verfahren*, in denen eine Folge von Näherungslösungen konstruiert wird, die im Idealfall gegen die Lösung konvergiert.

Direkte Verfahren

Wir betrachten zunächst das lineare Gleichungssystem (8.22) von Seite 62 mit oberer Dreiecksmatrix R.

Problemstellung (Lineares Gleichungssystem mit oberer Dreiecksmatrix).

Gegeben:	$R \in \mathbb{R}^{n\times n}, c \in \mathbb{R}^n$
mit:	R ist obere Dreiecksmatrix mit $R_{ii} \neq 0$ für $i = 1, \dots, n$.
Gesucht:	$\bar{x} \in \mathbb{R}^n$
mit:	$R \cdot \bar{x} = c$.

Aus der dortigen Darstellung ergibt sich aus der n-ten Zeile $\bar{x}_n = c_n/R_{nn}$, und die verbleibenden Zeilen lauten

$$\begin{aligned}
R_{11}x_1 + R_{12}x_2 + \dots + R_{1,n-1}x_{n-1} &= c_1 - R_{1n}\bar{x}_n\\
R_{22}x_2 + \dots + R_{2,n-1}x_{n-1} &= c_2 - R_{2n}\bar{x}_n\\
\ddots \qquad \vdots &= \vdots\\
R_{n-1,n-1}x_{n-1} &= c_{n-1} - R_{n-1,n}\bar{x}_n.
\end{aligned}$$

Da dies wieder ein System mit oberer Dreiecksmatrix und von Null verschiedenen Diagonalelementen ist, kann dieser Prozess rekursiv fortgesetzt werden, bis aus der ersten Zeile $\bar{x}_1$ berechnet ist, daher der Name *Rückwärtssubstitution*. Die Schleifenumsetzung findet sich im Algorithmus *RückSubMat*. Völlig analog löst man in einem Algorithmus *VorSubMat* mittels *Vorwärtssubstitution* Gleichungssysteme $L \cdot c = b$ für eine untere Dreiecksmatrix L mit $L_{ii} \neq 0$ für $i = 1, \dots, n$.

Algorithmus *RückSubMat*: Rückwärtssubstitution zur Lösung von $R \cdot x = c$

```
for i from n to 1 by −1
  s ← c_i
  for j from i + 1 to n
    s ← s − R_ij x̄_j
  x̄_i ← s / R_ii
return x̄
```

Aufruf:	*RückSubMat*(R, c)
Eingabe:	$R \in \mathbb{R}^{n\times n}, c \in \mathbb{R}^n$
mit:	R obere Dreiecksmatrix mit $R_{ii} \neq 0$ für $i = 1, \dots, n$.
Ausgabe:	$\bar{x} \in \mathbb{R}^n$
mit:	$R \cdot \bar{x} = c$.

Für Vorwärts- und Rückwärtssubstitution beträgt der Rechenaufwand für die i-te Zeile je $n - i$ Multiplikationen und Subtraktionen sowie eine Division, sodass insgesamt jeweils $O(n^2)$ Elementaroperationen in $\mathbb{R}$ notwendig sind. Auskunft über den Rückwärtsfehler bei Gleitkommarealisierung von *RückSubMat* gibt der folgende Satz[34]:

Satz

Rückwärtsfehler von *RückSubMat*. Seien $R \in \mathbb{R}^{n\times n}$ eine obere Dreiecksmatrix mit $R_{ii} \neq 0$ für $i = 1, \dots, n$ bzw. $c \in \mathbb{R}^n$ und $\tilde{R}$ bzw. $\tilde{c}$ die entsprechenden gerundeten Größen mit $\tilde{R}_{ii} \neq 0$ für $i = 1, \dots, n$. Die Gleitkommarealisierung des Algorithmus *RückSubMat* zur Lösung von $R \cdot x = c$ liefert eine Näherung $\tilde{x} \in \mathbb{R}^n$

[34] Ein analoges Resultat gilt für *VorSubMat*.

mit

$$\hat{R} \cdot \tilde{x} = \hat{c} \quad \text{mit } \hat{c} = \tilde{c} \text{ und} \tag{9.43}$$

$$\|\hat{R} - \tilde{R}\|_\infty \lesssim n\,\mathbf{u}\,\|\tilde{R}\|_\infty \quad \text{für } \mathbf{u} \to 0. \tag{9.44}$$

Beweis. Aus dem Algorithmus *RückSubMat* folgt die Darstellung

$$\bar{x}_i = \frac{1}{R_{ii}}\left(c_i - \langle R_{i,i+1:n}, \bar{x}_{i+1:n}\rangle\right) \quad \text{für } i = 1, \ldots, n-1. \tag{9.45}$$

Bei Durchführung in Gleitkommaarithmetik ergibt sich damit

$$\tilde{x}_i = \frac{1}{\tilde{R}_{ii}}(1+\varepsilon_i)(1+\varepsilon_i')\,(\tilde{c}_i - \tilde{s}_i) \tag{9.46}$$

mit der Abschätzung $|\varepsilon_i| \leq \mathbf{u}$, $|\varepsilon_i'| \leq \mathbf{u}$ für die bei der Division und Subtraktion entstehenden Rundungsfehler. Mit $\tilde{s}_i$ bezeichnen wir das Gleitkommaresultat der Berechnung von $\langle R_{i,i+1:n}, \bar{x}_{i+1:n}\rangle$. Aus der Rückwärtsfehleranalyse des Skalarprodukts aus Band *1* leitet sich die Beziehung

$$\tilde{s}_i = \langle \hat{R}_{i,i+1:n}, \tilde{x}_{i+1:n}\rangle$$

ab, wobei für alle $j = i+1, \ldots, n$

$$|\hat{R}_{ij} - \tilde{R}_{ij}| \lesssim (n-i+1)\,\mathbf{u}\,|\tilde{R}_{ij}| \quad \text{für } \mathbf{u} \to 0$$

gilt. Somit führen $\hat{c} := \tilde{c}$ und $\hat{R}_{kk} := \frac{\tilde{R}_{kk}}{(1+\varepsilon_k)(1+\varepsilon_k')}$ für $k = 1, \ldots, n$ (mit $\varepsilon_n' = 0$) zur Aussage des Satzes, da $n-k+1 \leq n$ und

$$|\hat{R}_{kk} - \tilde{R}_{kk}| \lesssim n\,\mathbf{u}\,|\tilde{R}_{kk}| \quad \text{für } \mathbf{u} \to 0. \qquad \square$$

Da die Stabilitätszahl n aus (9.44) deutlich unter der Anzahl der Elementaroperationen $O(n^2)$ liegt, ist die Gleitkommarealisierung von *RückSubMat* also stets numerisch stabil im Sinne der Rückwärtsanalyse.

Lösung eines linearen Gleichungssystems mittels Gaußschem Algorithmus

Liegt im Hinblick auf $A \cdot x = b$ eine Zerlegung $A = L \cdot R$ vor, so lässt sich dieses System unter Verwendung von *VorSubMat* und *RückSubMat* in zwei Hauptschritten gemäß Seite 62 mit $M = L$ lösen. Bedenken wir, dass für invertierbare Matrizen A in der Regel nur die Darstellung $P \cdot A = L \cdot R$ mit regulärem P möglich ist, so erhalten wir aufgrund der daraus resultierenden Äquivalenz der Gleichungssysteme $A \cdot x = b$ und $P \cdot A \cdot x = P \cdot b$ den *Gaußschen Algorithmus*[35] *LGSGauß*.

[35] Als Gaußscher Algorithmus wird oft auch folgende Vorgehensweise bezeichnet: Man bringt A durch elementare Zeilenoperationen in Rechtecksgestalt, was als $L^{-1}P \cdot A = R$ ausgedrückt werden kann. Wegen $A \cdot x = b \iff R \cdot x = L^{-1}P \cdot b$ wendet man dieselben Umformungen auf die rechte Seite b an und hat dann ein System mit oberer Dreiecksmatrix zu lösen. Der Unterschied zu *LGSGauß* ist marginal und offenbart sich etwa dann, wenn mehrere Gleichungssysteme mit gleicher Matrix und variierender rechter Seite zu lösen sind, da dann in dieser Vorgehensweise die gesamte Berechnung für jede rechte Seite neu durchgeführt werden muss. Die LRP-Zerlegung hingegen muss nur *einmal* berechnet werden, lediglich Vorwärts- und Rückwärtssubstitution sind erneut durchzuführen.

Algorithmus *LGSGauß*: Lösung von $A \cdot x = b$ nach Gauß

$(L, R, P) \leftarrow \mathit{LRPZerlegung}(A)$	Aufruf: $\mathit{LGSGau\ss}(A, b)$
$\bar{b} \leftarrow P \cdot b$	Eingabe: $A \in \mathbb{R}^{n\times n}, b \in \mathbb{R}^n$
$c \leftarrow \mathit{VorSubMat}(L, \bar{b})$	mit: A regulär.
$\bar{x} \leftarrow \mathit{R\ddot{u}ckSubMat}(R, c)$	Ausgabe: $\bar{x} \in \mathbb{R}^n$
return $\bar{x}$	mit: $A \cdot \bar{x} = b$.

Der Gesamtaufwand für *LGSGauß* beträgt $O(n^3)$ Elementaroperationen infolge des Aufwands für den Unteralgorithmus *LRPZerlegung*, siehe Seite 67. Zur Abschätzung des Rückwärtsfehlers bei der Gleitkommarealisierung von *LGSGauß* verwendet man die entsprechenden Resultate für die Unteralgorithmen, vgl. Seiten 67 und 77. Dabei spielt wieder der Wachstumsfaktor $w(A)$, vgl. Seite 68, eine wesentliche Rolle. Bei Verwendung der Spaltenpivotsuche gilt folgender Satz, siehe z. B. [6].

Satz

Rückwärtsfehler in *LGSGauß*. Seien $A \in \mathbb{R}^{n\times n}$ regulär bzw. $b \in \mathbb{R}^n$ und $\tilde{A}$ bzw. $\tilde{b}$ die entsprechenden gerundeten Größen mit $\tilde{A}$ regulär. Die Gleitkommarealisierung des Algorithmus *LGSGauß* mit Spaltenpivotsuche liefert eine Näherung $\tilde{x} \in \mathbb{R}^n$ mit

$$\hat{A} \cdot \tilde{x} = \hat{b}, \quad \text{wobei}$$

$$\hat{b} = \tilde{b} \qquad \text{und} \qquad \frac{\|\hat{A} - \tilde{A}\|_\infty}{\|\tilde{A}\|_\infty} \lesssim 2n^3 w(A)\,\mathbf{u} \quad \text{für } \mathbf{u} \to 0.$$

Beispiel

Seien die reguläre Matrix $A \in \mathbb{R}^{n\times n}$ aus (8.33) mit $n = 50$ und der Vektor $y \in \mathbb{R}^{50}$ mit $y_i = \left(-\frac{9}{10}\right)^i$ gegeben. Mit $b = A \cdot y \in \mathbb{R}^{50}$ betrachten wir das Gleichungssystem $A \cdot x = b$, dessen eindeutige Lösung durch $\bar{x} = y$ gegeben ist. Bei Durchführung in Gleitkommaarithmetik liefert der Algorithmus *LGSGauß* jedoch ein Ergebnis $\tilde{x} \in \mathbb{R}^{50}$ mit

$$\max_{i=1,\dots,50} \frac{|\tilde{x}_i - \bar{x}_i|}{|\bar{x}_i|} = 0.0232,$$

der Fehler $\mathbf{u}$ der Eingangsdaten wird demnach um den Faktor $2.1 \cdot 10^{14}$ verstärkt. Verwendet man hingegen in *LGSGauß* rationale Arithmetik, siehe Band *1*, so erhält man das korrekte Resultat

$$\bar{x} = \left(-\frac{9}{10}, \frac{81}{100}, -\frac{729}{1000}, \dots, \frac{515377520732011331036461129765621272702107522001}{100000000000000000000000000000000000000000000000000}\right) = y.$$

Wie für *LRPZerlegung* kann auch für *LGSGauß* nur bei mäßigem Wachstumsfaktor von A die Stabilität der Gleitkommarealisierung garantiert werden. Die hohe Rundungsfehlerfortpflanzung im Beispiel ist daher wegen $w(A) = 2^{49}$, siehe Übungsaufgabe II.9, nicht verwunderlich.

Bei einer symmetrisch positiv definiten Matrix verwendet man die Cholesky-Zerlegung von Seite 69. Die Gleitkommarealisierung des entsprechend angepassten *LGSGauß* ist stets numerisch stabil im Sinne der Rückwärtsanalyse, siehe [23].

Nachiteration zur Verbesserung einer Näherungslösung

Bei numerischer Instabilität bei Spaltenpivotsuche kann unter bestimmten Voraussetzungen auch die Methode der *Nachiteration* Abhilfe schaffen[36]. Generell zielt diese Technik darauf ab, die Qualität einer vorliegenden Näherungslösung $\tilde{x}$ zu verbessern. Grundlage dafür ist, dass der Fehler $d = \bar{x} - \tilde{x}$ der Korrekturgleichung

$$A \cdot d = b - A \cdot \tilde{x} =: r_{A,b}(\tilde{x}) \tag{9.47}$$

genügt, wobei man $r_{A,b}(\tilde{x})$ das *Residuum* von $\tilde{x}$ (bez. A und b) nennt. Nach Berechnung von d aus (9.47) erhält man bei Vernachlässigung von Rundungsfehlern die gesuchte Lösung des Gleichungssystems durch $\bar{x} = \tilde{x} + d$. Bei Verwendung von Gleitkomma-arithmetik erhält man zwar anstelle von d eine fehlerbehaftete Korrektur $\tilde{d}$, dennoch erhofft man sich von $\tilde{x} \tilde{+} \tilde{d}$ eine Verbesserung im Vergleich zu $\tilde{x}$. Die wiederholte Anwendung dieses Arguments führt zum Algorithmus *Nachiteration*, in dem die Schleife abgebrochen wird, wenn die aktuelle Näherungslösung „genau genug" ist.

Algorithmus *Nachiteration*: Nachiteration zur Verbesserung einer Näherung $\tilde{x}$

```
x ← x̃
while 𝒜 nicht erfüllt
    r ← b − A · x
    Bestimme d mit A · d = r
    x ← x + d
return x
```

Aufruf: *Nachiteration*$(A, b, \tilde{x})$
Eingabe: $A \in \mathbb{R}^{n \times n}$, $b, \tilde{x} \in \mathbb{R}^n$
mit: A regulär.
Ausgabe: $x \in \mathbb{R}^n$
mit: x als Näherung von $A^{-1}b$, die von $\tilde{x}$ und dem Abbruchskriterium $\mathcal{A}$ abhängt.

Zur Beurteilung einer Näherungslösung $\tilde{x}$ (im Abbruchskriterium $\mathcal{A}$ oder auch sonst) könnte man die Norm $\|r_{A,b}(\tilde{x})\|_\alpha$ des Residuums heranziehen, welche für die exakte Lösung ja verschwindet. Aus (9.47) folgt jedoch unter Verwendung verträglicher Normen die Abschätzung

$$\frac{\|\tilde{x} - \bar{x}\|_\alpha}{\|\bar{x}\|_\alpha} = \frac{\|A^{-1} r_{A,b}(\tilde{x})\|_\alpha}{\|\bar{x}\|_\alpha} \leq \frac{\|A^{-1}\| \, \|A\| \, \|\bar{x}\|_\alpha \|r_{A,b}(\tilde{x})\|_\alpha}{\|\bar{x}\|_\alpha \|b\|_\alpha} = \kappa(A) \frac{\|r_{A,b}(\tilde{x})\|_\alpha}{\|b\|_\alpha},$$

sodass der Schluss von einem kleinen Residuum $r_{A,b}(\tilde{x})$ (in Relation zur rechten Seite b) auf einen kleinen relativen Fehler der Näherungslösung $\tilde{x}$ nur bei kleiner Konditionszahl der Matrix A zulässig ist. Besser geeignet ist der komponentenweise relative Rückwärtsfehler[37]

$$\eta_{A,b}(\tilde{x}) = \max_{i=1,\dots,n} \frac{|b - A \cdot \tilde{x}|_i}{(|A||\tilde{x}| + |b|)_i}, \tag{9.48}$$

[36] Bei Verwendung der Totalpivotsuche ist die Gleitkommarealisierung der Gauß-Elimination stets rückwärtsstabil, allerdings ist die Totalpivotsuche mit hohem Aufwand verbunden, siehe Seite 69.

[37] Zu $b \in \mathbb{R}^n$ bezeichnet $|b| \in \mathbb{R}^n$ jenen Vektor, dessen Komponenten durch $|b_i|$ gegeben sind. Analog dazu ist $|A| \in \mathbb{R}^{n \times n}$ definiert.

der die kleinste Zahl $\hat{\eta}$ beschreibt, für die die Beziehung $\hat{A} \cdot \tilde{x} = \hat{b}$ mit $|\hat{A} - A| \leq \hat{\eta}|A|$ und $|\hat{b} - b| \leq \hat{\eta}|b|$ möglich ist. Es kann gezeigt werden, dass sich das Ergebnis $\tilde{\eta}_{A,b}(\tilde{x})$ bei Gleitkommaberechnung von (9.48) vom exakten Wert $\eta_{A,b}(\tilde{x})$ um höchstens $n \cdot \mathbf{u}$ unterscheidet, siehe [6]. Die Formel (9.48) kann somit verlässlich zur Beurteilung von $\tilde{x}$ verwendet werden.

In Kombination mit dem Gaußschen Algorithmus kann man zur Lösung der Korrekturgleichung (9.47) auf die zuvor ermittelte LRP-Zerlegung von A zurückgreifen. Bei Verwendung der Spaltenpivotsuche genügt unter gewissen Voraussetzungen an die Matrix A ein einziger Nachiterationsschritt, um eine hinreichend gute Näherungslösung zu erhalten. Insbesondere ist die Gleitkommarealisierung der Gaußschen Elimination mit Spaltenpivotsuche und einmaliger Nachiteration dann numerisch stabil im Sinne der Rückwärtsanalyse. Wir verweisen auf [6] für die Details und begnügen uns hier mit der Fortsetzung des Beispiels von Seite 79.

Beispiel

Der Rückwärtsfehler der auf Seite 79 bestimmten Näherungslösung $\tilde{x}$ ist $\eta_{A,b}(\tilde{x}) = 1.4648 \cdot 10^{-5}$. Rufen wir mit diesem $\tilde{x}$ den Algorithmus *Nachiteration* auf, so erhalten wir nach nur einem Iterationsschritt bereits eine ausreichend gute Näherung $x^{(1)}$ mit

$$\eta_{A,b}(x^{(1)}) = 3.607 \cdot 10^{-17} \qquad \max_{i=1,\ldots,50} \frac{|x_i^{(1)} - \bar{x}_i|}{|\bar{x}_i|} = 1.5147 \cdot 10^{-14}.$$

Lösung eines linearen Gleichungssystems mittels QR-Zerlegung

Als Alternative zur LRP-Zerlegung kann man die beiden Schritte von Seite 62 zur Lösung eines Gleichungssystems $A \cdot x = b$ auch mit Hilfe der QR-Faktorisierung, also mit $M = Q$, durchführen. Aufgrund der Orthogonalität von Q gilt

$$Q \cdot c = b \iff c = Q^T \cdot b,$$

woraus sich unmittelbar der Lösungsalgorithmus *LGSQR* ergibt. Dessen Aufwand beträgt ebenfalls $O(n^3)$, ist jedoch etwa doppelt so hoch wie jener von *LGSGauß*, siehe Seite 74.

Algorithmus *LGSQR*: Lösung von $A \cdot x = b$ mit QR-Zerlegung

$(Q, R) \leftarrow QRMatHouseholder(A)$	Aufruf: $LGSQR(A, b)$
$c \leftarrow Q^T \cdot b$	Eingabe: $A \in \mathbb{R}^{n \times n}, b \in \mathbb{R}^n$
$\bar{x} \leftarrow RückSubMat(R, c)$	mit: A regulär.
return $\bar{x}$	Ausgabe: $\bar{x} \in \mathbb{R}^n$
	mit: $A \cdot \bar{x} = b$.

Im Gegensatz zum Algorithmus *LGSGauß* ist die Gleitkommarealisierung des Algorithmus *LGSQR* stets numerisch stabil im Sinne der Rückwärtsanalyse. Wir kommen auf die Details dazu auf Seite 92 zurück und veranschaulichen dies vorab anhand eines Beispiels.

Beispiel Wir betrachten erneut das lineare Gleichungssystem aus dem Beispiel von Seite 79. Der Aufruf des Algorithmus *LGSQR* liefert in Gleitkommaarithmetik eine Näherungslösung $\tilde{x}$ mit

$$\max_{i=1,\ldots,50} \frac{|\tilde{x}_i - \bar{x}_i|}{|\bar{x}_i|} = 1.4356 \cdot 10^{-13}$$

und dem akzeptablen Rückwärtsfehler $\eta_{A,b}(\tilde{x}) = 5.8257 \cdot 10^{-16}$.

In der Regel wird jedoch der Kombination aus *LGSGauß* mit Spaltenpivotsuche und einmaliger Nachiteration der Vorzug gegeben, da dabei sowohl Rechenaufwand als auch Speicherplatzbedarf niedriger ausfallen als bei *LGSQR*.

Iterative Verfahren

Die grundlegende Idee bei iterativen Verfahren zur Lösung eines linearen Gleichungssystems $A \cdot x = b$ mit $A \in \mathbb{R}^{n \times n}$ ist die Konstruktion einer Folge $(x^{(k)})_{k \in \mathbb{N}_0}$, die schnell gegen die Lösung $\bar{x} = A^{-1}b$ konvergiert und dabei die Berechnung der einzelnen Folgenglieder ohne großen Aufwand erlaubt. Da eine auf dem Konvergenzargument $\lim_{k\to\infty} x^{(k)} = \bar{x}$ beruhende Iteration nach endlich vielen Schritten abgebrochen werden muss, ist – anders als bei direkten Verfahren – in der Regel neben Rundungsfehlern auch mit einem Abbruchsfehler zu rechnen. Diesen nimmt man immer dann in Kauf, wenn direkte Methoden zu rechen- oder speicherintensiv sind. Ausgangspunkt für viele klassische Iterationsmethoden ist eine Zerlegung der Matrix A gemäß

$$A = M - N. \tag{9.49}$$

Darin fordern wir zunächst lediglich, dass es sich bei M um eine reguläre Matrix handelt. Damit lässt sich das Gleichungssystem wegen $A \cdot x = M \cdot x - N \cdot x = b$ in die Fixpunktgleichung

$$x = M^{-1}N \cdot x + M^{-1}b =: \phi(x)$$

überführen, wobei[38]

$$\begin{aligned} \phi\colon\ \mathbb{R}^n &\to \mathbb{R}^n \\ x &\mapsto G \cdot x + c \end{aligned} \qquad \text{mit } G := M^{-1}N \text{ und } c := M^{-1}b. \tag{9.50}$$

Zur Lösung des Gleichungssystems lässt sich daraus die Fixpunktiteration

$$x^{(k+1)} = G \cdot x^{(k)} + c = M^{-1}(N \cdot x^{(k)} + b) \tag{9.51}$$

ableiten, vergleiche mit Seite 38, über deren Konvergenz der folgende Satz Auskunft gibt:

[38]Die Abbildung ϕ hängt zunächst von G und c ab, diese aber ihrerseits von A, b und der Zerlegung (9.49).

Satz

Zu regulärem $A \in \mathbb{R}^{n\times n}$ liege eine Zerlegung (9.49) mit regulärem $M \in \mathbb{R}^{n\times n}$ vor. Falls für $G = M^{-1}N$ die Abschätzung $\|G\| < 1$ in einer mit einer Vektornorm $\|\cdot\|_\alpha$ verträglichen Matrixnorm gilt, konvergiert die durch (9.51) definierte Folge für jeden Startvektor $x^{(0)} \in \mathbb{R}^n$ gegen $\bar{x} = A^{-1}b$.

Beweis. Die Subtraktion der Fixpunktgleichung $\bar{x} = \phi(\bar{x})$ von (9.51) führt zunächst auf $x^{(k+1)} - \bar{x} = G(x^{(k)} - \bar{x})$. Eine Normabschätzung liefert

$$\|x^{(k+1)} - \bar{x}\|_\alpha \leq \|G\|\,\|x^{(k)} - \bar{x}\|_\alpha \leq \|G\|^{k+1}\|x^{(0)} - \bar{x}\|_\alpha,$$

woraus wegen $\|G\| < 1$ dann $\lim_{k\to\infty} x^{(k)} = \bar{x}$ folgt. □

Bei der Wahl der Matrizen in der Zerlegung (9.49) verfolgen wir zwei meist widersprüchliche Ziele. Zum einen soll die (geeignet gewählte) Norm von G jedenfalls kleiner als 1 sein, zum anderen soll sich $x^{(k+1)}$ aus $x^{(k)}$ leicht berechnen lassen. Dabei ist zu beachten, dass man bei der Implementierung von (9.51) die Iterationsmatrix G in der Regel aufgrund des damit verbundenen Aufwands nicht explizit bestimmen wird. Da (9.51) gleichbedeutend ist mit $M \cdot x^{(k+1)} = N \cdot x^{(k)} + b$, wird die Berechnung von $x^{(k+1)}$ realisiert, indem man

1. $r^{(k)} = N \cdot x^{(k)} + b$ berechnet und
2. das System $M \cdot x^{(k+1)} = r^{(k)}$ löst.

Im Fall $M = \mathsf{E}$ ist der zweite Schritt trivial, $\|G\| = \|\mathsf{E} - A\| < 1$ ist womöglich aber nicht garantiert. Auf der anderen Seite führt $M = A$ wegen $N = \mathsf{0}$ auf $\|G\| = \|\mathsf{0}\| = 0$, der zweite Schritt entspricht wegen $r^{(k)} = b$ aber dann gerade der Lösung des ursprünglichen Gleichungssystems. Bei der Aufspaltung von A nach (9.49) gehen wir somit stets einen Kompromiss ein.

Jacobi-Verfahren

Mit Hilfe der sich aus $A \in \mathbb{R}^{n\times n}$ ergebenden Diagonal- und (strikten) Dreiecksmatrizen

$$D := \begin{pmatrix} A_{11} & 0 & \dots & 0 \\ 0 & A_{22} & \dots & 0 \\ \vdots & \ddots & \ddots & \vdots \\ 0 & \dots & 0 & A_{nn} \end{pmatrix} \quad L := -\begin{pmatrix} 0 & \dots & \dots & 0 \\ A_{21} & \ddots & & 0 \\ \vdots & \ddots & \ddots & \vdots \\ A_{n1} & \dots & A_{n,n-1} & 0 \end{pmatrix} \quad R := -\begin{pmatrix} 0 & A_{12} & \dots & A_{1n} \\ \vdots & \ddots & \ddots & \vdots \\ \vdots & & \ddots & A_{n-1,n} \\ 0 & \dots & 0 & 0 \end{pmatrix}$$

gilt zunächst die Darstellung

$$A = D - L - R. \tag{9.52}$$

Ein einfaches Iterationsverfahren ist das *Jacobi-Verfahren*, bei dem unter der Voraussetzung $A_{ii} \neq 0$ für alle $i = 1, \dots, n$ die Aufspaltung (9.49) mit der Wahl $M = D$ und $N = L + R$ erfolgt, und sich die Iterationsvorschrift (9.51) mit $c = D^{-1}b$ und der Iterationsmatrix

$$G_J = D^{-1}(L + R)$$

ergibt. Die obige Implementierungsvorschrift führt auf den Algorithmus *LGSJac*, in dem der Unteralgorithmus *DLRZerlegung* für die Aufspaltung der Matrix A gemäß

(9.52) sorgt. In jedem Iterationsschritt ist ein Gleichungssystem der Form $D \cdot x = r$ zu lösen. Die Forderung nach dessen einfacher Lösbarkeit ist aufgrund der Diagonalstruktur der Matrix D erfüllt, die Lösung berechnet sich einfach nach $x_i = r_i/D_{ii}$ für $i = 1, \ldots, n$.

Algorithmus *LGSJac*: Näherungslösung von $A \cdot x = b$ nach Jacobi

```
(D, L, R) ← DLRZerlegung(A)
x ← x^(0)
while 𝒜 nicht erfüllt
   r ← (L + R)x + b
   for i from 1 to n
      x_i ← r_i/D_ii
return x
```

Aufruf: $LGSJac(A, b, x^{(0)})$
Eingabe: $A \in \mathbb{R}^{n\times n}, b, x^{(0)} \in \mathbb{R}^n$
mit: A regulär und $A_{ii} \neq 0, i = 1, \ldots, n$
Ausgabe: $x \in \mathbb{R}^n$
mit: x als Näherung von $A^{-1}b$, die vom Startwert $x^{(0)}$ und dem Abbruchskriterium $\mathcal{A}$ abhängt.

Ehe wir auf Konvergenzeigenschaften der Jacobi-Iteration eingehen, stellen wir ein eng verwandtes Verfahren vor.

Gauß-Seidel-Verfahren

Beim *Gauß-Seidel*[39]*-Verfahren* erfolgt die Aufspaltung (9.49) mit den Matrizen $M = D - L$ und $N = R$, in der Fixpunktiteration (9.51) bedeutet dies $c = (D - L)^{-1}b$ und

$$G_{GS} = (D - L)^{-1}R. \tag{9.53}$$

Im Algorithmus *LGSGS* ist in jedem Schritt ein Gleichungssystem $(D - L)x = r$ zu lösen. Auch dessen Lösung kann aufgrund der Dreiecksgestalt der Matrix $D - L$ einfach mittels Vorwärtssubstitution, siehe Seite 77, ermittelt werden.

Algorithmus *LGSGS*: Näherungslösung von $A \cdot x = b$ nach Gauß-Seidel

```
(D, L, R) ← DLRZerlegung(A)
x ← x^(0)
while 𝒜 nicht erfüllt
   r ← R · x + b
   x ← VorSubMat(D − L, r)
return x
```

Aufruf: $LGSGS(A, b, x^{(0)})$
Eingabe: $A \in \mathbb{R}^{n\times n}, b, x^{(0)} \in \mathbb{R}^n$
mit: A regulär.
Ausgabe: $x \in \mathbb{R}^n$
mit: x als Näherung von $A^{-1}b$, die vom Startwert $x^{(0)}$ und dem Abbruchskriterium $\mathcal{A}$ abhängt.

Der folgende Satz zeigt, dass im Fall einer *strikt diagonaldominanten* Matrix $A \in \mathbb{R}^{n\times n}$, d. h. $|A_{ii}| > \sum_{j=1, j\neq i}^{n} |A_{ij}|$ für alle $i = 1, \ldots, n$, die von beiden vorgestellten Verfahren erzeugten Folgen gegen die Lösung von $A \cdot x = b$ konvergieren.

[39] SEIDEL, JOHAN JACOB: 1919–2001, niederländischer Mathematiker. Er entkam während des 2. Weltkriegs aus einem deutschen Arbeitslager in Berlin und floh in die Niederlande. Nach dem Krieg arbeitete er als Lehrer und erhielt 1948 das Doktorat an der Universität von Leiden. Ab 1956 baute er die Mathematikabteilung an der neu gegründeten Technischen Universität Eindhoven auf.

Satz

Seien $A \in \mathbb{R}^{n\times n}$ strikt diagonaldominant und $b \in \mathbb{R}^n$. Dann konvergieren sowohl die durch das Jacobi- als auch die durch das Gauß-Seidel-Verfahren definierten Folgen für jeden Startvektor gegen $\bar{x} = A^{-1}b$. Außerdem gilt

$$\|G_{\mathrm{GS}}\|_\infty \leq \|G_{\mathrm{J}}\|_\infty < 1. \tag{9.54}$$

Beweis. Beide Verfahren sind wohldefiniert, da in Folge der strikten Diagonaldominanz $|A_{ii}| > 0$ gilt, und damit D und $D - L$ invertierbar sind. Zum Nachweis der Konvergenz wenden wir den Satz von Seite 83 an. Im Fall des Jacobi-Verfahrens ist seine Voraussetzung für die Zeilensummennorm wegen

$$\|G_{\mathrm{J}}\|_\infty = \|D^{-1}(L+R)\|_\infty = \max_{i=1,\dots,n} \sum_{\substack{j=1\\ j\neq i}}^{n} \frac{|A_{ij}|}{|A_{ii}|} < 1$$

erfüllt. Im Hinblick auf das Gauß-Seidel-Verfahren rufen wir

$$\|G_{\mathrm{GS}}\|_\infty = \max_{\|x\|_\infty = 1} \|G_{\mathrm{GS}}x\|_\infty$$

in Erinnerung und wählen ein x mit $\|x\|_\infty = 1$. Die Komponenten von $y = G_{\mathrm{GS}}x$ lassen sich zunächst als

$$y_i = \frac{1}{A_{ii}}\Big(- \sum_{j<i} A_{ij}y_j - \sum_{j>i} A_{ij}x_j \Big) \tag{9.55}$$

darstellen. Mit Hilfe von Induktion zeigen wir nun

$$|y_i| \leq \|G_{\mathrm{J}}\|_\infty \quad \text{für alle } i = 1, \dots, n.$$

Für $i = 1$ gilt $|y_1| = |\sum_{j>1} \frac{A_{1j}}{A_{11}} x_j| \leq \|G_{\mathrm{J}}\|_\infty \|x\|_\infty = \|G_{\mathrm{J}}\|_\infty$. Unter der Induktionsannahme $|y_k| \leq \|G_{\mathrm{J}}\|_\infty$ für alle $k = 1, \dots, i-1$ folgt mit (9.55) die Abschätzung

$$\begin{aligned} |y_i| &\leq \frac{1}{|A_{ii}|}\Big(\sum_{j<i} |A_{ij}||y_j| + \sum_{j>i} |A_{ij}||x_j| \Big) \\ &\leq \frac{1}{|A_{ii}|}\Big(\sum_{j<i} |A_{ij}|\|G_{\mathrm{J}}\|_\infty + \sum_{j>i} |A_{ij}|\|x\|_\infty \Big) \leq \frac{1}{|A_{ii}|}\Big(\sum_{j<i} |A_{ij}| + \sum_{j>i} |A_{ij}| \Big) \end{aligned}$$

und damit $|y_i| \leq \|G_{\mathrm{J}}\|_\infty$. Daraus ergibt sich $\|y\|_\infty = \|G_{\mathrm{GS}}x\|_\infty \leq \|G_{\mathrm{J}}\|_\infty$ und wegen $\|G_{\mathrm{GS}}\|_\infty \leq \|G_{\mathrm{J}}\|_\infty < 1$ die Konvergenz des Gauß-Seidel-Verfahrens. □

Im Falle von strikt diagonaldominanten Matrizen impliziert also die Konvergenz der Jacobi-Iteration jene des Gauß-Seidel-Verfahrens. Eine Verallgemeinerung der Aussage ist jedoch nicht möglich. So gibt es nicht-symmetrische Matrizen, für die die Jacobi-Iteration konvergiert, das Gauß-Seidel-Verfahren aber divergiert – und auch umgekehrt.

Für das Gauß-Seidel-Verfahren gilt auch folgende Konvergenzaussage, deren Beweis sich etwa in [6] findet.

Satz Die durch das Gauß-Seidel-Verfahren definierte Folge konvergiert für jede symmetrisch positiv definite Matrix $A \in \mathbb{R}^{n\times n}$ und jedes $b \in \mathbb{R}^n$ gegen $\bar{x} = A^{-1}b$.

Liegt ein konvergentes Iterationsverfahren zur Lösung eines linearen Gleichungssystems vor, so stellt sich die Frage nach dessen Konvergenzgeschwindigkeit. Der Begriff der Konvergenzgeschwindigkeit von Seite 35 lässt sich dabei auf Folgen im $\mathbb{R}^n$ übertragen, indem in der Definition die Beträge durch Vektornormen ersetzt werden. Während die Eigenschaft der superlinearen und der quadratischen Konvergenz unabhängig von der gewählten Norm ist, ist die Eigenschaft der linearen Konvergenz sehr wohl von dieser infolge der Forderung $c \in (0, 1)$ abhängig. So konvergiert unter den Voraussetzungen des Satzes von Seite 83 wegen

$$\|x^{(k+1)} - \bar{x}\|_\alpha \leq \|G\|\,\|x^{(k)} - \bar{x}\|_\alpha \tag{9.56}$$

und $\|G\| < 1$ die durch (9.51) definierte Folge (mindestens) linear bez. $\|\cdot\|_\alpha$. Aufgrund der Äquivalenz der Normen[40] auf $\mathbb{R}^n$ impliziert (9.56) zwar auch die Konvergenz der Folge bez. einer Norm $\|\cdot\|_\beta$, jedoch nicht zwangsläufig, dass auch

$$\|x^{(k+1)} - \bar{x}\|_\beta \leq c\|x^{(k)} - \bar{x}\|_\beta$$

mit $c \in (0, 1)$ erfüllt und damit lineare Konvergenz bez. $\|\cdot\|_\beta$ gegeben ist.

Aus der Abschätzung (9.56) folgt

$$\log_{10}(\|x^{(k)} - \bar{x}\|_\alpha) - \log_{10}(\|x^{(k+1)} - \bar{x}\|_\alpha) \geq -\log_{10}(\|G\|).$$

Somit beschreibt $-\log_{10}(\|G\|)$ in etwa die Anzahl der Dezimalstellen, welche pro Iterationsschritt in der Näherung $x^{(k)}$ an Genauigkeit, gemessen anhand der Vektornorm des Fehlers, zumindest gewonnen wird[41]. Für die Umsetzung dieser Beobachtung in ein Abbruchskriterium $\mathcal{A}$ verweisen wir auf [25]. Eine Alternative zur Beurteilung der aktuellen Näherungslösung $x^{(k)}$ bietet der komponentenweise Rückwärtsfehler, den wir schon auf Seite 80 im Zusammenhang mit einem Abbruchskriterium für die Nachiteration vorgestellt haben.

Je kleiner die Norm der Iterationsmatrix G, desto schneller fällt also die Schranke aus dem Beweis von Seite 83 für den Approximationsfehler pro Iterationsschritt. Iterationen der Form (9.51) lassen sich diesbezüglich oft durch die Methode der *Relaxation* verbessern. Dabei bedient man sich einer Konvexkombination der alten und der neuen Iterierten gemäß

$$x^{(k+1)} = \tau(Gx^{(k)} + c) + (1 - \tau)x^{(k)} = G_\tau x^{(k)} + \tau c \quad \text{mit } G_\tau = \tau G + (1 - \tau)\mathrm{E}.$$

Ziel ist es dann, den *Relaxationsparameter*[42] τ so zu wählen, dass $\|G_\tau\|$ möglichst klein ist. In bestimmten Fällen kann durch passende Wahl von τ sogar ein divergentes in ein konvergentes Verfahren verwandelt werden. Beim Vergleich verschiedener Iterationsverfahren anhand der Norm der Iterationsmatrizen ist jedoch zu beachten, dass z. B. die Ungleichung $\|G_{\mathrm{GS}}\|_\infty \leq \|G_{\mathrm{J}}\|_\infty$ aus (9.54) nur bedeutet, dass im Fall

[40] Auf $\mathbb{R}^n$ sind alle Normen äquivalent zueinander, d. h. zu beliebigen Normen $\|\cdot\|_\alpha$, $\|\cdot\|_\beta$ auf $\mathbb{R}^n$ existieren Konstanten $c_{1,\alpha,\beta}, c_{2,\alpha,\beta} > 0$, sodass $c_{1,\alpha,\beta}\|x\|_\alpha \leq \|x\|_\beta \leq c_{2,\alpha,\beta}\|x\|_\alpha$ für alle $x \in \mathbb{R}^n$ gilt.

[41] Vergleiche dazu die Diskussion auf Seite 35.

[42] Für $\tau < 1$ spricht man von *Unter-*, für $\tau > 1$ spricht man von *Überrelaxation*.

des ungünstigsten Gleichungssystems das Gauß-Seidel mindestens so schnell wie das Jacobi-Verfahren (bez. einer mit $\|\cdot\|_\infty$ verträglichen Vektornorm) konvergiert. Die Ungleichung impliziert nicht, dass das Gauß-Seidel-Verfahren für jedes System $A \cdot x = b$ (mit zulässiger Matrix A) immer schneller ist.

Beispiel

Wir betrachten das Gleichungssystem $A \cdot x = b$ mit

$$A = \begin{pmatrix} 1 & \frac{1}{2} & \frac{1}{2} \\ \frac{1}{2} & 1 & \frac{1}{2} \\ \frac{1}{2} & \frac{1}{2} & 1 \end{pmatrix}, b = \begin{pmatrix} 1 \\ 2 \\ 3 \end{pmatrix}, \bar{x} = A^{-1} b = \begin{pmatrix} -1 \\ 1 \\ 3 \end{pmatrix} \text{ und dem Startvektor } x^{(0)} = \begin{pmatrix} 0 \\ 0 \\ 0 \end{pmatrix}.$$

Für das Jacobi-, Gauß-Seidel- und relaxierte Jacobi-Verfahren lauten die Iterationsmatrizen dann

$$G_J = \begin{pmatrix} 0 & -\frac{1}{2} & -\frac{1}{2} \\ -\frac{1}{2} & 0 & -\frac{1}{2} \\ -\frac{1}{2} & -\frac{1}{2} & 0 \end{pmatrix} \qquad G_{GS} = \begin{pmatrix} 0 & -\frac{1}{2} & -\frac{1}{2} \\ 0 & \frac{1}{4} & -\frac{1}{4} \\ 0 & \frac{1}{8} & \frac{3}{8} \end{pmatrix} \qquad G_{J,\tau} = \begin{pmatrix} 1-\tau & -\frac{\tau}{2} & -\frac{\tau}{2} \\ -\frac{\tau}{2} & 1-\tau & -\frac{\tau}{2} \\ -\frac{\tau}{2} & -\frac{\tau}{2} & 1-\tau \end{pmatrix}.$$

Die Matrix A ist nicht strikt diagonaldominant, mit[43] $\|G_J\|_\infty = \|G_J\|_2 = 1$ und $\|G_J\|_F = 1.2247$ können wir basierend auf dem Satz von Seite 83 für die Jacobi-Iteration auch keine Konvergenzaussage treffen. Tatsächlich konvergieren die Iterierten auch nicht gegen die Lösung $\bar{x}$, sondern gegen $x^* = (-2\ 0\ 2)^T$ mit $\|x^* - \bar{x}\|_2 = \sqrt{3}$, siehe Abbildung II.1. Mit verändertem Startvektor ist sogar divergentes Verhalten möglich. Im Fall des Gauß-Seidel-Verfahrens ist die Konvergenz aufgrund der Symmetrie von A (für alle Startvektoren) gesichert, zudem gilt auch $\|G_{GS}\|_2 = 0.7957 < 1$.

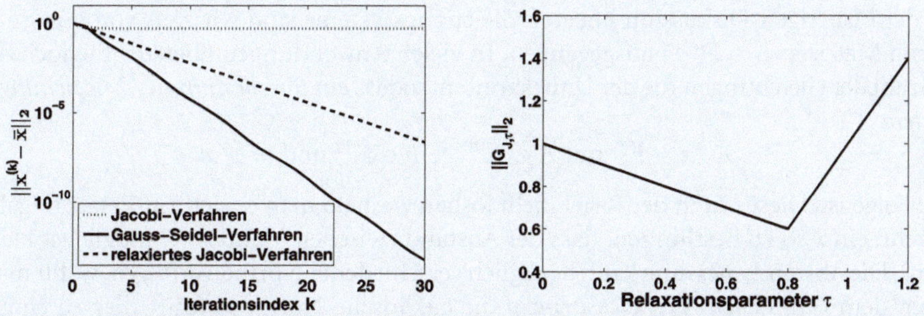

Abb. II.1: Links: Der Fehler $\|x^{(k)} - \bar{x}\|_2$ für das Jacobi-, das relaxierte Jacobi- mit $\tau = 0.8$ und das Gauß-Seidel-Verfahren bei logarithmischer y-Achse. Rechts: Die Spektralnorm $\|G_{J,\tau}\|_2$ in Abhängigkeit vom Relaxationsparameter τ.

Im Hinblick auf das relaxierte Jacobi-Verfahren gilt $\|G_{J,\tau}\|_\infty \geq 1$ für alle Relaxationsparameter $\tau > 0$. Abbildung II.1 veranschaulicht, dass für die Spektralnorm $\|G_{J,\tau}\|_2 < 1$ für $\tau \in (0, 1)$ gilt und damit konvergentes Verhalten vorliegt. Die Norm ist für $\tau = 0.8$ am kleinsten und es gilt $\|G_{J,0.8}\|_2 = 0.6 < \|G_{GS}\|_2$. Dennoch konvergiert in diesem Beispiel das Gauß-Seidel-Verfahren schneller als die relaxierte Jacobi-Iteration, siehe Abbildung II.1.

[43] Auch die Berechnung von Matrixnormen erfolgt in der Regel mit Hilfe von Algorithmen, in MATLAB etwa ist `norm` der entsprechende Befehl.

Im Beispiel konnte durch geeignete Wahl von τ die Konvergenz des relaxierten Jacobi-Verfahrens gegen $\bar{x}$ erzwungen werden, dies ist im Fall einer symmetrisch positiv definiten Matrix A stets möglich, siehe [6].

In vielen praktischen Anwendungen kann mit Hilfe von iterativen Methoden in Gleitkommaarithmetik eine hinreichend gute Näherungslösung erreicht werden, der Einfluss von Rundungsfehlern darf dennoch nicht völlig ignoriert werden. Eine Rundungsfehleranalyse von (9.51) ist ungleich aufwendiger als jene für direkte Methoden, ein Überblick über vorhandene Ergebnisse sowie Beispiele zum Gauß-Seidel-Verfahren mit starker Rundungsfehlerfortpflanzung finden sich in [15].

Anstelle des (nur) hinreichenden Konvergenzkriteriums aus dem Satz von Seite 83 zieht man in der Praxis ein sowohl hinreichendes als auch notwendiges Kriterium heran, wonach Konvergenz genau dann vorliegt, wenn der sogenannte *Spektralradius* der Iterationsmatrix G echt kleiner als 1 ist. Dieser ist als Betrag des betragsgrößten Eigenwerts von G definiert. Abschließend sei erwähnt, dass es zur Lösung von $A \cdot x = b$ zahlreiche iterative Verfahren gibt, die nicht in das Schema (9.51) fallen. Hervorgehoben sei das Verfahren der *konjugierten Gradienten*, das bei einer symmetrisch positiv definiten Matrix A als das effizienteste gilt. Iterative Methoden zeigen ihre Vorteile besonders bei sich aus der Anwendung ergebender spezieller Struktur und/oder hoher Dimension der Matrix, für Details verweisen wir auf die numerische Mathematik.

10 Lineare Ausgleichsprobleme

In der bisherigen Diskussion linearer Gleichungssysteme sind wir stets von quadratischen Matrizen $A \in \mathbb{R}^{n \times n}$ ausgegangen. In vielen Anwendungen übersteigt jedoch die Anzahl der Gleichungen die der Unbekannten, sodass ein *überbestimmtes*[44] *Gleichungssystem*

$$A \cdot x = b \quad \text{mit } A \in \mathbb{R}^{m \times n}, \ b \in \mathbb{R}^m \text{ und } m > n$$

die Folge ist. Dieses ist in der Regel nicht lösbar, weshalb man es sich zur Ersatzaufgabe macht, ein $\bar{x}$ so zu bestimmen, dass der Abstand zwischen b und $A \cdot \bar{x}$ möglichst klein wird. Die Abstandsmessung kann bezüglich verschiedener Normen erfolgen, wählt man nach dem *Gaußschen Ausgleichsprinzip* die euklidsche Norm, so führt dies zu einem *linearen Ausgleichsproblem*.

Problemstellung (Lineares Ausgleichsproblem).

Gegeben: $A \in \mathbb{R}^{m \times n}, b \in \mathbb{R}^m$

mit: $m \geq n$.

Gesucht: $\bar{x} \in \mathbb{R}^n$

mit: $\|b - A \cdot \bar{x}\|_2 = \min_{x \in \mathbb{R}^n} \|b - A \cdot x\|_2$.

Ein Beispiel für ein lineares Ausgleichsproblem ist die Polynomapproximation.

[44] Für den Fall $m < n$ eines unterbestimmten Gleichungssystems verweisen wir auf [15].

Beispiel

Gegeben seien m Datenpaare $(z_0, y_0), \ldots, (z_{m-1}, y_{m-1})$ mit $m \geq 2$ und $z_i \neq z_j$ für $i \neq j$ sowie $0 < n \leq m$. Gesucht sei ein Polynom p von Grad kleiner n, das die Bedingung

$$\operatorname{eval}(p, z_i) = \sum_{j=0}^{n-1} p_j z_i^j = y_i \quad \text{für alle } i = 0, \ldots, m-1 \tag{10.57}$$

„am besten" erfüllt. Dies führt unter Verwendung von

$$A = \begin{pmatrix} 1 & z_0 & z_0^2 & \ldots & z_0^{n-1} \\ 1 & z_1 & z_1^2 & \ldots & z_1^{n-1} \\ \vdots & \vdots & \vdots & \vdots & \vdots \\ 1 & z_{m-1} & z_{m-1}^2 & \ldots & z_{m-1}^{n-1} \end{pmatrix} \quad x = \begin{pmatrix} p_0 \\ \vdots \\ p_{n-1} \end{pmatrix} \quad b = \begin{pmatrix} y_0 \\ \vdots \\ y_{m-1} \end{pmatrix} \tag{10.58}$$

zu einem linearen Ausgleichsproblem. Für $n = 2$ spricht man von der Bestimmung der *Ausgleichsgeraden*, der Fall $m = n$ entspricht dann der eindeutig lösbaren Polynominterpolationsaufgabe aus Band *1*.

Im Fall $m = n$ und A invertierbar ist die Lösung des linearen Ausgleichproblems durch $A^{-1}b$ gegeben. Allgemein lässt sich zunächst unter Zuhilfenahme von Übung II.4 feststellen, dass jede Lösung – sofern sie existiert – natürlich auch

$$\phi(x) = \|b - A \cdot x\|_2^2 = \sum_{i=1}^{m} (b_i - (A \cdot x)_i)^2 = \langle A^T A \cdot x, x\rangle - 2\langle A^T b, x\rangle + \langle b, b\rangle \tag{10.59}$$

minimiert, weshalb man häufig von *kleinste-Quadrate-Lösungen* spricht. Die *notwendige* Bedingung dafür, dass ϕ bei $\bar{x}$ ein Minimum annimmt, ist, dass der Gradient[45] von ϕ an der Stelle $\bar{x}$ verschwindet, also $\nabla\phi(\bar{x}) = 0$. Mit (10.59) bedeutet dies, dass $\bar{x}$ die sogenannte *Normalgleichung*

$$A^T A \cdot x = A^T b \tag{10.60}$$

erfüllt. Sei umgekehrt ein $\bar{x} \in \mathbb{R}^n$ gegeben, das (10.60) löst. Dann gilt für alle $x \in \mathbb{R}^n$

$$\begin{aligned} \|b - A \cdot \bar{x}\|_2^2 &\leq \|b - A \cdot \bar{x}\|_2^2 + \|A \cdot \bar{x} - A \cdot x\|_2^2 \\ &= \|b - A \cdot \bar{x}\|_2^2 + 2\langle b - A \cdot \bar{x}, A \cdot \bar{x} - A \cdot x\rangle + \|A \cdot \bar{x} - A \cdot x\|_2^2 = \|b - A \cdot x\|_2^2. \end{aligned}$$

Damit haben wir den folgenden Satz bewiesen:

Satz

Der Vektor $\bar{x} \in \mathbb{R}^n$ ist genau dann Lösung des linearen Ausgleichsproblems, wenn er die Normalgleichung (10.60) löst.

[45] Für $f : \mathbb{R}^n \to \mathbb{R}$ bezeichnet $\nabla f(\bar{x}) \in \mathbb{R}^n$ den *Gradienten von f an der Stelle $\bar{x}$*, siehe auch Seite 128.

Geometrisch bedeutet $A^T A \cdot \bar{x} = A^T b$, dass der Vektor $b - A \cdot \bar{x}$ senkrecht bzw. *normal* auf alle Spalten – und damit auch auf den Wertebereich $W(A)$ – von A stehen muss, um $\|b - A \cdot x\|_2$ zu minimieren. Mit Hilfe der Normalgleichung können wir nun leicht über die Lösbarkeit des linearen Ausgleichsproblems Auskunft geben.

Satz

Lineares Ausgleichsproblem. Das lineare Ausgleichsproblem ist stets lösbar. Die Lösung ist genau dann eindeutig, wenn die Spalten der Matrix A linear unabhängig sind, d. h. $\mathrm{rg}(A) = n$ gilt.

Beweis. Auf Seite 54 haben wir bereits $N(A^T A) = N(A)$ gezeigt. Des Weiteren gilt klarerweise $W(A^T A) \subset W(A^T)$, zudem folgt mit (6.6)

$$\dim(W(A^T A)) = n - \dim(N(A^T A)) = n - \dim(N(A)) = \dim(W(A^T)),$$

sodass wir $W(A^T A) = W(A^T)$ erhalten. Somit liegt $A^T b$ im Wertebereich von $A^T A$, und (10.60) ist lösbar. Die Eindeutigkeitsaussage folgt aus der Tatsache, dass $A^T A$ nach (6.8) genau dann invertierbar ist, wenn $\mathrm{rg}(A) = n$. □

Falls $A^T A$ singulär ist, hat die Normalgleichung (10.60) unendlich viele Lösungen, an denen dann stets das Minimum von $\|b - A \cdot x\|_2$ angenommen wird. Sind $x_0 \in \mathbb{R}^n$ eine Lösung und $v \neq 0$ ein Element im Nullraum von $A^T A$, so ist etwa jedes $x = x_0 + \alpha v$ mit $\alpha \in \mathbb{R}$ eine weitere Lösung. Eindeutigkeit kann dann nur durch Zusatzbedingungen garantiert werden, etwa dass unter allen Lösungen von (10.60) jene mit kleinster euklidscher Norm gewählt wird.

Für die Konditionsanalyse des linearen Ausgleichsproblems beschränken wir uns auf den Fall $\mathrm{rg}(A) = n$, in dem die eindeutige Lösung durch

$$\bar{x} = (A^T A)^{-1} A^T b$$

gegeben ist. Wie bei den linearen Gleichungssystemen spielt auch hier die Konditionszahl der Matrix A eine wichtige Rolle. Wir betrachten zunächst wieder ausschließlich Störungen des Vektors b und daher die Abbildung

$$\varphi_A : \mathbb{R}^m \to \mathbb{R}^n, \; b \mapsto (A^T A)^{-1} A^T b. \tag{10.61}$$

Im folgenden Satz bezeichnet θ für $\bar{x} \neq 0$ den Winkel zwischen b und $A \cdot \bar{x}$, d. h.

$$\cos(\theta) = \frac{\langle b, A\bar{x}\rangle}{\|b\|_2 \|A\bar{x}\|_2} = \frac{\langle A^T b, \bar{x}\rangle}{\|b\|_2 \|A\bar{x}\|_2} = \frac{\|A\bar{x}\|_2}{\|b\|_2} \quad \text{und} \quad \sin(\theta) = \frac{r_{A,b}(\bar{x})}{\|b\|_2}.$$

Satz

Kondition des linearen Ausgleichsproblems. Sei $\bar{x} \neq 0$ die Lösung des linearen Ausgleichsproblems mit $\mathrm{rg}(A) = n$. Dann ist die normweise absolute bzw. relative Kondition des Problems (φ_A, b) mit φ_A aus (10.61) bez. der euklidschen Norm durch

$$\kappa_{\mathrm{abs}} = \|(A^T A)^{-1} A^T\|_2 \qquad \kappa_{\mathrm{rel}} = \frac{\|b\|_2}{\|A\|_2 \|\bar{x}\|_2} \kappa_2(A) \tag{10.62}$$

mit $\bar{x} \neq 0$ für κ_{rel} gegeben. Darüberhinaus gilt $\kappa_{\mathrm{rel}} \leq \frac{\kappa_2(A)}{\cos(\theta)}$.

Beweis. Aufgrund der Linearität der Abbildung φ_A ergibt sich die absolute Kondition des Problems ähnlich wie auf Seite 76. Für die relative Kondition gilt damit

$$\kappa_{\text{rel}} = \frac{\|b\|_2}{\|\bar{x}\|_2}\|(A^TA)^{-1}A^T\|_2 = \frac{\|b\|_2}{\|\bar{x}\|_2}\frac{\|A\|_2}{\|A\|_2}\|(A^TA)^{-1}A^T\|_2,$$

aus dem Satz zu $\kappa(A)$ von Seite 56 folgt die Darstellung aus (10.62). Die zweite Aussage in (10.62) folgt schliesslich aus der Verträglichkeit der Normen, also $\|A\cdot\bar{x}\|_2 \leq \|A\|_2\|\bar{x}\|_2$. □

Im Hinblick auf die Auswirkung von Störungen in A betrachten wir die Abbildung

$$\varphi_b\colon \left\{A \in \mathbb{R}^{m\times n} \mid \operatorname{rg}(A) = n\right\} \to \mathbb{R}^m, \; A \mapsto (A^TA)^{-1}A^Tb.$$

In [6] wird gezeigt, dass die relative Kondition κ_{rel} des Problems (φ_b, A) bez. der euklidschen Norm die Abschätzung

$$\kappa_{\text{rel}} \leq \kappa_2(A) + \kappa_2(A)^2\tan(\theta) \tag{10.63}$$

erfüllt. Ist das Residuum $r_{A,b}(\bar{x})$ im Vergleich zum Vektor b klein, so gilt $\sin(\theta) \ll 1$ und damit $\cos(\theta) \approx 1$ und $\tan(\theta) \approx 0$. In diesem Fall ist die Kondition des linearen Ausgleichsproblems ähnlich jener eines linearen Gleichungssystems, siehe (9.41) und (9.42). Bei großen Residuen, also $\cos(\theta) \ll 1$ und $\tan(\theta) > 1$, ist die Datenstabilität jedoch deutlich verschieden, insbesondere ist dann in (10.63) auch das Quadrat der Konditionszahl $\kappa_2(A)$ spürbar.

Wir wenden uns nun der algorithmischen Lösung des linearen Ausgleichsproblems für den Fall $\operatorname{rg}(A) = n$ zu. Da die Matrix A^TA dann symmetrisch positiv definit ist, ist die wohl naheliegendste Idee, die Normalgleichung (10.60) unter Verwendung des Cholesky-Verfahrens von Seite 69 zu lösen. Allerdings ist nach Übung II.8 die Kondition der Normalgleichung durch $\kappa_2(A^TA) = \kappa_2(A)^2$ charakterisiert, was nur bei großen Residuen in etwa der Kondition des linearen Ausgleichsproblems entspricht, siehe (10.63). Bei kleinen Residuen würde aber der Übergang zu (10.60) wegen $\kappa_2(A) \geq 1$, siehe Seite 56, eine (in der Regel deutliche) Verschlechterung der Kondition bedeuten. Stattdessen nutzt man die QR-Zerlegung der Matrix A von Seite 70, mit deren Hilfe das lineare Ausgleichsproblem ohne Verwendung der Normalgleichung gelöst werden kann. Grundlage dafür ist die folgende Charakterisierung der Lösung des Problems:

Satz

Seien $A \in \mathbb{R}^{m\times n}$ und $b \in \mathbb{R}^m$ mit $\operatorname{rg}(A) = n$ und einer QR-Zerlegung $A = Q\cdot R$. Dann ist die eindeutige Lösung des linearen Ausgleichsproblems durch $\bar{x} = \bar{R}^{-1}c_{1:n}$ mit $\bar{R} = R_{1:n,\bullet} \in \mathbb{R}^{n\times n}$ und $c = Q^Tb \in \mathbb{R}^m$ beschrieben.

Beweis. Da Q orthogonal ist, gilt für alle $x \in \mathbb{R}^n$

$$\begin{aligned}\|b - A\cdot x\|_2^2 &= \|Q^T(b - A\cdot x)\|_2^2 = \left\|\begin{pmatrix} c_{1:n} - \bar{R}\cdot x \\ c_{n+1:m}\end{pmatrix}\right\|_2^2 \\ &= \|c_{1:n} - \bar{R}\cdot x\|_2^2 + \|c_{n+1:m}\|_2^2.\end{aligned}$$

Da $\bar{R}$ invertierbar ist, ist dieser Ausdruck genau für $\bar{x} = \bar{R}^{-1}c_{1:n}$ minimal. □

Dies führt unmittelbar auf den Algorithmus *LAPQR* zur Lösung des linearen Ausgleichsproblems.

Algorithmus *LAPQR*: Lösung des linearen Ausgleichsproblems mit QR-Zerlegung

$(Q, R) \leftarrow QRMatHouseholder(A)$	Aufruf: $LAPQR(A, b)$
$\bar{R} \leftarrow R_{1:n,\bullet}$	Eingabe: $A \in \mathbb{R}^{m\times n}, b \in \mathbb{R}^m$
$c \leftarrow Q^T b$	mit: $\mathrm{rg}(A) = n.$
$\bar{x} \leftarrow RückSubMat(\bar{R}, c_{1:n})$	Ausgabe: $\bar{x} \in \mathbb{R}^n$
return $\bar{x}$	mit: $\|b - A\cdot\bar{x}\|_2 = \min\limits_{x\in\mathbb{R}^n}\|b - A\cdot x\|_2.$

Der Rechenaufwand für *LAPQR* beträgt $O(m^2 n)$ Elementaroperationen[46], für $m = n$ erhalten wir den Algorithmus *LGSQR* von Seite 81. Wie dort bereits angedeutet, ist die Gleitkommarealisierung von *LAPQR* stets numerisch stabil im Sinne der Rückwärtsanalyse. Für den Beweis des folgenden Satzes verweisen wir auf [15].

Satz

Rückwärtsstabilität von *LAPQR*. Seien $A \in \mathbb{R}^{m\times n}$ mit $\mathrm{rg}(A) = n$ bzw. $b \in \mathbb{R}^m$ und $\tilde{A}$ bzw. $\tilde{b}$ die entsprechenden gerundeten Größen mit $\mathrm{rg}(\tilde{A}) = n$. Die Gleitkommarealisierung des Algorithmus *LAPQR* liefert ein $\tilde{x} \in \mathbb{R}^n$ mit

$$\|\hat{b} - \hat{A}\cdot\tilde{x}\|_2 = \min_{x\in\mathbb{R}^n}\|\hat{b} - \hat{A}\cdot x\|_2 \qquad \text{und}$$

$$\frac{\|\hat{A} - \tilde{A}\|_F}{\|A\|_F} \lesssim m\,n\,\mathbf{u} \quad \text{für } \mathbf{u} \to 0 \qquad \frac{\|\hat{b} - \tilde{b}\|_2}{\|b\|_2} \lesssim m\,n\,\mathbf{u} \quad \text{für } \mathbf{u} \to 0.$$

Beispiel

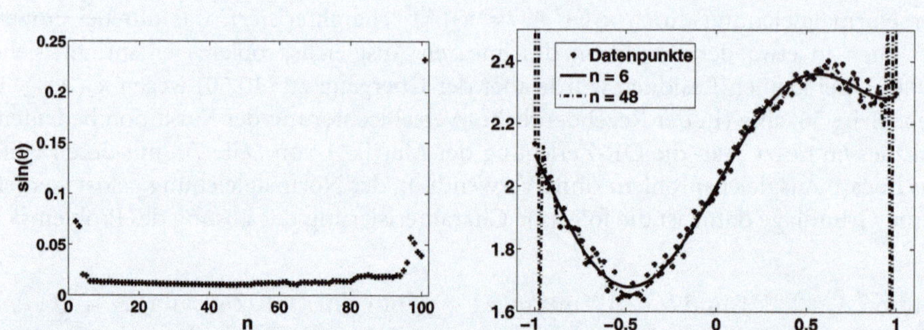

Abb. II.2: Links: $\sin(\theta) = \|r_{A,b}(\bar{x})\|_2/\|b\|_2$ als Maß für die Approximationsgüte in Abhängigkeit von n. Rechts: Die Datenpunkte sowie die Polynomfunktionen zu $n = 6$ und $n = 48$.

Gegeben seien $m = 101$ Datenpaare (z_i, y_i) mit $z_i = -1 + 0.002\cdot i$ für $i = 0, \ldots, 100$ und y_i wie in Abbildung II.2 rechts dargestellt. Zur Approximation der „Datenwolke" durch Polynomfunktionen unterschiedlichen Grades lösen wir mit Hilfe von *LAPQR* in Gleitkommaarithmetik das lineare Ausgleichsproblem (10.58)

[46] Verwendet man in *LAPQR* die modifizierte QR-Zerlegung von Seite 74, so ist der Gesamtaufwand $O(mn^2)$. Die Berechnung $Q^T b$ kann auch ohne explizite Kenntnis von Q analog zu (8.39) ausgeführt werden.

nach x für verschiedene Werte von $n \geq 2$. Abbildung II.2 zeigt links $\sin(\theta) = \|r_{A,b}(\bar{x})\|_2 / \|b\|_2$ als Maß für die Approximationsgüte in Abhängigkeit von n. Offensichtlich lassen sich die Daten weder durch eine Gerade ($n = 2$) noch durch eine quadratische Funktion ($n = 3$) besonders gut beschreiben. Für $n = 6$ liegt $\sin(\theta)$ bei 0.0136 und damit dem Minimalwert 0.0103 bei $n = 48$ schon relativ nahe. Abbildung II.2 zeigt rechts die entsprechenden Polynomfunktionen. Während für $n = 6$ die Lage der Datenpunkte gut widergespiegelt wird, erkennt man bei $n = 48$ die unerwünschten und für hochgradige Polynomfunktionen typischen Oszillationen bereits sehr deutlich[47]. Weiterhin ist für $n = 6$ wegen $\kappa_2(A) = 41.9314$ und $\cos(\theta) = 0.9999$ das Ausgleichsproblem noch gut konditioniert, siehe (10.62), hingegen muss für $n = 48$ infolge von $\kappa_2(A) = 1.1113 \cdot 10^{17}$ bereits mit extremer Verstärkung von Datenfehlern in y_i gerechnet werden. Die hohe Kondition bedeutet auch, dass trotz numerischer Rückwärtsstabilität der Gleitkommarealisierung von *LAPQR* auf das Rechenergebnis kein Verlass mehr ist. Besonders deutlich zeigt sich dies im Fall der Polynominterpolation mit $n = m = 101$, für den $\sin(\theta)$ mit 0.2321 deutlich am höchsten liegt. Selbst bei Verwendung der speziellen Interpolationsalgorithmen aus Band *1* bleibt infolge der durch die katastrophale Kondition $\kappa_2(A) = 1.4865 \cdot 10^{19}$ bedingten Rundungsfehlerverstärkung die Interpolationsbedingung (10.57) stark verletzt. Dies veranschaulicht, weshalb zur Datenapproximation lediglich niedriggradige Polynomfunktionen eingesetzt werden.

Übungsaufgaben

II.1 1. Zeigen Sie, dass für alle $A \in \mathbb{R}^{m\times n}$ gilt: $\mathrm{rg}(A) = \mathrm{rg}(A^T)$.

2. Zeigen Sie, dass für die Matrix A' aus (8.35) gilt: $\mathrm{rg}(A') = n - 1$.

II.2 Beweisen Sie den Satz über die Multiplikation von Blockmatrizen von Seite 52.

II.3 Seien $P = \left(\begin{array}{c|c} 1 & 0 \\ \hline 0 & P' \end{array}\right) \in \mathbb{R}^{n\times n}$ mit $P' \in \mathbb{R}^{n-1\times n-1}$ und $F = \left(F_{\bullet 1} \left| \begin{array}{c} 0 \\ \hline \mathsf{E}^{(n-1)} \end{array}\right.\right) \in \mathbb{R}^{n\times n}$ eine Frobenius-Matrix. Zeigen Sie, dass

$$\bar{F} \cdot P = P \cdot F \quad \text{mit } \bar{F} = \left(P \cdot F_{\bullet 1} \left| \begin{array}{c} 0 \\ \hline \mathsf{E}^{(n-1)} \end{array}\right.\right).$$

II.4 Seien $A \in \mathbb{R}^{m\times n}$, $x \in \mathbb{R}^m$ und $y \in \mathbb{R}^n$. Zeigen Sie $\langle x, A \cdot y\rangle = \langle A^T x, y\rangle$.

II.5 Beweisen Sie, dass mit den Bezeichnungen aus (8.25) aus der Regularität von $\bar{A}$ die Regularität von A' folgt.

II.6 Zeigen Sie für $A \in \mathbb{R}^{m\times n}$ mit $m \geq n$ und $\mathrm{rg}(A) = n$, dass $A^T A$ stets symmetrisch und positiv definit ist.

II.7 Implementieren Sie den Algorithmus *LRPZerlegung* von Seite 66 in einer Programmiersprache Ihrer Wahl *ohne Zuhilfenahme* von Matrixmultiplikation. Dabei sind die elementaren Zeilenumformungen auf A (das Vertauschen zweier Zeilen und das Nullenerzeugen) direkt auf der Matrixdatenstruktur gemäß (6.13) bzw. (6.15) auszuführen.

---

[47] Abbildung II.2 zeigt nur einen Ausschnitt, für $n = 48$ beträgt das Maximum der Polynomfunktion auf $[-1, 1]$ etwa 18 und wird nahe bei 1 angenommen.

II.8 Sei $A \in \mathbb{R}^{m \times n}$ mit $m \geq n$ und $\mathrm{rg}(A) = n$. Zeigen Sie, dass dann $\kappa_2(A)^2 = \kappa_2(A^T A)$ gilt.

II.9 Zeigen Sie, dass für die Matrix (8.33) der Wachstumsfaktor $w(A) = 2^{n-1}$ ist.

II.10 Zeigen Sie, dass die Matrix $A \in \mathbb{R}^{n \times n}$ mit $A_{ij} = 1/(i + j - 1)$ symmetrisch positiv definit ist. Lösen Sie anschließend das lineare Gleichungssystem $A \cdot x = b$ mit $b_i = 1$ für $i = 1, \ldots, n$ mit Hilfe von *LGSGauß* (sowohl in Gleitkomma- als auch rationaler Arithmetik) und *LGSGS* für $n = 5, 10, 15$ und vergleichen Sie die Resultate.

III Multivariate Polynome

In diesem Kapitel beschäftigen wir uns mit dem *Lösen polynomialer Gleichungssysteme*. Diese unterscheiden sich von den linearen Gleichungssystemen des vorangegangenen Kapitels darin, dass sie auch Produkte von Potenzen der Variablen enthalten können. Ein einfaches Beispiel dafür lautet

$$x_1^4 + x_2^4 = 0 \qquad x_1 + x_2 - 1 = 0 \qquad x_1 x_2 - 3 = 0$$

mit gesuchten $x_1, x_2 \in \mathbb{R}$. Zum Lösen dieses Systems kann man aus der zweiten Gleichung $x_2 = -x_1 + 1$ ablesen und dies in die beiden verbleibenden Gleichungen einsetzen. Auf diese Weise wird x_2 eliminiert, und es verbleiben Gleichungen in nur mehr *einer* Variablen x_1. Ähnlich zum Gaußschen Algorithmus, der diesen Eliminationsprozess für lineare Gleichungen systematisiert, werden wir in diesem Kapitel Eliminationsmethoden für polynomiale Gleichungen studieren.

11 Mathematische Grundlagen

Multivariate Polynome über $\mathbb{R}$

In Band *1* haben wir univariate Polynome über einem Körper K als Folgen von Koeffizienten – also als Funktionen von $\mathbb{N}_0$ nach K – mit nur endlich vielen Folgenelementen ungleich 0 kennengelernt. *Multivariate Polynome* erhält man, wenn man stattdessen Funktionen von $\mathbb{N}_0^n$ nach K betrachtet, die wieder nur an endlich vielen Stellen Werte ungleich 0 annehmen. Als Koeffizientenbereich wollen wir uns von Beginn an auf $K = \mathbb{R}$ konzentrieren.

Definition

n-variates Polynom, Koeffizient. Für $n \in \mathbb{N}$ nennt man p ein *n-variates Polynom über* $\mathbb{R}$ genau dann, wenn p eine Funktion von $\mathbb{N}_0^n$ nach $\mathbb{R}$ ist, die nur an endlich vielen Stellen Werte ungleich 0 annimmt. Für die Funktionswerte $p(e)$ verwenden wir die Notation p_e und nennen diese die *Koeffizienten* des Polynoms.

Bei n-variaten Polynomen spricht man auch von *multivariaten Polynomen*, die univariaten Polynome aus Band *1* sind in obiger Definition als Spezialfall $n = 1$ enthalten.

Für jedes Polynom ist $\operatorname{supp}(p) := \{e \in \mathbb{N}_0^n \mid p_e \neq 0\}$ endlich, man spricht dabei von der *Stützmenge* (engl. *support*) von p. Im Spezialfall $\operatorname{supp}(p) = \emptyset$ nennt man p das *Nullpolynom*, das wir mit 0 bezeichnen. Die Menge aller n-variaten Polynome über $\mathbb{R}$ bezeichnet man mit $\mathbb{R}[x_1, \ldots, x_n]$.

Beispiel Sei $n = 2$. Dann sind multivariate Polynome etwa definiert durch

$$p_e := \begin{cases} 2 & \text{falls } e = (1,3) \\ 1/5 & \text{falls } e = (3,0) \\ 0 & \text{sonst} \end{cases} \qquad \text{und} \qquad q_e := \begin{cases} 2 & \text{falls } e = (1,3) \\ 1 & \text{falls } e = (2,0) \\ 4 & \text{falls } e = (0,3) \\ 0 & \text{sonst} \end{cases}.$$

Es gilt $\operatorname{supp}(p) = \{(1,3), (3,0)\}$ und $\operatorname{supp}(q) = \{(1,3), (2,0), (0,3)\}$.

Definition **Arithmetische Grundoperationen.** Seien $p, q \in \mathbb{R}[x_1, \ldots, x_n]$. Für jedes $e \in \mathbb{N}_0^n$ ist

$$(p+q)_e := p_e + q_e \quad \text{und}$$
$$(p \cdot q)_e := \sum_{\substack{c,d \in \mathbb{N}_0^n \\ c+d=e}} p_c q_d,$$

wobei $c+d$ für die komponentenweise Addition auf $\mathbb{N}_0^n$ steht.

Bei der Multiplikation läuft die Summe effektiv über $c \in \operatorname{supp}(p)$ und $d \in \operatorname{supp}(q)$, da alle anderen Summanden 0 sind. Sowohl $\operatorname{supp}(p+q)$ als auch $\operatorname{supp}(p \cdot q)$ sind wieder endlich, da

$$\operatorname{supp}(p+q) \subset \operatorname{supp}(p) \cup \operatorname{supp}(q),$$
$$\operatorname{supp}(p \cdot q) \subset \left\{c + d \in \mathbb{N}_0^n \;\middle|\; c \in \operatorname{supp}(p) \text{ und } d \in \operatorname{supp}(q)\right\}.$$

Beispiel Seien p und q wie im vorangegangenen Beispiel. Es gilt

$$p + q = s \quad \text{mit} \quad \operatorname{supp}(s) = \{(1,3), (3,0), (2,0), (0,3)\} \quad \text{und}$$
$$s_{(1,3)} = 4, \quad s_{(3,0)} = 1/5, \quad s_{(2,0)} = 1, \quad s_{(0,3)} = 4, \quad \text{bzw.}$$
$$p \cdot q = r \quad \text{mit} \quad \operatorname{supp}(r) = \{(2,6), (4,3), (3,3), (5,0), (1,6)\} \quad \text{und}$$
$$r_{(2,6)} = 4, \quad r_{(4,3)} = 2/5, \quad r_{(3,3)} = 2 + 4/5 = 14/5,$$
$$r_{(5,0)} = 1/5, \quad r_{(1,6)} = 8.$$

Ist $\operatorname{supp}(p) = \{e\}$, so spricht man bei p von einem *Monom*. Jedes Polynom kann als Summe von Monomen mit paarweise disjunktem Support geschrieben werden, nämlich

$$p = \sum_{e \in \operatorname{supp}(p)} \mu^{(p,e)} \quad \text{mit } \mu_d^{(p,e)} := \begin{cases} p_e & \text{falls } d = e \\ 0 & \text{sonst.} \end{cases}$$

Bei $\mu^{(p,e)}$ handelt es sich um ein Monom mit $\operatorname{supp}(\mu^{(p,e)}) = \{e\}$. Definieren wir nun in $\mathbb{R}[\mathrm{x}_1, \ldots, \mathrm{x}_n]$ die speziellen Monome[1]

$$(\mathrm{x}_i)_e := \begin{cases} 1 & \text{falls } e = \mathrm{e}_i^{(n)} \\ 0 & \text{sonst} \end{cases} \quad \text{für } i = 1, \ldots, n,$$

so lässt sich jedes Monom $\mu^{(p,e)}$ auch als ein Produkt eines Koeffizienten mit einem Produkt von Potenzen[2] der $\mathrm{x}_1, \ldots, \mathrm{x}_n$ schreiben, d. h. $\mu^{(p,e)} = p_e \cdot \mathrm{x}_1^{e_1} \cdots \mathrm{x}_n^{e_n}$, siehe dazu Übung III.1. Unter Verwendung von $b^e := b_1^{e_1} \cdots b_n^{e_n}$ für beliebige n-Tupel b und e ergibt sich für $p \in \mathbb{R}[\mathrm{x}_1, \ldots, \mathrm{x}_n]$ die kompakte Schreibweise

$$p = \sum_{e \in \operatorname{supp}(p)} p_e \mathrm{x}^e, \tag{11.1}$$

wobei man die Ausdrücke x^e auch *Potenzprodukte* nennt.

Beispiel

Die Polynome $p, q \in \mathbb{R}[\mathrm{x}_1, \mathrm{x}_2]$ aus dem Beispiel von Seite 96 lauten in dieser Notation[3]

$$p = 2\mathrm{x}_1\mathrm{x}_2^3 + 1/5\mathrm{x}_1^3,$$
$$q = 2\mathrm{x}_1\mathrm{x}_2^3 + \mathrm{x}_1^2 + 4\mathrm{x}_2^3.$$

Die Rechenregeln zum Addieren und Multiplizieren auf Seite 96 sind gerade so definiert, dass sie das gewohnte Rechnen mit Ausdrücken der Form (11.1) unter Verwendung von Assoziativ-, Kommutativ- und Distributivgesetz zulassen. Beim Addieren werden also Monome mit identischem Potenzprodukt addiert, beim Multiplizieren wird nach dem Distributivgesetz ausmultipliziert, und Monome mit identischem Potenzprodukt werden kombiniert, im Beispiel

$$\begin{aligned} p + q &= (2\mathrm{x}_1\mathrm{x}_2^3 + 1/5\mathrm{x}_1^3) + (2\mathrm{x}_1\mathrm{x}_2^3 + \mathrm{x}_1^2 + 4\mathrm{x}_2^3) = 4\mathrm{x}_1\mathrm{x}_2^3 + 1/5\mathrm{x}_1^3 + \mathrm{x}_1^2 + 4\mathrm{x}_2^3, \\ p \cdot q &= (2\mathrm{x}_1\mathrm{x}_2^3 + 1/5\mathrm{x}_1^3) \cdot (2\mathrm{x}_1\mathrm{x}_2^3 + \mathrm{x}_1^2 + 4\mathrm{x}_2^3) = \\ &\quad 4\mathrm{x}_1^2\mathrm{x}_2^6 + 2/5\mathrm{x}_1^4\mathrm{x}_2^3 + 14/5\mathrm{x}_1^3\mathrm{x}_2^3 + 1/5\mathrm{x}_1^5 + 8\mathrm{x}_1\mathrm{x}_2^6, \end{aligned}$$

vergleiche auch mit dem Beispiel von Seite 96.

[1] Bei i handelt es sich um den Index zum Zugriff auf Komponenten des Tupels x. $\mathrm{e}_i^{(n)}$ bezeichnet erneut den i-ten Einheitsvektor in $\mathbb{R}^n$.

[2] Für jedes Polynom p ist $p^k := \prod_{i=1}^k p$.

[3] Im Fall $p_e = 1$ kann bei $p_e\mathrm{x}^e$ in (11.1) der Faktor p_e natürlich weggelassen werden.

$\mathbb{R}[\mathrm{x}_1, \ldots, \mathrm{x}_n]$ weist sowohl die Struktur eines Vektorraums über $\mathbb{R}$ als auch die eines kommutativen Rings mit Einselement auf. Das Nullelement[4] ist 0, das Inverse zu p bez. der Addition ist $-p$ mit $(-p)_e := -p_e$ für alle $e \in \mathbb{N}_0^n$. Somit ergibt sich die Subtraktion $p - q$ als $p + (-q)$. Das Einselement ist das Monom $1 := 1 \cdot \mathrm{x}_1^0 \cdots \mathrm{x}_n^0$. Eine Division mit Rest wie für univariate Polynome ist im multivariaten Fall nicht möglich, an deren Stelle tritt die *Polynomreduktion*, die wir in Abschnitt 13 näher beleuchten.

Die Monome x_i werden oft die *Polynomvariablen* genannt, bei n-variaten Polynomen spricht man daher von Polynomen in n Variablen. Ihre eigentliche Erklärung findet die Bezeichnung „Polynomvariable", weil anstelle der Polynomvariablen auch Werte eingesetzt werden können.

Definition

Polynomauswertung. Sei $p \in \mathbb{R}[\mathrm{x}_1, \ldots, \mathrm{x}_n]$ und $\bar{x} \in \mathbb{R}^n$. Wir nennen

$$\mathrm{eval}(p, \bar{x}) := \sum_{e \in \mathrm{supp}(p)} p_e \bar{x}^e$$

die *Auswertung von p an der Stelle* $\bar{x}$.

Wie im univariaten Fall kann man über die Auswertung dann Polynomfunktionen definieren. Die zu einem Polynom $p \in \mathbb{R}[\mathrm{x}_1, \ldots, \mathrm{x}_n]$ gehörige Polynomfunktion ist klarerweise eine Funktion von $\mathbb{R}^n$ nach $\mathbb{R}$. Ein multivariates Polynom kann auch nur partiell bez. einer oder mehrerer Variablen ausgewertet werden. Wir diskutieren hier lediglich den Spezialfall der Auswertung bez. x_n, es entsteht dabei ein Polynom in $n-1$ Variablen $\mathrm{x}_1, \ldots, \mathrm{x}_{n-1}$. Sei dazu $p \in \mathbb{R}[\mathrm{x}_1, \ldots, \mathrm{x}_n]$ und $\bar{x}_n \in \mathbb{R}$. Wir nennen das Polynom $q \in \mathbb{R}[\mathrm{x}_1, \ldots, \mathrm{x}_{n-1}]$ mit

$$q_e = \sum_{\substack{d \in \mathrm{supp}(p) \\ d_{1:n-1} = e}} p_d \bar{x}_n^{d_n} \quad \text{für alle } e \in \mathbb{N}_0^{n-1} \tag{11.2}$$

die *partielle Auswertung von p bez.* x_n *an der Stelle* $\bar{x}_n$ (geschrieben $\mathrm{eval}_{\mathrm{x}_n}(p, \bar{x}_n)$), wobei wir dabei wie im univariaten Fall die Konvention $0^0 = 1$ verwenden. Man sieht sofort, dass in (11.2) auf jeden Fall $q_e = 0$ für $e \notin \mathrm{supp}_{1:n-1}(p)$ ist, wobei

$$\mathrm{supp}_{1:n-1}(p) := \left\{ d_{1:n-1} \;\middle|\; d \in \mathrm{supp}(p) \right\},$$

sodass man q_e nach (11.2) effektiv nur für (endlich viele) $e \in \mathrm{supp}_{1:n-1}(p)$ (statt $e \in \mathbb{N}_0^{n-1}$) berechnen muss.

Beispiel

Für $p = 2\mathrm{x}_1\mathrm{x}_2^3\mathrm{x}_3 + \mathrm{x}_1\mathrm{x}_2^2\mathrm{x}_3^2 + 4\mathrm{x}_1\mathrm{x}_2^3 \in \mathbb{R}[\mathrm{x}_1, \mathrm{x}_2, \mathrm{x}_3]$ ist $\mathrm{supp}(p) = \{(1,3,1), (1,2,2), (1,3,0)\}$, daher

$$\mathrm{supp}_{1:2}(p) = \{(1,3), (1,2)\} \quad \text{und}$$
$$\mathrm{eval}_{\mathrm{x}_3}(p, 4) = (2 \cdot 4^1 + 4 \cdot 4^0)\mathrm{x}_1\mathrm{x}_2^3 + 1 \cdot 4^2\mathrm{x}_1\mathrm{x}_2^2 = 12\mathrm{x}_1\mathrm{x}_2^3 + 16\mathrm{x}_1\mathrm{x}_2^2 \in \mathbb{R}[\mathrm{x}_1, \mathrm{x}_2].$$

[4] In algebraischen Strukturen mit Addition und Multiplikation nennt man die neutralen Elemente oft *Null-* bzw. *Einselement*.

Die Auswertung von p für x_n an der Stelle $\bar{x}_n$ entspricht dem Ersetzen von x_n durch $\bar{x}_n$ in (11.1) und anschließendem Zusammenfassen der Monome mit gleichem Potenzprodukt.

In Abschnitt 14 werden wir mit jedem Tupel $B \in \mathbb{R}[\mathrm{x}_1, \ldots, \mathrm{x}_n]^m$ ein polynomiales Gleichungssystem assoziieren. Das Studium der Lösungsmenge eines polynomialen Gleichungssystems basiert ganz wesentlich auf dem Begriff des *Ideals*.

Definition

Polynomideal. Man nennt $I \subset \mathbb{R}[\mathrm{x}_1, \ldots, \mathrm{x}_n]$ ein *Polynomideal*[5] genau dann, wenn

1. $0 \in I$
2. $u + v \in I$ für alle $u, v \in I$
3. $p \cdot u \in I$ für alle $u \in I$ und $p \in \mathbb{R}[\mathrm{x}_1, \ldots, \mathrm{x}_n]$.

Beispiel

Für jedes $B \in \mathbb{R}[\mathrm{x}_1, \ldots, \mathrm{x}_n]^m$ ist durch

$$I = \left\{ \sum_{k=1}^{m} q_k \cdot B_k \;\middle|\; q_k \in \mathbb{R}[\mathrm{x}_1, \ldots, \mathrm{x}_n] \text{ für } 1 \le k \le m \right\}$$

ein Polynomideal gegeben.

Das im vorangegangenen Beispiel eingeführte Ideal nennt man das *von $B_1, \ldots, B_m$ (bzw. B) erzeugte Ideal* und schreibt dafür $\mathrm{Ideal}(B_1, \ldots, B_m)$ bzw. $\mathrm{Ideal}(B)$. Es handelt sich dabei um das kleinste Ideal, in dem alle $B_1, \ldots, B_m$ enthalten sind. Für jedes Ideal I heißt B eine *Basis* von I, falls $I = \mathrm{Ideal}(B)$ gilt. Der Ausdruck $\sum_{k=1}^{m} q_k \cdot B_k$ erinnert an den Begriff der Linearkombination der B_k in einem Vektorraum, siehe Band *1*. Hier sind die Koeffizienten q_k aber Polynome und nicht wie in einem Vektorraum Elemente des Grundkörpers, man spricht aber trotzdem oft auch im Zusammenhang mit Polynomidealen von einer *Linearkombination der B_k*. Das von B erzeugte Ideal entspricht in diesem Sinn der linearen Hülle von B.

Ordnungen

Für eine kanonische Darstellung von Polynomen spielt eine Ordnung der Monome eine wichtige Rolle. In unserer Diskussion setzen wir für Relationen R auf einer Menge A, d. h. $R \subset A \times A$, die Begriffe *reflexiv*, *transitiv* und *antisymmetrisch* aus der Linearen Algebra als bekannt voraus. Ist eine Relation reflexiv und transitiv, so nennt man sie eine *Quasiordnung*. R heißt *linear*, wenn $(a, b) \in R$ oder $(b, a) \in R$ für alle $a, b \in A$ gilt. Eine *Ordnungsrelation* (*Halbordnung*) ist eine antisymmetrische Quasiordnung.

Für Ordnungen[6] verwenden wir das Symbol $\le$ (oder ein dazu ähnliches) und schreiben $a \le b$ anstelle von $(a, b) \in R$. Für jede Ordnung $\le$ können wir für $a \le b$

[5] In der Algebra werden Ideale für allgemeine Ringe definiert. Wir betrachten also gerade den Spezialfall des Rings $\mathbb{R}[\mathrm{x}_1, \ldots, \mathrm{x}_n]$, werden aber trotzdem meist einfach von Idealen sprechen.

[6] Sowohl Halb- als auch Quasiordnungen werden oft einfach Ordungen genannt. Nimmt man auf spezielle Eigenschaften Bezug, so muss der Typus der Ordnung näher spezifiziert werden.

auch jederzeit $b \geq a$ schreiben. Mit $a < b$ meint man $a \leq b$ *und* $b \not\leq a$, analog dazu ist $b > a$ zu verstehen. Die Reflexivität ist dann nicht mehr erfüllt. Trotzdem spricht man auch hier von einer Ordnung und bezeichnet $<$ als *die zu* $\leq$ *gehörende Striktordnung*. Von einer *fundierten Relation* $\leq$ auf einer Menge A spricht man, wenn jede nichtleere Teilmenge von A ein minimales Element[7] bez. $\leq$ besitzt. Fundierte Ordnungen spielen eine wichtige Rolle, da in einer derartigen Ordnung keine unendlichen, strikt absteigenden Ketten $a > b > \ldots$ existieren.

Vereinbarung In allen Betrachtungen von multivariaten Polynomen fixieren wir mit $x_1 > \ldots > x_n$ eine Ordnung der Variablen. Mit P^n bezeichnen wir die Menge aller Potenzprodukte x^e in n Variablen.

Im Gegensatz zur naheliegenden Ordnung der Monome nach aufsteigenden Potenzen im univariaten Fall stehen im multivariaten Fall für eine solche Ordnung mehrere Möglichkeiten zur Auswahl. Eine Monomordnung beruht zunächst auf einer Ordnung der Potenzprodukte.

Definition **Zulässige Ordnung.** Man nennt $\leq$ eine *zulässige Ordnung* auf P^n genau dann, wenn

1. $1 \leq t$ für alle $t \in P^n$
2. $t_1 \leq t_2 \implies t_1 s \leq t_2 s$ für alle $t_1, t_2, s \in P^n$.

Beispiel Seien $d, e \in \mathbb{N}_0^n$ und seien

$$x^d <_{\text{lex}} x^e :\iff d_k < e_k \text{ für ein } 1 \leq k \leq n \text{ und } d_j = e_j \text{ für alle } j < k \text{ bzw.}$$

$$x^d \leq_{\text{lex}} x^e :\iff x^d <_{\text{lex}} x^e \text{ oder } d = e.$$

Es ist $x_1 x_2^3 \leq_{\text{lex}} x_1^3$, denn für $d = (1, 3)$ und $e = (3, 0)$ gilt $d_1 < e_1$ und $d_j = e_j$ für alle $j < 1$. Für die Potenzprodukte $x_1 x_2^3$ und $x_1 x_2^4$ sind $d = (1, 3)$ und $e = (1, 4)$, hier ist $d_2 < e_2$ und $d_j = e_j$ für alle $j < 2$, also $x_1 x_2^3 \leq_{\text{lex}} x_1 x_2^4$. Sei weiterhin

$$x^d \leq_{\text{tg}} x^e :\iff \sum_{j=1}^{n} d_j < \sum_{j=1}^{n} e_j \text{ oder } \Big(\sum_{j=1}^{n} d_j = \sum_{j=1}^{n} e_j \text{ und } x^d \leq_{\text{lex}} x^e\Big).$$

Der Totalgrad[8] von $x_1 x_2^3$ ist 4, jener von x_1^3 ist 3, daher gilt $x_1^3 \leq_{\text{tg}} x_1 x_2^3$. Sowohl $x_1 x_2^3$ als auch $x_1^3 x_2$ haben Totalgrad 4, wegen $x_1 x_2^3 \leq_{\text{lex}} x_1^3 x_2$ gilt auch $x_1 x_2^3 \leq_{\text{tg}} x_1^3 x_2$.

Man nennt $\leq_{\text{lex}}$ die *lexikographische* bzw. $\leq_{\text{tg}}$ die *Totalgrad-Ordnung* für Potenzprodukte. Sowohl $\leq_{\text{lex}}$ als auch $\leq_{\text{tg}}$ sind zulässige Ordnungen auf P^n, es handelt sich jeweils um lineare Halbordnungen. Klarerweise hängen diese Ordnungen von der zuvor vereinbarten Ordnung der Variablen ab.

[7] Man nennt $a \in A$ ein *minimales Element bez.* $\leq$, wenn es kein $b \in A$ mit $b < a$ gibt.

[8] Bei $\sum_{j=1}^{n} e_j$ spricht man vom *Totalgrad* eines Potenzprodukts x^e bzw. eines Monoms $p_e x^e$.

Definition

Monomordnung. Sei $\leq$ eine zulässige Ordnung auf P^n und seien $d, e \in \mathbb{N}_0^n$ und $a, b \in \mathbb{R}$. Wir definieren eine Monomordnung durch

$$a\mathrm{x}^d \leq b\mathrm{x}^e :\Longleftrightarrow \mathrm{x}^d \leq \mathrm{x}^e.$$

Beispiel

Man beachte, dass durch das Ignorieren der Koeffizienten die Antisymmetrie der Ordnung verloren geht. Es gilt sowohl $2\mathrm{x}_1\mathrm{x}_2^3 \leq_{\mathrm{lex}} 5\mathrm{x}_1\mathrm{x}_2^3$ als auch $5\mathrm{x}_1\mathrm{x}_2^3 \leq_{\mathrm{lex}} 2\mathrm{x}_1\mathrm{x}_2^3$. Bei einer Monomordnung handelt es sich also nur mehr um eine lineare Quasiordnung.

Definition

Seien $p \in \mathbb{R}[\mathrm{x}_1, \ldots, \mathrm{x}_n]$ mit $p \neq 0$ und $\leq$ eine Monomordnung. Dann heißen[9]

$$\mathrm{fm}_{\leq}(p) := \max_{\leq}\{p_e\mathrm{x}^e \mid e \in \mathrm{supp}(p)\} \qquad \mathrm{fpp}_{\leq}(p) := \max_{\leq}\{\mathrm{x}^e \mid e \in \mathrm{supp}(p)\}$$
$$\mathrm{red}_{\leq}(p) := p - \mathrm{fm}_{\leq}(p)$$

das *führende Monom*, das *führende Potenzprodukt* bzw. das *Reductum* von p (bez. $\leq$). Den Koeffizienten p_e des führenden Monoms nennen wir auch den *führenden Koeffizienten* von p (bez. $\leq$) und schreiben dafür $\mathrm{fk}_{\leq}(p)$.

Wie im univariaten Fall nennt man p *normiert*, falls[10] $\mathrm{fk}(p) = 1$ gilt. Das Reductum von p beinhaltet alle Monome von p außer dem führenden.

Beispiel

Für $p = 2\mathrm{x}_1\mathrm{x}_2^3 + 1/5\mathrm{x}_1^3$, $q = 2\mathrm{x}_1\mathrm{x}_2^3 + \mathrm{x}_1^2 + 4\mathrm{x}_2^3 \in \mathbb{R}[\mathrm{x}_1, \mathrm{x}_2]$ gilt

	$\mathrm{fm}_{\leq_{\mathrm{lex}}}$	$\mathrm{fk}_{\leq_{\mathrm{lex}}}$	$\mathrm{fpp}_{\leq_{\mathrm{lex}}}$	$\mathrm{red}_{\leq_{\mathrm{lex}}}$	$\mathrm{fm}_{\leq_{\mathrm{tg}}}$	$\mathrm{fk}_{\leq_{\mathrm{tg}}}$	$\mathrm{fpp}_{\leq_{\mathrm{tg}}}$	$\mathrm{red}_{\leq_{\mathrm{tg}}}$
p	$1/5\mathrm{x}_1^3$	$1/5$	x_1^3	$2\mathrm{x}_1\mathrm{x}_2^3$	$2\mathrm{x}_1\mathrm{x}_2^3$	2	$\mathrm{x}_1\mathrm{x}_2^3$	$1/5\mathrm{x}_1^3$
q	x_1^2	1	x_1^2	$2\mathrm{x}_1\mathrm{x}_2^3 + 4\mathrm{x}_2^3$	$2\mathrm{x}_1\mathrm{x}_2^3$	2	$\mathrm{x}_1\mathrm{x}_2^3$	$4\mathrm{x}_2^3 + \mathrm{x}_1^2$

Wir sind nun in der Lage, Polynome zu ordnen.

Definition

Polynomordnung. Sei $\leq$ eine zulässige Ordnung auf P^n. Dann definieren wir für alle $p, q \in \mathbb{R}[\mathrm{x}_1, \ldots, \mathrm{x}_n]$ mit $p, q \neq 0$ eine Polynomordnung durch

$$p \preceq q :\Longleftrightarrow \mathrm{fpp}(p) < \mathrm{fpp}(q) \text{ oder } (\mathrm{fpp}(p) = \mathrm{fpp}(q) \wedge \mathrm{red}(p) \preceq \mathrm{red}(q)).$$

Zusätzlich setzen wir $0 \preceq p$ für alle $p \in \mathbb{R}[\mathrm{x}_1, \ldots, \mathrm{x}_n]$.

---

[9]Das größte Element einer endlichen Menge A bez. einer linearen Ordnung $\leq$ bezeichnen wir mit $\max_{\leq} A$, wir schreiben $\max A$ immer dann, wenn die Ordnung auf A aus dem Zusammenhang klar ist.

[10]Ist die Monomordnung aus dem Kontext klar oder deren konkrete Wahl nicht relevant, so schreiben wir nur $\mathrm{fm}(p)$, $\mathrm{fpp}(p)$, $\mathrm{fk}(p)$ und $\mathrm{red}(p)$.

Beispiel Seien p und q wie im obigen Beispiel. Bezüglich der lexikographischen Ordnung gilt $q \preceq p$, weil $\mathrm{fpp}(q) = x_1^2 <_{\mathrm{lex}} x_1^3 = \mathrm{fpp}(p)$. Bezüglich der Totalgrad-Ordnung gilt ebenfalls $q \preceq p$, da $\mathrm{fpp}(q) = \mathrm{fpp}(p)$ und $r_q = \mathrm{red}_{<_{\mathrm{tg}}}(q) \preceq \mathrm{red}_{<_{\mathrm{tg}}}(p) = r_p$ wegen $\mathrm{fpp}(r_q) = x_2^3 <_{\mathrm{tg}} x_1^3 = \mathrm{fpp}(r_p)$.

Jede zulässige Ordnung auf P^n ist eine lineare fundierte Ordnung. Linearität und Fundiertheit gelten auch für die Polynomordnung, siehe [1].

Satz Die Relation $\preceq$ ist eine lineare fundierte Quasiordnung auf $\mathbb{R}[x_1, \ldots, x_n]$.

Für Potenzprodukte definiert man wie üblich, dass $x^d | x^e$ genau dann gilt, wenn ein $c \in \mathbb{N}_0^n$ existiert mit $x^e = x^c \cdot x^d$. Das bedeutet nichts anderes als $d_i \leq e_i$ für alle $1 \leq i \leq n$. Auch hierbei handelt es sich um eine fundierte Ordnung. Darüberhinaus ergibt sich aus den Definitionen sofort, dass $x^d | x^e$ auch $x^d \leq x^e$ für jede zulässige Ordnung $\leq$ zur Folge hat.

Im Fall der Teilbarkeit ist auch eine Division von Potenzprodukten möglich, wobei x^e / x^d als jenes Potenzprodukt x^c definiert ist, für das $x^e = x^c \cdot x^d$ ist. Das kleinste gemeinsame Vielfache kgV zweier Potenzprodukte ist ein gemeinsames Vielfaches v der beiden Potenzprodukte, sodass für jedes andere gemeinsame Vielfache $\bar{v}$ gilt $v | \bar{v}$. Es ist leicht zu sehen, dass

$$\mathrm{kgV}(x^d, x^e) = x^{\max(d,e)} \quad \text{mit}^{11} \ \max(d, e) := \big(\max(d_i, e_i) \bigm| 1 \leq i \leq n\big).$$

Die Teilbarkeitsrelation auf Potenzprodukten erlaubt als fundierte Ordnung keine unendlichen, strikt absteigenden Ketten. Es kann auch keine unendliche Folge von nicht-teilbaren Potenzprodukten existieren. Die hier angeführte Formulierung dieser Tatsache ist eine Konsequenz des *Lemmas von Dickson*[12], siehe wieder [1] für dessen Beweis.

Satz Sei $(t^{(i)})_{i \in \mathbb{N}}$ eine Folge in P^n. Dann existieren $i < j$ mit $t^{(i)} | t^{(j)}$.

Diese Variante von Dicksons Lemma wird uns in Abschnitt 13 bei der algorithmischen Behandlung von Problemstellungen mit multivariaten Polynomen zuhilfe kommen. Zuvor wollen wir aber erst die Repräsentation von Polynomen am Computer behandeln.

---

[11] Wir verwenden die Schreibweise $(T_i \mid B_i)$ (analog zur Mengenschreibweise $\{T_i \mid B_i\}$) für das Tupel aller T_i, das entsteht, wenn i den Bereich B_i durchläuft. Dabei wird angenommen, dass klar ist, was die Laufvariable ist und in welcher Reihenfolge diese den Bereich B_i durchläuft.

[12] Dickson, Leonard Eugene: 1874–1954, amerikanischer Mathematiker. Er war der Erste, dem die Universität Chicago ein Doktorat in Mathematik verliehen hat. 1924 war er erster Träger des Preises zur Förderung der Wissenschaften der American Association for the Advancement of Science und 1928 des Cole-Preises für Algebra der American Mathematical Society (AMS).

12 Multivariate Polynome am Computer

Für die Entwicklung einer Datenstruktur wählen wir die Darstellung eines Polynoms p als endliche Summe von Monomen

$$p = \sum_{e \in \operatorname{supp}(p)} p_e \mathrm{x}^e \tag{12.3}$$

wie in (11.1). Diese ist allerdings nicht eindeutig, da die Reihenfolge der Summation beliebig vertauscht werden kann, beispielsweise gilt $2\mathrm{x}_1\mathrm{x}_2^3 + 1/5\mathrm{x}_1^3 = p = 1/5\mathrm{x}_1^3 + 2\mathrm{x}_1\mathrm{x}_2^3$. Eine eindeutige Darstellung erhält man durch Fixieren einer Monomordnung und Beschreibung des Polynoms (12.3) durch ein bezüglich dieser Monomordnung absteigend sortiertes Tupel von Monomen, etwa $\left(1/5\mathrm{x}_1^3, 2\mathrm{x}_1\mathrm{x}_2^3\right)$ für p aus obigem Beispiel unter Verwendung der lexikographischen Ordnung. Dabei ist jedes Monom $p_e\mathrm{x}^e$ durch das Tupel (p_e, e) bestehend aus dem Koeffizienten p_e und dem Exponententupel e eindeutig bestimmt, etwa $(1/5, (3, 0))$ für $1/5\mathrm{x}_1^3$ im Beispiel.

Wir beginnen mit einer eigenen Datenstruktur für Monome und fixieren wie auf Seite 100 die Variablen $\mathrm{x} = (\mathrm{x}_1, \ldots, \mathrm{x}_n)$ mit $\mathrm{x}_1 > \ldots > \mathrm{x}_n$. Obwohl Monome natürlich als spezielle Polynome betrachtet werden können, empfiehlt es sich in einer Computerrealisierung, eine eigene Datenstruktur dafür bereitzustellen.

Computerrepräsentation (Datenstruktur $\mathcal{M}_{\mathbb{R}}^n$ für multivariate Monome). *Wir definieren eine Datenstruktur $\mathcal{M}_{\mathbb{R}}^n$, in der wir für ein Monom $b\mathrm{x}^e$ die Komponenten b und e abspeichern und mit der gewohnten Index-Schreibweise auf die Komponenten des Monoms zugreifen. Für $\mu \in \mathcal{M}_{\mathbb{R}}^n$ mit $\mu_1 = b$ und $\mu_2 = e$ schreiben wir wie für Tupel einfach (b, e). Auf $\mathcal{M}_{\mathbb{R}}^n$ ist die Multiplikation einfach zu realisieren, da*

$$(a, d) \cdot (b, e) = (a \cdot b, d + e) \quad \textit{für } (a, d), (b, e) \in \mathcal{M}_{\mathbb{R}}^n$$

gilt. Dabei steht $d + e$ für die komponentenweise Addition auf $\mathbb{N}_0^n$, und $a \cdot b$ ist die Multiplikation in $\mathbb{R}$, vergleiche dazu Übung III.1. Die Addition zweier Monome mit identischem Potenzprodukt ist definiert durch

$$(a, e) + (b, e) = (a + b, e) \quad \textit{für } (a, e), (b, e) \in \mathcal{M}_{\mathbb{R}}^n,$$

wobei wir in diesem Fall auch das spezielle Monom $(0, e) \in \mathcal{M}_{\mathbb{R}}^n$ erlauben[13].

Wir gehen außerdem davon aus, dass Algorithmen bereit stehen, die für Monome $\mu, \bar{\mu} \in \mathcal{M}_{\mathbb{R}}^n$ die Aussagen $\mu \leq_{\mathrm{lex}} \bar{\mu}$ bzw. $\mu \leq_{\mathrm{tg}} \bar{\mu}$ überprüfen. Diese Algorithmen können basierend auf den Definitionen der jeweiligen Ordnungen unmittelbar implementiert werden, wir verweisen auf Übung III.3. Mit Hilfe der Monomstruktur können wir nun eine Datenstruktur für multivariate Polynome festlegen.

Computerrepräsentation (Datenstruktur $\mathcal{P}_{\mathbb{R}}^{n,\leq}$ für n-variate Polynome). *Wir führen eine Datenstruktur $\mathcal{P}_{\mathbb{R}}^{n,\leq}$ für n-variate Polynome über $\mathbb{R}$ bez. einer Monomordnung $\leq$ ein, in der wir für ein Polynom* (12.3) *in* $\operatorname{mon}(p)$ *das Monomtupel*

$$m = \left((p_e, e) \in \mathcal{M}_{\mathbb{R}}^n \mid e \in \operatorname{supp}(p)\right) \quad \textit{mit } m_i > m_j \textit{ für alle } 1 \leq i < j \leq |m|$$

[13] Man beachte, dass wegen $e \in \operatorname{supp}(p)$ in (12.3) für die in einem Polynom auftretenden Monome $p_e\mathrm{x}^e$ immer $p_e \neq 0$ gilt.

abspeichern. Klarerweise gilt $|m| = |\mathrm{supp}(p)|$. *Für das Nullpolynom gilt* $\mathrm{mon}(0) = ()$, *die Länge eines Polynoms definieren wir als* $L(p) := |\mathrm{mon}(p)|$. *Zur Angabe eines Polynoms* $p \in \mathcal{P}_{\mathbb{R}}^{n,\leq}$ *schreiben wir einfach das Monomtupel* $\mathrm{mon}(p)$ *an.*

Bei $\mathcal{P}_{\mathbb{R}}^{n,\leq}$ *handelt es sich um eine kanonische Darstellung von* n*-variaten Polynomen bez. der Monomordnung* $\leq$. *Vielfach wird sich eine Funktion* $\mathrm{kanonisch}_{\mathcal{P}_{\mathbb{R}}^{n,\leq}}$ *als praktisch herausstellen, die ein beliebiges Tupel* t *von Monomen in die in* $\mathcal{P}_{\mathbb{R}}^{n,\leq}$ *verlangte kanonische Form bringt. Dabei sind die in* t *vorkommenden Monome bez.* $\leq$ *absteigend zu sortieren, Monome mit identischem Potenzprodukt sind durch Addition zusammenzufassen und daraus resultierende Monome mit Koeffizient 0 sind aus* t *zu eliminieren, siehe Algorithmus kanonischMPoly.*

Computerprogrammierung. *Im Algorithmus kanonischMPoly hängt es von der verwendeten Programmiersprache ab, wie die zuvor realisierte Monomordnung als Eingabeparameter übergeben wird. In Mathematica genügt die Angabe des Namens, in anderen Sprachen verwendet man Funktionszeiger. Ein mit diesem Algorithmus ermitteltes Tupel* m *kann dann als Monomtupel für* $p \in \mathcal{P}_{\mathbb{R}}^{n,\leq}$ *verwendet werden.*

Algorithmus *kanonischMPoly*: Bestimmung der kanonischen Form in $\mathcal{P}_{\mathbb{R}}^{n,\leq}$

```
if t = ()
    m ← t
else if t_{1,1} = 0
    m ← kanonischMPoly(t_{2:|t|}, ≤)
else
    f ← t_1, r ← ()
    for i from 2 to k
        if f < t_i
            r ← EinfügenEnde(r, f)
            f ← t_i
        else
            r ← EinfügenEnde(r, t_i)
    r ← kanonischMPoly(r, ≤)
    if |r| ≥ 1 ∧ f_2 = r_{1,2}
        μ ← f + r_1, r̄ ← r_{2:|r|}
        if μ_1 = 0
            m ← r̄
        else
            m ← EinfügenBeginn(r̄, μ)
    else
        m ← EinfügenBeginn(r, f)
return m
```

Aufruf: *kanonischMPoly*$(t, \leq)$
Eingabe: $t \in (\mathcal{M}_{\mathbb{R}}^{n})^k$, Monomordnung $\leq$
Ausgabe: $m \in (\mathcal{M}_{\mathbb{R}}^{n})^l$
mit: $\sum_{i=1}^{l} m_i = \sum_{i=1}^{k} t_i$,
$m_i > m_{i+1}$ für alle $1 \leq i < l$,
$m_{i,1} \neq 0$ für alle $1 \leq i \leq l$.

Beispiel

Die kanonische Darstellung der Polynome p und q von Seite 97 bez. der Monomordnung $\leq_{\mathrm{lex}}$ lautet

$$p = ((1/5, (3, 0)), (2, (1, 3))) \in \mathcal{P}_{\mathbb{R}}^{2,\leq_{\mathrm{lex}}}$$
$$q = ((1, (2, 0)), (2, (1, 3)), (4, (0, 3))) \in \mathcal{P}_{\mathbb{R}}^{2,\leq_{\mathrm{lex}}},$$

vergleiche auch mit deren Definition auf Seite 96.

Die in Abschnitt 11 eingeführten Grundoperationen auf Polynomen lassen sich einfach auf $\mathcal{P}_{\mathbb{R}}^{n,\leq}$ übertragen. Sei $p \neq 0$ und $m = \text{mon}(p)$, dann sind

$$\begin{aligned} \text{fm}(p) &= m_1 \in \mathcal{M}_{\mathbb{R}}^n & \qquad \text{red}(p) &= r \in \mathcal{P}_{\mathbb{R}}^{n,\leq} \text{ mit } \text{mon}(r) = m_{2:|m|} \\ \text{fk}(p) &= m_{1,1} \in \mathbb{R} & \qquad \text{fpp}(p) &= m_{1,2} \in \mathbb{N}_0^n. \end{aligned}$$

Dabei ist zu beachten, dass die Monomordnung $\leq$, bezüglich der diese Begriffe definiert sind, jene Ordnung ist, die als Parameter in die Datenstruktur $\mathcal{P}_{\mathbb{R}}^{n,\leq}$ eingeht.

Die Addition zweier Polynome $p, q \in \mathcal{P}_{\mathbb{R}}^{n,\leq}$ entspricht dem Zusammenführen zweier Polynome, sodass die Ordnung der Monome erhalten bleibt, Monome mit gleichem Potenzprodukt addiert, etwaige Monome der Gestalt $(0, e)$ eliminiert werden, und dabei das Resultat sofort wieder in kanonischer Form ist, siehe Algorithmus *AddMPoly*. Dazu betrachtet man die führenden Monome μ_p, μ_q von p bzw. q. Ist $\mu_p > \mu_q$, so wird μ_p das führende Monom der Summe und man addiert (rekursiv) das Reductum von p zu q (analog im Fall $\mu_q > \mu_p$). Ist weder $\mu_p > \mu_q$ noch $\mu_q > \mu_p$, so haben μ_p und μ_q das gleiche Potenzprodukt. In diesem Fall addiert man die führenden Monome und bildet (rekursiv) $s = \text{red}(p) + \text{red}(q)$. Entsteht bei der Monomaddition ein Monom mit Koeffizient ungleich 0, so wird dieses als führendes Monom zu s hinzugefügt[14], andernfalls wird es verworfen. Die Subtraktion von Polynomen erfolgt völlig analog.

Algorithmus *AddMPoly*: Addition in $\mathbb{R}[x_1, \ldots, x_n]$

```
if p = 0
  s ← q
else if q = 0
  s ← p
else
  μp ← fm(p), rp ← red(p)
  μq ← fm(q), rq ← red(q)
  if μp > μq
    s ← EinfügenBeginn(AddMPoly(rp, q), μp)
  else if μq > μp
    s ← EinfügenBeginn(AddMPoly(p, rq), μq)
  else
    μ ← μp + μq, s ← AddMPoly(rp, rq)
    if μ1 ≠ 0
      s ← EinfügenBeginn(s, μ)
return s
```

Aufruf: *AddMPoly*(p, q)
Eingabe: $p, q \in \mathcal{P}_{\mathbb{R}}^{n,\leq}$.
Ausgabe: $s \in \mathcal{P}_{\mathbb{R}}^{n,\leq}$
mit: $s = p + q$.

Beispiel

Rufen wir den Algorithmus *AddMPoly*(p, q) mit $p, q \in \mathcal{P}_{\mathbb{R}}^{2,\leq_{\text{lex}}}$ wie oben auf, so werden zuerst $\mu_p = \text{fm}(p) = (1/5, (3, 0))$ und $\mu_q = \text{fm}(q) = (1, (2, 0))$ berechnet. Wegen $\mu_p >_{\text{lex}} \mu_q$ ist (rekursiv) *AddMPoly*$(((2, (1, 3))), q)$ auszuführen, als führendes Monom merken wir $(1/5, (3, 0))$ vor. Im rekursiven Aufruf ist

[14]Die Tupeloperation *EinfügenBeginn* übertragen wir auf Polynome $p \in \mathcal{P}_{\mathbb{R}}^{n,\leq}$ derart, dass *EinfügenBeginn*(p, m) jenes Polynom q mit $\text{mon}(q) = $ *EinfügenBeginn*$(\text{mon}(p), m)$ liefert.

$\mu_q >_{\text{lex}} \mu_p = (2, (1, 3))$, wir merken $(1, (2, 0))$ als führendes Monom vor und fahren mit

$$AddMPoly(((2, (1, 3))), ((2, (1, 3)), (4, (0, 3))))$$

fort. Hier ist weder $\mu_p >_{\text{lex}} \mu_q$ noch $\mu_q >_{\text{lex}} \mu_p$, daher werden

$$\mu = (2, (1, 3)) + (2, (1, 3)) = (4, (1, 3)) \quad \text{und}$$
$$s = AddMPoly(0, ((4, (0, 3)))) = ((4, (0, 3)))$$

berechnet. Insgesamt ergibt sich nach sukzessivem Einfügen der vorgemerkten führenden Monome am Beginn von s

$$((1/5, (3, 0)), (1, (2, 0)), (4, (1, 3)), (4, (0, 3))),$$

vergleiche dazu auch die Beispiele von Seite 96 und Seite 97.

In $AddMPoly(p, q)$ wird in jedem Rekursionsschritt ein Monom in p und/oder q behandelt, im schlechtesten Fall sind somit $L(p)+L(q)$ rekursive Aufrufe nötig. In jedem rekursiven Aufruf werden eine Addition in $\mathbb{R}$ und zwei Monomvergleiche durchgeführt. Dazu werden sowohl für $<_{\text{lex}}$ als auch $<_{\text{tg}}$ schlechtestenfalls $n-1$ Vergleiche benötigt, im Fall von $<_{\text{tg}}$ sind zusätzlich $2(n-1)$ Additionen zum Bestimmen des Totalgrads und ein Vergleich notwendig. Insgesamt ist also im schlechtesten Fall mit einem Rechenaufwand von $O((L(p) + L(q))n)$ zu rechnen.

Zur Multiplikation von Polynomen p und q zerlegen wir q in sein führendes Monom und sein Reductum. Aufgrund des Distributivgesetzes ergibt sich dann

$$p \cdot q = p \cdot (\text{fm}(q) + \text{red}(q)) = p \cdot \text{fm}(q) + p \cdot \text{red}(q),$$

wobei die Multiplikation im ersten Summanden eine Multiplikation eines Polynoms mit einem Monom und die Multiplikation im zweiten Summanden wieder eine Polynommultiplikation ist. Dies kann daher in einem rekursiven Algorithmus sofort umgesetzt werden. Die Rekursion terminiert nach endlich vielen Schritten, da in jedem Rekursionsschritt die Anzahl der Monome im zweiten Faktor strikt abnimmt. Da in weiterer Folge die Polynommultiplikation eine untergeordnete Rolle spielt, verzichten wir auf die explizite Angabe eines Algorithmus. Die darin benötigte Multiplikation eines Polynoms mit einem Monom kann basierend auf deren Definition von Seite 96 durch

$$p \cdot \mu = \left(p_i \cdot \mu \;\middle|\; 1 \le i \le L(p)\right) \quad \text{für } p \in \mathcal{P}_{\mathbb{R}}^{n,\le} \text{ und } \mu \in \mathcal{M}_{\mathbb{R}}^{n}$$

realisiert werden. Da die Monome in p bez. $\le$ absteigend geordnet sind, trifft dies auch auf die Monome $p_i \cdot \mu$ im Produkt zu, da $\le$ eine zulässige Ordnung auf P^n ist. Insbesondere ist $\text{fm}(p \cdot \mu) = \text{fm}(p) \cdot \mu$.

Die Auswertung $\text{eval}(p, \bar{x})$ eines Polynoms $p \in \mathcal{P}_{\mathbb{R}}^{n,\le}$ kann basierend auf der Definition von Seite 98 ebenfalls unmittelbar realisiert werden, siehe Übung III.3. Um allerdings ein effizientes und numerisch stabiles Verfahren zur Polynomauswertung zu erhalten, empfiehlt es sich, den Horner-Algorithmus für multivariate Polynome zu adaptieren, wir gehen auf die Details nicht näher ein. Für die partielle Auswertung $\text{eval}_{x_n}(p, \bar{x})$ muss nach (11.2) jedes Monom $\mu^{(p,d)} = (a, d)$ durch $\bar{\mu}^{(p,d)} = \left(a\bar{x}^{d_n}, d_{1:n-1}\right)$

ersetzt und das resultierende Monomtupel in kanonische Form in $\mathcal{P}_{\mathbb{R}}^{n-1,\leq}$ gebracht werden, siehe Algorithmus *PartEvalMPoly*.

Algorithmus *PartEvalMPoly*: Partielle Auswertung eines multivariaten Polynoms

```
for i from 1 to L(p)
    a ← p_{i,1}, d ← p_{i,2}
    m_i ← (a x̄^{d_n}, d_{1:n-1})
mon(q) ← kanonischMPoly(m, ≤)
return q
```

Aufruf: *PartEvalMPoly*$(p, \bar{x})$
Eingabe: $p \in \mathcal{P}_{\mathbb{R}}^{n,\leq}, \bar{x} \in \mathbb{R}$.
Ausgabe: $q \in \mathcal{P}_{\mathbb{R}}^{n-1,\leq}$
mit: $q = \text{eval}_{x_n}(p, \bar{x})$.

Beispiel

Wir betrachten $p = ((2, (1, 3, 1)), (1, (1, 2, 2)), (4, (1, 3, 0))) \in \mathcal{P}_{\mathbb{R}}^{3,\leq_{\text{tg}}}$ aus dem Beispiel von Seite 98. Der Aufruf *PartEvalMPoly*$(p, 4)$ liefert nach Durchlaufen der Schleife das Tupel $m = \big((2 \cdot 4^1, (1, 3)), (1 \cdot 4^2, (1, 2)), (4 \cdot 4^0, (1, 3))\big)$. Letztlich wird das Polynom q gebildet, welches die kanonische Form von m als Monomtupel enthält, also $q = ((12, (1, 3)), (16, (1, 2))) \in \mathcal{P}_{\mathbb{R}}^{2,\leq_{\text{tg}}}$.

Aus mathematischer Sicht können multivariate Polynome im Fall $n = 1$ mit univariaten Polynomen identifiziert werden, auf Ebene der Datenstrukturen ist allerdings $\mathcal{P}_{\mathbb{R}}^{1,\leq} \neq \mathcal{P}_{\mathbb{R}}$. In $\mathcal{P}_{\mathbb{R}}^{1,\leq}$ sind nur die von 0 verschiedenen Koeffizienten gemeinsam mit den zugehörigen Exponenten abgespeichert, was der *dünnen Darstellung* für univariate Polynome gleichkommt. In $\mathcal{P}_{\mathbb{R}}$ hingegen wird ja die dichte Darstellung inklusive allfälliger Null-Koeffizienten verwendet. Für den Fall, dass Algorithmen, die für univariate Polynome $p \in \mathcal{P}_{\mathbb{R}}$ vorliegen, mit $p \in \mathcal{P}_{\mathbb{R}}^{1,\leq}$ anzuwenden sind, ist eine Konvertierung zwischen den Datenstrukturen $\mathcal{P}_{\mathbb{R}}^{1,\leq}$ und $\mathcal{P}_{\mathbb{R}}$ erforderlich, siehe dazu Übung III.9.

13 Polynomreduktion und Gröbner-Basen

In diesem Abschnitt wollen wir zuerst durch Einführung der *Polynomreduktion* den am Beginn des Kapitels angesprochenen Ersetzungsprozess für polynomiale Gleichungen systematisieren. Darauf aufbauend führen wir den für das Lösen polynomialer Gleichungssysteme zentralen Begriff der *Gröbner-Basis* ein.

Polynomreduktion

Die Polynomreduktion kann als eine Verallgemeinerung der Polynomdivision mit Rest von univariaten Polynomen aus Band *1* angesehen werden. Dabei handelt es sich um eine „Division durch mehrere Polynome". Im univariaten Fall wird vom Rest verlangt, kleineren Grad als der Divisor aufzuweisen. Das hat zur Folge, dass das führende Monom des Divisors kein Monom des Rests teilen kann. Diese Charakterisierung lässt sich relativ einfach auf den multivariaten Fall übertragen. In der Folge schreiben wir

$$M(p) := \{p_e x^e \mid e \in \operatorname{supp}(p)\}$$

für die Menge aller in einem Polynom p vorkommenden Monome, fixieren eine zulässige Ordnung $\leq$ auf P^n und betonen, dass alle in der Folge eingeführten Begriffe von dieser abhängen.

Definition

Seien $a, b, r \in \mathbb{R}[x_1, \ldots, x_n]$ und μ ein Monom.

i. Man sagt *a reduziert zu r (modulo b) durch Elimination des Monoms* μ (geschrieben $a \xrightarrow{b}_{\mu} r$) genau dann, wenn $\mu \in M(a)$ und ein Monom η *existiert* mit $\operatorname{fm}(b)\eta = \mu$ und $r = a - b\eta$.

ii. Man sagt *a reduziert zu r (modulo b)* (geschrieben $a \xrightarrow{b} r$) genau dann, wenn $a \xrightarrow{b}_{\mu} r$ für ein $\mu \in M(a)$.

Beispiel

Seien $a = x_1^4 + x_2^4 \in \mathbb{R}[x_1, x_2]$ und $b = x_1 + x_2 - 1$, wir verwenden lexikographische Ordnung. Zu $\mu = x_1^4 \in M(a)$ existiert ein Monom η mit $\operatorname{fm}(b)\eta = x_1^4$, nämlich $\eta = x_1^3$, somit gilt mit

$$r = a - b\eta = (x_1^4 + x_2^4) - (x_1 + x_2 - 1)x_1^3 = -x_1^3 x_2 + x_1^3 + x_2^4$$

jedenfalls $a \xrightarrow{b}_{x_1^4} r$ und offensichtlich auch $a \xrightarrow{b} r$.

Definition

Seien $a \in \mathbb{R}[x_1, \ldots, x_n]$ und $B \in \mathbb{R}[x_1, \ldots, x_n]^m$.

i. Ein Polynom *a ist reduzierbar modulo B* genau dann, wenn es ein $r \in \mathbb{R}[x_1, \ldots, x_n]$ und ein i mit $1 \leq i \leq m$ gibt mit $a \xrightarrow{B_i} r$.

ii. Man nennt *r eine Normalform von a modulo B* (geschrieben $a \xrightarrow{B}\!\!|^{*}\, r$) genau dann, wenn r nicht reduzierbar modulo B ist, und entweder $r = a$ ist oder Tupel $i \in \mathbb{N}^l$ bzw. $u \in \mathbb{R}[x_1, \ldots, x_n]^l$ existieren mit

$$a \xrightarrow{B_{i_1}} u_1 \xrightarrow{B_{i_2}} u_2 \to \cdots \to u_{l-1} \xrightarrow{B_{i_l}} u_l = r. \qquad (13.4)$$

Beispiel

Sei $B = (x_1 + x_2 - 1, x_1 x_2 - 3)$. Das oben berechnete Polynom r ist reduzierbar modulo B, es eignen sich sowohl $i = 1$ als auch $i = 2$. Das Polynom $s = x_2^4 + 5x_2 + 1$ ist nicht reduzierbar modulo B, denn kein Monom in s ist Vielfaches des führenden Monoms eines B_i, sodass auch kein Monom in s durch eine geeignete Subtraktion eliminiert werden kann. Für obiges a gilt sogar $a \xrightarrow{B}\!\!|^{*}\, s$, eine entsprechende Reduktionssequenz (13.4) ist in Tabelle III.1 (links) gezeigt.

Tabelle III.1: Reduktionssequenzen der Länge 7 bzw. 10 zur Berechnung einer Normalform. Die Spalten i und u repräsentieren die Tupel i und u aus der Darstellung einer Reduktionssequenz in (13.4).

i	η	u	i	η	u
1	x_1^3	$-x_1^3x_2+x_1^3+x_2^4$	1	x_1^3	$-x_1^3x_2+x_1^3+x_2^4$
2	$-x_1^2$	$x_1^3-3x_1^2+x_2^4$	1	$-x_1^2x_2$	$x_1^3+x_1^2x_2^2-x_1^2x_2+x_2^4$
1	x_1^2	$-x_1^2x_2-2x_1^2+x_2^4$	1	x_1^2	$x_1^2x_2^2-2x_1^2x_2+x_1^2+x_2^4$
2	$-x_1$	$-2x_1^2-3x_1+x_2^4$	1	$x_1x_2^2$	$-2x_1^2x_2+x_1^2-x_1x_2^3+x_1x_2^2+x_2^4$
1	$-2x_1$	$2x_1x_2-5x_1+x_2^4$	1	$-2x_1x_2$	$x_1^2-x_1x_2^3+3x_1x_2^2-2x_1x_2+x_2^4$
2	2	$-5x_1+x_2^4+6$	1	x_1	$-x_1x_2^3+3x_1x_2^2-3x_1x_2+x_1+x_2^4$
1	-5	$x_2^4+5x_2+1$	1	$-x_2^3$	$+3x_1x_2^2-3x_1x_2+x_1+2x_2^4-x_2^3$
			1	$3x_2^2$	$-3x_1x_2+x_1+2x_2^4-4x_2^3+3x_2^2$
			1	$-3x_2$	$x_1+2x_2^4-4x_2^3+6x_2^2-3x_2$
			1	1	$2x_2^4-4x_2^3+6x_2^2-4x_2+1$

Die in einem Reduktionsschritt zu verwendenden μ und B_i müssen nicht eindeutig sein, sodass abhängig von der konkreten Wahl durchaus verschiedene Reduktionssequenzen entstehen können, siehe dazu Tabelle III.1. Zudem ist auch die Normalform von a modulo B nicht notwendigerweise eindeutig bestimmt[15], sowohl $x_2^4+5x_2+1$ als auch $2x_2^4-4x_2^3+6x_2^2-4x_2+1$ aus dem Beispiel sind Normalformen von a modulo B, siehe auch Übung III.4.

Die Subtraktion $r = a - b\eta$ in einem Reduktionsschritt lässt sich auch als Ersetzung von $\mu = \mathrm{fm}(b)\eta$ durch $-\mathrm{red}(b)\eta$ in a interpretieren. Eine Reduktionssequenz wie in Tabelle III.1 entspricht demnach einer mit a beginnenden Sequenz von Monomersetzungen. Eine Normalform ist erreicht, wenn keine Ersetzung mehr möglich ist. Für einen systematischen Eliminationsprozess ist es von entscheidender Bedeutung, dass per Definition das Monom μ in a mit Hilfe des *führenden Monoms* von b eliminiert wird. So ist sichergestellt, dass das Polynom r nach einem Reduktionsschritt echt kleiner ist (in Bezug auf $\preceq$) als a.

Lemma

Seien $a, b, r \in \mathbb{R}[x_1, \ldots, x_n]$ und μ ein Monom so, dass $a \overset{b}{\rightarrow}_\mu r$. Dann ist $r \prec a$.

Beweis. Wir beweisen $r \prec a$ mittels *Noetherscher*[16] *Induktion*[18] bez. a und der Polynomordnung $\preceq$, als Induktionsannahme gilt also

$$r' \prec a' \quad \text{für alle } a' \prec a \text{ und } r' \text{ mit } a' \overset{b}{\rightarrow}_\mu r'. \tag{13.5}$$

[15] Es sei darauf hingewiesen, dass in anderen Zusammenhängen der Begriff „Normalform" oft als Synonym für eine kanonische Form verwendet wird. In diesen Fällen verlangt man meist Eindeutigkeit, siehe auch unsere Verwendung von kanonischen Formen im Zusammenhang mit Datenstrukturen zur Darstellung mathematischer Objekte.

Laut Voraussetzung ist $\mu \in M(a)$ und $\text{fm}(b)\eta = \mu$ für ein Monom η. Wir betrachten zuerst den Fall $\mu = \text{fm}(a)$. In diesem Fall ist

$$r = a - b\eta = \text{fm}(a) + \text{red}(a) - \text{fm}(b)\eta - \text{red}(b)\eta = \text{red}(a) - \text{red}(b)\eta.$$

Ist $r = 0$, so folgt $r \prec a$ direkt aus der Definition. Andernfalls ist $m < \text{fm}(a)$ für alle $m \in M(r)$ und daher wegen $\text{fpp}(r) < \text{fpp}(a)$ auch $r \prec a$. Im Fall $\mu \neq \text{fm}(a)$ gilt

$$r = a - b\eta = \text{fm}(a) + \text{red}(a) - b\eta = \text{fm}(a) + r' \quad \text{wobei } \text{red}(a) \xrightarrow{b}_{\mu} r',$$

und aufgrund der Induktionsvoraussetzung (13.5) ist $r' \prec \text{red}(a)$. Somit gilt $\text{fpp}(r) = \text{fpp}(a)$ und $\text{red}(r) = r' \prec \text{red}(a)$, also gilt laut Definition auch in diesem Fall $r \prec a$. □

Umgelegt auf den univariaten Fall entspricht ein Reduktionsschritt zur Elimination eines Monoms von a einem einzelnen Subtraktionsschritt in der Polynomdivision von a durch b, wobei der Rest erreicht ist, wenn keine weitere Elimination mehr vorgenommen werden kann. Der Rest $r = a \bmod b$ entspricht also einer Normalform von a modulo des Tupels (b), der Quotient q in der Darstellung $a = b \cdot q + r$ enthält all jene Monome, mit denen b in den einzelnen Eliminationsschritten multipliziert werden muss. Die Polynomdivision kann also auch als die Suche nach einer Normalform r von a modulo (b) mit $a = b \cdot q + r$ angesehen werden. Deren multivariate Version nennt man *Polynomreduktion*, wobei hier anstelle der Polynome b und q jeweils Tupel von Polynomen treten.

Problemstellung (Polynomreduktion).

Gegeben: $a \in \mathbb{R}[x_1, \ldots, x_n], B \in \mathbb{R}[x_1, \ldots, x_n]^m$.
Gesucht: $Q \in \mathbb{R}[x_1, \ldots, x_n]^m, r \in \mathbb{R}[x_1, \ldots, x_n]$
mit: $a = \sum_{k=1}^{m} Q_k B_k + r$ und $a \overset{B}{\rightarrowtail}{}^{*}\, r$.

Der folgende Satz besagt, dass eine Normalform mit den geforderten Eigenschaften stets existiert.

Satz

Polynomreduktion. Seien $a \in \mathbb{R}[x_1, \ldots, x_n]$ und $B \in \mathbb{R}[x_1, \ldots, x_n]^m$. Dann existieren $Q \in \mathbb{R}[x_1, \ldots, x_n]^m$ und $r \in \mathbb{R}[x_1, \ldots, x_n]$ so, dass $a \overset{B}{\rightarrowtail}{}^{*}\, r$ und $a = \sum_{k=1}^{m} Q_k B_k + r$.

[16]Noether, Emmy: 1882–1935, deutsche Mathematikerin. Für ihr Doktorat arbeitete sie an der Universität Erlangen an konstruktiven Methoden in der Polynomidealtheorie. Später wurde sie von Hilbert[17] an die Universität Göttingen geholt, wo sie auch unter dessen Namen lehrte, weil ihr als Frau lange die Habilitation verweigert wurde. Mit ihren Arbeiten in der Invariantentheorie – in der Physik ist das von ihr bewiesene Noethersche Theorem ein Begriff – beeinflusste sie auch die Entwicklung der modernen Physik, insbesondere der allgemeinen Relativitätstheorie.

[17]Hilbert, David: 1862–1943, deutscher Mathematiker. Der nach ihm benannte Hilbertsche Basissatz, wonach für einen Körper K jedes Ideal in $K[x_1, \ldots, x_n]$ eine endliche Basis besitzt, war in einer Arbeit enthalten, die er 1888 bei den *Mathematischen Annalen* einreichte. Obwohl sein Beweis in einem Gutachten stark kritisiert und die Publikation abgelehnt wurde, erschien die Arbeit letztendlich ohne Veränderungen, weil der Herausgeber deren Wichtigkeit erkannte und sich für ihre Publikation einsetzte.

[18]Dieses Induktionsprinzip besagt, dass eine Aussage $P(a)$ für alle $a \in A$ bewiesen ist, sobald man in Bezug auf eine fundierte Ordnung $\preceq$ beweist, dass $P(a)$ für fixes $a \in A$ gilt unter der (Induktions-) Annahme $P(b)$ für alle $b \prec a$. Man spricht dabei manchmal auch von *Werteverlaufsinduktion bez. a und* $\preceq$.

Beweis. Wir verwenden wieder Induktion bez. a und $\preceq$ mit der Induktionsannahme, dass jedes $a' \prec a$ darstellbar ist als

$$a' = \sum_{k=1}^{m} Q'_k B_k + r' \quad \text{mit } Q' \in \mathbb{R}[\mathrm{x}_1, \ldots, \mathrm{x}_n]^m \text{ und } r' \in \mathbb{R}[\mathrm{x}_1, \ldots, \mathrm{x}_n]. \tag{13.6}$$

Ist a nicht reduzierbar modulo B, so wählt man $r := a$ und $Q := (0, \ldots, 0)$. Andernfalls existieren $1 \leq i \leq m$ und $\mu \in M(a)$ so, dass $\mathrm{fm}(B_i)\eta = \mu$ für ein Monom η und damit $a \xrightarrow{B_i}_\mu a'$ mit $a' = a - B_i\eta$. Aufgrund des Lemmas von Seite 109 ist $a' \prec a$, sodass aufgrund der Induktionsannahme Q' und r' existieren mit (13.6). Mit

$$Q_k := \begin{cases} Q'_k + \eta & \text{falls } k = i \\ Q'_k & \text{sonst} \end{cases} \qquad \text{und } r := r'$$

erreichen wir die gewünschte Darstellung $a = a' + B_i\eta = \sum_{k=1}^{m} Q_k B_k + r$. □

Aus diesem konstruktiven Existenzbeweis lässt sich ein rekursiver Algorithmus zur Berechnung einer Normalform ablesen, dessen Arbeitsweise analog zum Divisionsalgorithmus im univariaten Fall ist, siehe Algorithmus *RedMPoly*. Durch Subtraktion eines entsprechenden Vielfachen eines geeigneten B_i, siehe Beispiel unten, eliminiert man ein Monom μ in a, auf dem verbleibenden Polynom wird der Prozess rekursiv solange fortgesetzt, bis keine Reduktion mehr möglich ist. Auch wenn der Beweis dies nicht erzwingt, eliminieren wir in *RedMPoly* wann immer möglich das führende Monom von a. Das in einem Reduktionsschritt zu verwendende B_i ist, wie auf Seite 109 erwähnt, nicht eindeutig bestimmt. Dessen Auswahl realisieren wir in einem Unteralgorithmus *reduzierbar*(a, B), der nach einer Suche in B als Resultat (i, η) liefert mit $\mathrm{fm}(B_i)\eta = \mu$ (existieren keine solchen (i, η), so liefert *reduzierbar*(a, B) das Resultat $(0, 1)$). Aus dem Algorithmus *RedMPoly* lässt sich leicht ein Algorithmus *NormalformMPoly*(a, B) ableiten, der nur eine Normalform von a modulo B berechnet, ohne in jedem Schritt die Polynome Q_k zu bestimmen.

Beispiel

Wir betrachten wieder $a = \mathrm{x}_1^4 + \mathrm{x}_2^4 \in \mathbb{R}[\mathrm{x}_1, \mathrm{x}_2]$ und $B = (\mathrm{x}_1 + \mathrm{x}_2 - 1, \mathrm{x}_1\mathrm{x}_2 - 3)$ bez. der lexikographischen Ordnung. Auf Seite 108 haben wir schon gesehen, dass a reduzierbar modulo B ist. Je nach Realisierung des Unteralgorithmus *reduzierbar* können bei einem Aufruf *RedMPoly*(a, B) verschiedene Reduktionssequenzen entstehen, unter anderem die in Tabelle III.1 gezeigten[19]. Die Polynome Q_i ergeben sich, indem die im jeweiligen Reduktionsschritt verwendeten Monome η im passenden Q_i aufsummiert werden. Aus Tabelle III.1 ergibt

[19] Die linke Spalte erhält man, wenn man wann immer möglich B_2 zur Reduktion verwendet, die rechte Spalte ergibt sich, wenn man wann immer möglich B_1 zur Reduktion heranzieht.

sich etwa

$$\begin{aligned} x_1^4 + x_2^4 &= (x_1^3 + x_1^2 - 2x_1 - 5)B_1 + (-x_1^2 - x_1 + 2)B_2 + x_2^4 + 5x_2 + 1 = \\ &= (x_1^3 - x_1^2x_2 + x_1^2 + x_1x_2^2 - 2x_1x_2 + x_1 - x_2^3 + 3x_2^2 - 3x_2 + 1)B_1 \\ &\quad + 2x_2^4 - 4x_2^3 + 6x_2^2 - 4x_2 + 1. \end{aligned}$$

Algorithmus *RedMPoly*: Reduktion eines multivariaten Polynoms

```
(i, η) ← reduzierbar(a, B)
if i = 0
  r ← a
  for k from 1 to m
    Q_k ← 0
else
  a' ← a − B_i η
  (Q', r') ← RedMPoly(a', B)
  for k from 1 to m
    if k = i
      Q_k ← Q'_k + η
    else
      Q_k ← Q'_k
  r ← r'
return (Q, r)
```

Aufruf: *RedMPoly*(a, B)
Eingabe: $a \in \mathcal{P}_{\mathbb{R}}^{n,\leq}, B \in (\mathcal{P}_{\mathbb{R}}^{n,\leq})^m$.
Ausgabe: $Q \in (\mathcal{P}_{\mathbb{R}}^{n,\leq})^m, r \in \mathcal{P}_{\mathbb{R}}^{n,\leq}$
mit: $a = \sum_{k=1}^m Q_k B_k + r$ und $a \overset{B}{\rightarrow}\!\!|^* \, r$

Ist $a \overset{B}{\rightarrow}\!\!|^* \, 0$, so gilt für a die Darstellung $a = \sum_{k=1}^m Q_k B_k$ und demnach $a \in \text{Ideal}(B)$. Umgekehrt erzwingt $a \in \text{Ideal}(B)$ nicht unbedingt $a \overset{B}{\rightarrow}\!\!|^* \, 0$. So gilt zum einen etwa $B_2 \in \text{Ideal}(B)$ und wegen $B_2 \overset{B_2}{\rightarrow} 0$ auch $B_2 \overset{B}{\rightarrow}\!\!|^* \, 0$. Zum anderen gilt aber mit B aus obigem Beispiel auch $B_2 \overset{B}{\rightarrow}\!\!|^* \, r \neq 0$, da $B_2 \overset{B_1}{\rightarrow} r$ mit $r = -x_2^2 + x_2 - 3$ gilt und r nicht reduzierbar modulo B ist. Eine Normalform modulo B ist somit nicht eindeutig.

Gröbner-Basen

Modulo einer *Gröbner*[20]*-Basis* sind Normalformen stets eindeutig bestimmt.

Definition

Gröbner-Basis. Sei $G \in \mathbb{R}[x_1, \ldots, x_n]^d$. Man nennt G eine *Gröbner-Basis* genau dann, wenn

$$\text{aus } a \overset{G}{\rightarrow}\!\!|^* \, r_1 \text{ und } a \overset{G}{\rightarrow}\!\!|^* \, r_2 \text{ folgt } r_1 = r_2 \quad \text{für alle } a, r_1, r_2 \in \mathbb{R}[x_1, \ldots, x_n].$$

[20]Gröbner, Wolfgang: 1899–1980, österreichischer Mathematiker. Nach seiner Dissertation in Wien ging er nach Göttingen und arbeitete mit Emmy Noether, siehe Seite 110. Über Rom und Wien kam er 1947 als Professor nach Innsbruck. Gröbner-Basen sind nach ihm benannt, da er 1964 in einem Dissertationsthema eine Aufgabenstellung formulierte, die den Ausgangspunkt zur Entwicklung der gesamten Theorie durch Buchberger, siehe Seite 114, markiert.

Da die Definition auf Normalformen aufbaut, ist auch der Begriff Gröbner-Basis von der zugrundeliegenden Ordnung auf P^n abhängig. Von zentraler Bedeutung, auch im Hinblick auf das Lösen polynomialer Gleichungssysteme, sind Gröbner-Basen G, die bei gegebenem $B \in \mathbb{R}[\mathrm{x}_1, \ldots, \mathrm{x}_n]^m$ das gleiche Ideal erzeugen wie B.

Problemstellung (Gröbner-Basis).

Gegeben: $B \in \mathbb{R}[\mathrm{x}_1, \ldots, \mathrm{x}_n]^m$.
Gesucht: $G \in \mathbb{R}[\mathrm{x}_1, \ldots, \mathrm{x}_n]^d$
mit: G ist eine Gröbner-Basis und $\mathrm{Ideal}(G) = \mathrm{Ideal}(B)$.

Eine Lösung G dieser Problemstellung nennt man eine *Gröbner-Basis von B*. Diese ist nicht eindeutig bestimmt, da G z. B. durch Hinzunahme eines Vielfachen eines G_i eine Gröbner-Basis bleibt, die dasselbe Ideal erzeugt. Die Existenz von Gröbner-Basen zu gegebenem B weisen wir nach, indem wir einen Lösungsalgorithmus angeben und dessen Korrektheit zeigen. Es sei angemerkt, dass sich in der Literatur verschiedenste äquivalente Charakterisierungen von Gröbner-Basen finden. Exemplarisch sei folgende Beschreibung mit Hilfe von Normalformen modulo einer Gröbner-Basis angeführt, da diese für den Algorithmus eine wichtige Rolle spielt. Für deren Beweis sei wie für alle anderen Beweise in diesem Abschnitt auf [1] verwiesen.

Satz

Sei $G \in \mathbb{R}[\mathrm{x}_1, \ldots, \mathrm{x}_n]^d$. Dann gilt

$$G \text{ ist eine Gröbner-Basis} \iff a \overset{G}{\twoheadrightarrow}{}^{*} 0 \text{ für jedes } a \in \mathrm{Ideal}(G).$$

Ist B keine Gröbner-Basis, so gibt es ein $a \in \mathrm{Ideal}(B)$ mit $a \overset{B}{\twoheadrightarrow}{}^{*} r \neq 0$. Dann existiert aber eine Reduktionssequenz

$$a \overset{B_{i_1}}{\rightarrow} u_1 \overset{B_{i_2}}{\rightarrow} u_2 \rightarrow \cdots \rightarrow u_{k-1} \overset{B_{i_k}}{\rightarrow} u_k = r \overset{r}{\rightarrow} 0, \tag{13.7}$$

sodass $a \overset{\bar{B}}{\twoheadrightarrow}{}^{*} 0$ mit $\bar{B} = (B_1, \ldots, B_m, r) = \mathit{EinfügenEnde}(B, r)$. Iteriert man diesen Prozess für alle $a \in \mathrm{Ideal}(B)$, die nicht zu Null reduzieren, so kann B durch sukzessives Hinzufügen von Polynomen $r = \mathit{RedMPoly}(a, B)$ zu einer Gröbner-Basis vervollständigt werden. Das Hindernis aus algorithmischer Sicht ist dabei, dass über *unendlich viele* Linearkombinationen $a \in \mathrm{Ideal}(B)$ iteriert werden muss. Der Schlüssel zum Erfolg liegt in speziellen Linearkombinationen.

Definition

S-Polynom. Seien $p, q \in \mathbb{R}[\mathrm{x}_1, \ldots, \mathrm{x}_n]$ mit $p, q \neq 0$. Man nennt

$$S^{(p,q)} := \mathrm{fk}(q)\frac{\mathrm{kgV}(\mathrm{fpp}(p), \mathrm{fpp}(q))}{\mathrm{fpp}(p)}p - \mathrm{fk}(p)\frac{\mathrm{kgV}(\mathrm{fpp}(p), \mathrm{fpp}(q))}{\mathrm{fpp}(q)}q$$

das *S-Polynom von p und q*.

Beispiel Wir betrachten $p = 3x_2^4 + x_1^3 + 2x_1^2x_2$ und $q = x_1x_2^2 + 2x_2^3 - 5x_1x_2$ bezüglich der Totalgrad-Ordnung. Dann ist $\mathrm{kgV}(\mathrm{fpp}(p), \mathrm{fpp}(q)) = x_1x_2^4$ und

$$S^{(p,q)} = 1 \cdot x_1 \cdot p - 3 \cdot x_2^2 \cdot q = -6x_2^5 + x_1^4 + 2x_1^3x_2 + 15x_1x_2^3. \qquad (13.8)$$

Der folgende Satz zeigt, dass die Iteration über endlich viele S-Polynome ausreicht:

Satz **Satz von Buchberger**[21]. Sei $G \in \mathbb{R}[x_1, \ldots, x_n]^d$ mit $G_i \neq 0$ für alle $1 \leq i \leq d$. Dann gilt

$$G \text{ ist eine Gröbner-Basis} \iff S^{(G_i,G_j)} \xrightarrow{G}\!\!{}^* \ 0 \text{ für alle } 1 \leq i < j \leq d.$$

Mit obigem Satz wird die zuvor skizzierte Idee zur Vervollständigung zu einem Algorithmus, siehe Algorithmus *GBBuchberger*. Wir schreiben

$$G \ominus H := \big(G_j \bigm| 1 \leq j \leq |G| \text{ und } G_j \neq H_k \text{ für alle } 1 \leq k \leq |H|\big)$$

für das Tupel all jener Komponenten von G, die nicht in H auftreten. Im Algorithmus wird mit $G = B \ominus (0)$ gestartet, da in B etwaig auftretende Nullpolynome jedenfalls eliminiert werden können. Aufgrund des Satzes durchläuft man anstatt unendlich vieler $a \in \mathrm{Ideal}(G)$ die lediglich *endlich vielen* S-Polynome zu den Polynompaaren[22] aus G und berechnet eine Normalform r modulo G. Ist $r \neq 0$, so erweitert man G laut (13.7) um r und bildet neue Paare mit r.

Algorithmus *GBBuchberger*: Berechnung einer Gröbner-Basis nach Buchberger

```
G ← B ⊖ (0)
P ← ((i, j) | 1 ≤ i < j ≤ |G|)
while P ≠ ()
   (p, q) ← P_1, P ← P_{2:|P|}
   r ← NormalformMPoly(S^(G_p,G_q), G)
   if r ≠ 0
      G ← EinfügenEnde(G, r)
      for k from 1 to |G| − 1
         P ← EinfügenEnde(P, (k, |G|))
return G
```

Aufruf: *GBBuchberger*(B)
Eingabe: $B \in (\mathcal{P}_{\mathbb{R}}^{n,\leq})^m$.
Ausgabe: $G \in (\mathcal{P}_{\mathbb{R}}^{n,\leq})^d$
mit: G ist eine Gröbner-Basis und $\mathrm{Ideal}(G) = \mathrm{Ideal}(B)$.

[21] Buchberger, Bruno: (*1942), österreichischer Mathematiker. Er entwickelte den nach ihm benannten Algorithmus in seiner Dissertation 1965, siehe [2]. Erst 1970 publizierte er das Verfahren in den *aequationes mathematicae* und verwendete dort erstmal den Ausdruck *S-Polynom*. Die Bezeichnung *Gröbner-Basis* (nach seinem Lehrer und Doktorvater Wolfgang Gröbner, siehe Seite 112) wurde erst bei der Publikation einer überarbeiteten Version der gesamten Theorie in zwei Arbeiten im ACM Sigsam Bulletin 1976 eingeführt. Buchberger initiierte 1985 als erster Herausgeber das *Journal for Symbolic Computation (JSC)*, gründete das Institut *RISC (Research Institute for Symbolic Computation)*, das seit 1989 im Schloss Hagenberg nahe Linz angesiedelt ist, und entwickelte ausgehend von RISC ein weltweit angesehenes Technologie-Zentrum, den Softwarepark Hagenberg. Für die Entwicklung der Theorie der Gröbner-Basen erhielt er 2007 den ACM Paris Kanellakis Theory and Practice Award.

[22] Zur Erzeugung von P läuft der Index i von 1 bis $|G|$ und für jedes i der Reihe nach j von $i + 1$ bis $|G|$. Für eine effiziente Umsetzung des Verfahrens können die Paare auch speziell sortiert werden, wir verzichten auf die Details.

Beispiel

Wir illustrieren den Ablauf von *GBBuchberger* anhand von

$$B = \left(3x_2^4 + x_1^3 + 2x_1^2x_2,\, x_1x_2^2 + 2x_2^3 - 5x_1x_2\right)$$

mit Totalgrad-Ordnung. Wir initialisieren $G = B$ und $P = ((1, 2))$. Wir wählen das erste Paar aus P und löschen es aus P, somit ist $P = ()$. Das zu berechnende S-Polynom ist genau (13.8), der Algorithmus *NormalformMPoly* liefert dann[23]

$$r = x_1^4 + 4x_1^3x_2 + \tfrac{14}{3}x_1^3 + \tfrac{88}{3}x_1^2x_2 - 70x_2^3 + 175x_1x_2.$$

Wegen $r \neq 0$ wird G um r erweitert, also $G_3 = r$, und es sind neue Paare zu bilden, also $P = ((1, 3), (2, 3))$. Im nächsten Durchlauf ergibt sich mit $(p, q) = (1, 3)$ und $P = ((2, 3))$

$$S^{(G_1,G_3)} = -12x_1^3x_2^5 + x_1^7 + 2x_1^6x_2 - 14x_1^3x_2^4 - 88x_1^2x_2^5 + 210x_2^7 - 525x_1x_2^5,$$

dessen Reduktion modulo G auf $r = 0$ führt, daher ist nichts weiter zu tun. Im nächsten Durchlauf ist $(p, q) = (2, 3)$ und $P = ()$, man erhält

$$S^{(G_2,G_3)} = -2x_1^3x_2^3 - 5x_1^4x_2 - \tfrac{14}{3}x_1^3x_2^2 - \tfrac{88}{3}x_1^2x_2^3 + 70x_2^5 - 175x_1x_2^3,$$

die Normalform modulo G ist ebenfalls $r = 0$. Somit bleibt $P = ()$, und der Algorithmus bricht an dieser Stelle ab mit der Gröbner-Basis

$$\begin{aligned} G = (&3x_2^4 + x_1^3 + 2x_1^2x_2,\; x_1x_2^2 + 2x_2^3 - 5x_1x_2,\\ &x_1^4 + 4x_1^3x_2 + \tfrac{14}{3}x_1^3 + \tfrac{88}{3}x_1^2x_2 - 70x_2^3 + 175x_1x_2). \end{aligned}$$

Wir wenden uns nun der Korrektheit des Algorithmus *GBBuchberger* zu und werden dabei auch zeigen, dass der Algorithmus stets nach endlich vielen Schritten abbricht[24].

Satz

Korrektheit von *GBBuchberger*. Der Algorithmus *GBBuchberger* ist korrekt.

Beweis. Zur Termination des Algorithmus betrachten wir die im Algorithmus erzeugte Folge $(r^{(k_j)})_{j\in\mathbb{N}}$ mit k_j so, dass $r^{(k_j)} \neq 0$ für alle $j \in \mathbb{N}$, und konstruieren daraus die Folge h mit $h^{(j)} := \mathrm{fpp}(r^{(k_j)})$. Keines der $r^{(k_j)}$ ist reduzierbar modulo $R := (r^{(k_i)} \mid i < j)$, insbesondere gilt

$$h^{(i)} = \mathrm{fpp}(r^{(k_i)}) \nmid \mathrm{fpp}(r^{(k_j)}) = h^{(j)} \quad \text{für alle } i < j, \tag{13.9}$$

weil sonst $r^{(k_j)}$ modulo R reduzierbar wäre. Würde der Algorithmus nicht terminieren, dann wäre h eine unendliche Folge mit der Eigenschaft (13.9) im Widerspruch zu Dicksons Lemma von Seite 102.

[23]Der Lesbarkeit halber verwenden wir zum Anschreiben der Resultate unserer Algorithmen nicht die interne Tupeldarstellung.

[24]Das Eintreten der Abbruchsbedingung $P = ()$ ist nicht trivial angesichts der Tatsache, dass im Fall einer Reduktion eines S-Polynoms auf eine Normalform $r \neq 0$ neue Paare zu P hinzugefügt werden.

Seien $B \in \mathbb{R}[x_1, \ldots, x_n]^m$ und $G = \mathit{GBBuchberger}(B)$. Zu zeigen ist, dass G eine Gröbner-Basis ist und $\mathrm{Ideal}(G) = \mathrm{Ideal}(B)$. Eine Schleifeninvariante im Algorithmus lautet

$$I(G,P) :\Longleftrightarrow S^{(G_i,G_j)} \overset{G}{\rightarrowtail}{}^* 0 \text{ für alle } (i,j) \in \Pi(G,P), \text{ wobei}$$
$$\Pi(G,P) := \{(i,j) \mid 1 \le i < j \le |G|\} \setminus \{P_l \mid 1 \le l \le |P|\}.^{25}$$

Vor dem ersten Schleifendurchlauf gilt $\Pi(G, P) = \emptyset$, daher gilt $I(G, P)$ trivialerweise. Sei nun $k \in \mathbb{N}$ so, dass[26]

$$I(G^{(k-1)}, P^{(k-1)}) \text{ und } P^{(k-1)} \neq (), \qquad \text{(Induktionsannahme)}$$

zu zeigen ist $S^{(G_i,G_j)} \overset{G}{\rightarrowtail}{}^* 0$ für alle $(i, j) \in \Pi(G, P)$. Unabhängig von r gilt im Algorithmus stets

$$\Pi(G,P) = \Pi(G^{(k-1)}, P^{(k-1)}) \cup \{(p,q)\}.$$

Für $(i, j) \in \Pi(G^{(k-1)}, P^{(k-1)})$ gilt jedenfalls $S^{(G_i,G_j)} \overset{G^{(k-1)}}{\rightarrowtail}{}^* 0$ aufgrund der Induktionsannahme, daher auch $S^{(G_i,G_j)} \overset{G}{\rightarrowtail}{}^* 0$. Betrachten wir nun den Fall $(i, j) = (p, q)$, so sehen wir laut Algorithmus

$$S^{(G_p^{(k-1)}, G_q^{(k-1)})} \overset{G^{(k-1)}}{\rightarrowtail}{}^* r. \qquad (13.10)$$

Fall 1 ($r = 0$)**:** Laut Algorithmus ist $G = G^{(k-1)}$ und daher $S^{(G_p,G_q)} \overset{G}{\rightarrowtail}{}^* 0$.

Fall 2 ($r \neq 0$)**:** Laut Algorithmus ist $G = \mathit{EinfügenEnde}(G^{(k-1)}, r)$ und $S^{(G_p,G_q)} \overset{G}{\rightarrowtail}{}^* 0$ wie in (13.7).

In beiden Fällen gilt somit $I(G, P)$. Bricht der Algorithmus mit $P = ()$ ab, so ist $\Pi(G, P) = \{(i, j) \mid 1 \le i < j \le |G|\}$, sodass gemeinsam mit $I(G, P)$ und dem Satz von Seite 114 folgt, dass G eine Gröbner-Basis ist.

$\mathrm{Ideal}(G) = \mathrm{Ideal}(B)$ gilt jedenfalls zu Beginn des Algorithmus. Sei nun k so, dass $P^{(k-1)} \neq ()$, und nehmen wir an $\mathrm{Ideal}(G^{(k-1)}) = \mathrm{Ideal}(B)$. Für r gilt wie zuvor (13.10), d. h.

$$r = S^{(G_p^{(k-1)}, G_q^{(k-1)})} - \sum_{i=1}^{|G^{(k-1)}|} q_i G_i^{(k-1)} \text{ für geeignete } q_i,$$

woraus sofort $r \in \mathrm{Ideal}(G^{(k-1)})$ folgt. Im Fall $r = 0$ ist $G = G^{(k-1)}$ und somit $\mathrm{Ideal}(G) = \mathrm{Ideal}(B)$. Andernfalls ist $G = \mathit{EinfügenEnde}(G^{(k-1)}, r)$ und daher $\mathrm{Ideal}(G) = \mathrm{Ideal}(G^{(k-1)}) = \mathrm{Ideal}(B)$. Somit gilt $\mathrm{Ideal}(G) = \mathrm{Ideal}(B)$ nach jedem Schleifendurchlauf und daher auch bei Abbruch des Algorithmus. □

[25] Die Menge $\Pi(G, P)$ enthält genau die Index-Paare von möglichen Polynom-Paaren aus G, die nicht mehr in P enthalten sind, d. h., deren zugehöriges S-Polynom ist im Laufe des Algorithmus schon reduziert worden.

[26] Wie gewohnt bezeichnen wir mit $G^{(k)}, P^{(k)}$ etc. die Werte der Variablen nach dem k-ten Schleifendurchlauf. Der Übersichtlichkeit halber führen wir den Iterationsindex ab jetzt aber nur an, wenn er ungleich k ist.

Reduzierte Gröbner-Basen

Eine Gröbner-Basis von B ist nicht eindeutig, da sie etwa Polynome enthalten kann, die zur Erzeugung des Ideals nicht benötigt werden, z. B. das Nullpolynom 0. Ziel ist es daher, eine Basis „auf das Wesentliche zu reduzieren".

Definition

Reduzierte Gröbner-Basis. Eine Gröbner-Basis $H \in \mathbb{R}[x_1, \ldots, x_n]^s$ heißt *reduziert* genau dann, wenn für alle $1 \leq i \leq s$

1. $H_i \neq 0, H_i$ ist normiert und
2. H_i ist nicht reduzierbar modulo $H \ominus (H_i) = (H_1, \ldots, H_{i-1}, H_{i+1}, \ldots, H_s)$.

Satz

Sei $B \in \mathbb{R}[x_1, \ldots, x_n]^m$. Dann existiert eine reduzierte Gröbner-Basis $H \in \mathbb{R}[x_1, \ldots, x_n]^s$ mit $\mathrm{Ideal}(H) = \mathrm{Ideal}(B)$, die bis auf die Reihenfolge ihrer Komponenten eindeutig bestimmt ist.

Für den Nachweis von Existenz und Eindeutigkeit verweisen wir auf [1] und skizzieren hier nur, wie man ausgehend von einer Gröbner-Basis $G \in \mathbb{R}[x_1, \ldots, x_n]^d$ eine reduzierte Gröbner-Basis $H \in \mathbb{R}[x_1, \ldots, x_n]^s$ erhält. Zuerst berechnet man für $i = 1, \ldots, d$ das Polynom H_i als Normalform von G_i modulo $G \ominus (G_i)$. Ist $H_i = 0$, so kann H_i aus H gestrichen werden, da $H_i \in \mathrm{Ideal}(H \ominus (H_i))$ und damit $\mathrm{Ideal}(H) = \mathrm{Ideal}(H \ominus (H_i))$. Andernfalls wird H_i durch Multiplikation mit $1/\mathrm{fk}(H_i)$ normiert. Jedes der dabei entstehenden H_i ist eine Linearkombination der Komponenten von G, sodass $\mathrm{Ideal}(H) = \mathrm{Ideal}(G)$.

Gilt hinsichtlich der Berechnung einer Normalform von G_i modulo $G \ominus (G_i)$

$$\mathrm{fpp}(G_j) | \mathrm{fpp}(G_i) \quad \text{für ein } (i, j) \text{ mit } i \neq j, \tag{13.11}$$

so gilt jedenfalls $G_i \xrightarrow{G_j}_{\mathrm{fm}(G_i)} r$ mit $r = G_i - a\frac{\mathrm{fpp}(G_i)}{\mathrm{fpp}(G_j)} G_j$ und einem geeigneten Koeffizienten $a \in \mathbb{R}$. Klarerweise ist $r \in \mathrm{Ideal}(G)$, sodass $r \xrightarrow{G}\!\!|^* \; 0$, da G eine Gröbner-Basis ist, siehe dazu den Satz von Seite 113. Wegen $\mathrm{fpp}(r) < \mathrm{fpp}(G_i)$ kann G_i an dieser Reduktion aber nicht beteiligt sein, sodass sogar $r \xrightarrow{G'}\!\!|^* \; 0$ und insgesamt $G_i \xrightarrow{G'}\!\!|^* \; 0$ mit $G' = G \ominus (G_i)$ gilt. Die Eigenschaft (13.11) ist also eine hinreichende Bedingung für die Reduktion von G_i zu 0 modulo $G \ominus (G_i)$. Diese Berechnung muss demzufolge nicht durchgeführt werden. Man sammelt daher in einem Tupel F all jene $G_i \neq 0$, für die (13.11) *nicht erfüllt* ist. Die Polynome in F werden dann wie oben beschrieben gegenseitig reduziert, und Übung III.7 zeigt, dass dies zu einer reduzierten Gröbner-Basis führt. Im resultierenden Algorithmus *RedGB* steht die Notation $G \oplus H$ für das Tupel C mit $|C| = |G| + |H|$ und

$$C_i = \begin{cases} G_i & \text{falls } 1 \leq i \leq |G| \\ H_{i-|G|} & \text{falls } |G| + 1 \leq i \leq |G| + |H|, \end{cases}$$

d. h., $G \oplus H$ entspricht dem Zusammenhängen zweier Tupel G und H.

Algorithmus *RedGB*: Berechnung der reduzierten Gröbner-Basis

$F \leftarrow (), H \leftarrow ()$
for i **from** 1 **to** d
  if $G_i \neq 0 \wedge$
    $\text{fpp}(F_j) \nmid \text{fpp}(G_i)$ für $1 \leq j \leq |F| \wedge$
    $\text{fpp}(G_j) \nmid \text{fpp}(G_i)$ für $i+1 \leq j \leq d$
    $F \leftarrow \mathit{EinfügenEnde}(F, G_i)$
$s \leftarrow |F|$
for i **from** 1 **to** s
  $r \leftarrow \mathit{NormalformMPoly}(F_i, H \oplus F_{i+1:s})$
  $H \leftarrow \mathit{EinfügenEnde}(H, \frac{1}{\text{fk}(r)} r)$
return H

Aufruf: $\mathit{RedGB}(G)$
Eingabe: $G \in (\mathcal{P}_{\mathbb{R}}^{n,\leq})^d$
mit: G ist eine Gröbner-Basis.
Ausgabe: $H \in (\mathcal{P}_{\mathbb{R}}^{n,\leq})^s$
mit: H ist eine reduzierte Gröbner-Basis und $\text{Ideal}(H) = \text{Ideal}(G)$.

Beispiel Der Aufruf *RedGB*(G) mit G aus dem Beispiel von Seite 115 führt auf die reduzierte Gröbner-Basis H mit $|H| = 3$, $H_1 = x_2^4 + \frac{1}{3}x_1^3 + \frac{2}{3}x_1^2x_2$, $H_2 = G_2$ und $H_3 = G_3$.

Allgemein gilt $|H| \leq |G|$, wie aus dem Beispiel ersichtlich, muss nicht notwendigerweise $|H| < |G|$ gelten.

Ausblick

Beim Berechnen einer Gröbner-Basis sieht man, dass eine Reduktion eines S-Polynoms zu 0 keinen Beitrag zur späteren Basis G liefert. Hinzu kommt, dass solche *Nullreduktionen* typischerweise mit großem Rechenaufwand verbunden sind, da alle Monome Schritt für Schritt eliminiert werden müssen. Ähnlich der Vorgehensweise zum Ermitteln der reduzierten Basis wäre es also bezüglich des Rechenaufwands hilfreich, solche Nullreduktionen zu vermeiden. Tatsächlich gibt es *Kriterien*, mit deren Hilfe die Nullreduktion eines S-Polynoms vorausgesagt werden kann.

Lemma Seien $p, q \in \mathbb{R}[x_1, \ldots, x_n]$, sodass $\text{kgV}(\text{fpp}(p), \text{fpp}(q)) = \text{fpp}(p) \cdot \text{fpp}(q)$. Dann gilt $S^{(p,q)} \xrightarrow{G}_{\shortmid}^{*} 0$ mit $G = (p, q)$.

Dieses Resultat erlaubt die Vorhersage einer Nullreduktion allein durch Betrachtung der führenden Potenzprodukte. Im Beispiel von Seite 115 hätten wir uns mit Hilfe dieses Lemmas die Reduktion von $S^{(G_1,G_3)}$ sparen können, weil $\text{fpp}(G_1) = x_2^4$ und $\text{fpp}(G_3) = x_1^4$. Aus demselben Grund kann man sofort erkennen, dass (x_1^4, x_2^4) eine Gröbner-Basis ist. Die Nullreduktion von $S^{(G_2,G_3)}$ im Beispiel von Seite 115 hingegen wäre durch diesen Test nicht vorhersehbar gewesen. Es existieren auch noch stärkere Kriterien, die aber in ihrer Anwendung etwas aufwändiger sind als das hier angeführte, siehe etwa [1].

Der Speicherplatzbedarf für die reduzierte Gröbner-Basis H lässt sich mit Hilfe des maximalen Totalgrads D der Eingabepolynome in G abschätzen. Die beste bisher bekannte obere Schranke für den Totalgrad der Polynome in H aus [24] führt auf die Raumkomplexität der Ordnung $O(D^{2^n})$. Im schlechtesten Fall ist der Speicherplatzaufwand also *doppelt exponentiell* in der Anzahl der Variablen. Diese Komplexität kann durch Modifikation des Algorithmus nicht reduziert werden, da bewiesen wurde, dass *jeder Algorithmus*, der die Aussage $p \in \text{Ideal}(B)$ (vgl. mit dem Satz von Seite 113) überprüfen kann, mindestens diese Komplexität aufweist. Trotz dieser enormen oberen Schranke für den Aufwand zeigt sich, dass in vielen Fällen die Berechnung einer Gröbner-Basis mit vertretbarem Aufwand durchführbar ist. Hinsichtlich der Rechenzeiten zeigt die Praxis, dass der Aufwand bei lexikographischer Ordnung in der Regel höher als bei Totalgrad-Ordnung ist. Darüber hinaus ist bei lexikographischer Ordnung auch eine starke Empfindlichkeit bezüglich der zugrunde liegenden Ordnung der Variablen zu beobachten, siehe dazu auch Übung III.10.

Im gesamten Kapitel haben wir bisher Polynome mit reellen Koeffizienten, also $\mathbb{R}[x_1, \ldots, x_n]$, betrachtet. Die Umsetzung auf einem Computer geschieht üblicherweise mittels rationaler Arithmetik, wobei man beim Rechnen mit rationalen Koeffizienten in der Regel einen drastischen Anstieg der Länge der Zähler bzw. Nenner der Koeffizienten beobachtet[27]. Eine Realisierung des Algorithmus in Gleitkommaarithmetik ist insofern kritisch als in der zentralen Polynomreduktion die Subtraktion annähernd gleich großer Zahlen benötigt wird, um Monome zu eliminieren. Erst in jüngerer Vergangenheit wurde die praktische Durchführbarkeit in Gleitkommaarithmetik studiert. Für Details dazu und Ansätze zu einer Stabilitätsuntersuchung verweisen wir auf [20].

Gröbner-Basen spielen eine wichtige Rolle in der Theorie der Polynomideale und der Computeralgebra. Sie finden aber auch in Problemstellungen wie beispielsweise dem Lösen polynomialer Gleichungssysteme, dem automatischen Beweisen von geometrischen Sachverhalten, dem Umwandeln einer Parameterdarstellung eines geometrischen Objekts (z. B. einer Kurve) in eine definierende Gleichung, der Kryptographie und der Kryptoanalyse ihre Anwendung.

14 Polynomiale Gleichungssysteme

Mit Hilfe der bisher vorgestellten Methoden sind wir nun in der Lage, (reelle) polynomiale Gleichungssysteme zu lösen. Die Beweise der diesem Verfahren zugrunde liegenden Theorie gehen über das uns zugängliche Grundwissen über Ideale hinaus, wir verweisen dafür auf [1, 4].

In diesem Abschnitt bezeichne H stets die reduzierte Gröbner Basis von B. **Vereinbarung**

Problemstellung (Polynomiales Gleichungssystem).

Gegeben: $B \in \mathbb{R}[x_1, \ldots, x_n]^m$.
Gesucht: $\bar{x} \in \mathbb{R}^n$
mit: $\text{eval}(B_i, \bar{x}) = 0$ für alle $i = 1, \ldots, m$.

Wir schreiben kurz $\mathcal{G}(B)$ für das durch $B \in \mathbb{R}[x_1, \ldots, x_n]^m$ charakterisierte System

$$\text{eval}(B_i, x) = 0 \quad \text{für alle } i = 1, \ldots, m.$$

[27] In den Berechnungen fällt also auch der reine Aufwand für Koeffizientenarithmetik ins Gewicht, in den Komplexitätsuntersuchungen wird dieser Aufwand aber als konstant angenommen.

Die Bedeutung von Idealen für das Lösen von Gleichungssystemen liegt darin, dass jede Lösung des durch B beschriebenen Systems auch eine Lösung des zu B' gehörigen Systems ist, falls die von B und B' erzeugten Ideale übereinstimmen, siehe Übung III.8.

Betrachten wir zunächst den univariaten Fall, also $B \in \mathbb{R}[x]^m$. In $\mathbb{R}[x]$ ist bemerkenswerterweise jedes Ideal von einem einzigen Polynom erzeugbar, insbesondere ist $\mathrm{Ideal}(B_1, \ldots, B_m) = \mathrm{Ideal}(h)$, wobei das erzeugende Element h durch $\mathrm{ggT}(B_1, \ldots, B_m)$ gegeben ist. Das durch B beschriebene Gleichungs*system* ist also dann durch *ein Polynom* h vollständig definiert. Ein $\bar{x}$ löst $\mathcal{G}(B)$ in diesem Fall genau dann, wenn $\mathrm{eval}(h, \bar{x}) = 0$. Zudem gilt $\sum_{i=1}^{m} Q_i B_i \bmod h = 0$ für alle $Q_i \in \mathbb{R}[x]$, d.h., für jede Linearkombination der B_i ist der Rest bei Division durch h gleich 0.

Im multivariaten Fall stimmen wegen $\mathrm{Ideal}(H) = \mathrm{Ideal}(B)$ die Lösungen von $\mathcal{G}(B)$ mit jenen von $\mathcal{G}(H)$ überein. Nach dem Satz von Seite 113 gilt $\sum_{i=1}^{m} Q_i B_i \overset{H}{\rightarrow}^{*} 0$, d.h. jede Linearkombination der B_i reduziert zu 0 modulo H. Gröbner Basen verhalten sich bez. der Reduktion im multivariaten Fall völlig analog zum ggT bez. der Division mit Rest im univariaten Fall.

Ein polynomiales Gleichungssystem $\mathcal{G}(B)$ kann keine Lösung haben (selbst bei Erweiterung des Lösungsbegriffs auf die komplexen Zahlen, siehe Fußnote 38 auf Seite 43), kann endlich viele, oder aber auch unendlich viele Lösungen besitzen. Die Beurteilung der Lösbarkeit stützt sich ganz wesentlich auf die Gestalt der reduzierten Gröbner Basis von B.

Beispiel

Kehren wir zurück zum einleitenden Gleichungssystem von Seite 95. In diesem Beispiel ist $B = \left(x_1^4 + x_2^4,\, x_1 + x_2 - 1,\, x_1 x_2 - 3\right)$, *RedGB*(*GBBuchberger*(B)) liefert die reduzierte Gröbner Basis $H = (1)$. Daher ist $\mathcal{G}(B)$ unlösbar, da jede Lösung $\bar{x}$ auch eine Lösung der Gleichung $\mathrm{eval}(1, \bar{x}) = 0$, also $1 = 0$, sein müsste.

Für $B = \left(x_1^2 + x_2^2 + x_3^2 - 1,\, x_1 + x_2 + x_3\right)$ beschreibt $\mathcal{G}(B)$ gerade den Schnitt der Einheitskugel mit einer Ebene durch deren Mittelpunkt. Dieses System hat klarerweise unendlich viele Lösungen, die den Koordinaten der unendlich vielen Punkte auf dem Schnittkreis entsprechen. Die reduzierte Gröbner Basis von B lautet $\left(x_2^2 + x_2 x_3 + x_3^2 - \frac{1}{2},\, x_1 + x_2 + x_3\right)$, die führenden Potenzprodukte der Polynome in der Basis lauten x_1 und x_2^2.

Es lässt sich zeigen, dass das System $\mathcal{G}(B)$ höchstens endlich viele Lösungen hat, falls die reduzierte Gröbner-Basis *für jede* Polynomvariable x_i ein Polynom mit führendem Potenzprodukt $x_i^{k_i}$ enthält. Die nachfolgende Diskussion führen wir ausschließlich für den Fall von Systemen mit endlich vielen Lösungen. Eine Lösungsstrategie besteht dann darin, eine Basis des von B erzeugten Ideals zu finden, für die das Lösen des zugehörigen Systems *einfacher* ist als das Lösen des Originalsystems. Wir veranschaulichen die Vorgehensweise vorerst an einem Beispiel.

Beispiel

Wir betrachten $B = \left(x_1^3 + 2x_1^2 x_2 + 3x_2^4,\, x_1 x_2^2 - 5x_1 x_2 + 2x_2^3\right)$ wie auf Seite 115, diesmal aber bez. lexikographischer Ordnung. Die reduzierte Gröbner-Basis von B lautet

$$\begin{aligned} H = (&x_1^3 - \tfrac{3}{125}x_2^7 + \tfrac{9}{25}x_2^6 - \tfrac{22}{25}x_2^5 + 3x_2^4, \\ &x_1 x_2 + \tfrac{3}{2500}x_2^7 - \tfrac{3}{250}x_2^6 + \tfrac{7}{500}x_2^5 - \tfrac{2}{25}x_2^4 - \tfrac{2}{5}x_2^3, \\ &x_2^8 - 15x_2^7 + \tfrac{185}{3}x_2^6 - 125x_2^5). \end{aligned}$$

H weist die Besonderheit auf, dass $H_3 \in \mathbb{R}[\mathrm{x}_2]$ und $H_1, H_2 \in \mathbb{R}[\mathrm{x}_1, \mathrm{x}_2]$. In einem ersten Schritt kann man somit aus der Gleichung $\mathrm{eval}(H_3, x_2) = 0$ eine Lösung $\bar{x}_2$ ermitteln, diese in H_1 bzw. H_2 für x_2 einsetzen, und dann mit dem verbleibenden System, das nicht mehr von x_2 abhängt, fortfahren.

Der folgende Satz zeigt, dass bei Verwendung der lexikographischen Ordnung die spezielle Gestalt der Gröbner-Basis im obigen Beispiel kein Zufall war. Wir verwenden dabei

$$H \sqcap A := \big(H_j \bigm| j = 1, \ldots, |H| \wedge H_j \in A\big)$$

für das Tupel all jener Komponenten von H, die in der Menge A enthalten sind.

Satz

Sei $H \in \mathbb{R}[\mathrm{x}_1, \ldots, \mathrm{x}_n]^s$ eine reduzierte Gröbner-Basis bezüglich der lexikographischen Ordnung. Dann gilt

$$\mathrm{Ideal}(H) \cap \mathbb{R}[\mathrm{x}_i, \ldots, \mathrm{x}_n] = \mathrm{Ideal}(H \sqcap \mathbb{R}[\mathrm{x}_i, \ldots, \mathrm{x}_n]) \quad \text{für alle } i = 1, \ldots, n.$$

Die linke Seite $\mathrm{Ideal}(H) \cap \mathbb{R}[\mathrm{x}_i, \ldots, \mathrm{x}_n]$ besteht aus jenen Polynomen im Ideal, die nur von $\mathrm{x}_i, \ldots, \mathrm{x}_n$ abhängen. Diese Polynome bestimmen die Lösungen für $\mathrm{x}_i, \ldots, \mathrm{x}_n$. Der Satz besagt nun, dass dieser Teil des Ideals genau von jenen Polynomen in der Gröbner-Basis H erzeugt wird, die nur von $\mathrm{x}_i, \ldots, \mathrm{x}_n$ abhängen. Eine Gröbner-Basis bez. der lexikographischen Ordnung weist daher immer eine Dreiecksgestalt mit Blöcken $\Delta_i := H \sqcap \mathbb{R}[\mathrm{x}_i, \ldots, \mathrm{x}_n]$ für $i = 1, \ldots, n$ auf[28], wobei der letzte Block Δ_n nur aus *einem univariaten* Polynom besteht. Dazu betrachte man etwa die Gröbner-Basis H aus dem vorangegangenen Beispiel, sie besteht aus den Blöcken

$$\Delta_1 = (H_1, H_2) \qquad\qquad \Delta_2 = (H_3)$$

mit $H_1, H_2 \in \mathbb{R}[\mathrm{x}_1, \mathrm{x}_2]$ und $H_3 \in \mathbb{R}[\mathrm{x}_2]$. Abbildung III.1 zeigt eine schematische Darstellung der Dreiecksgestalt.

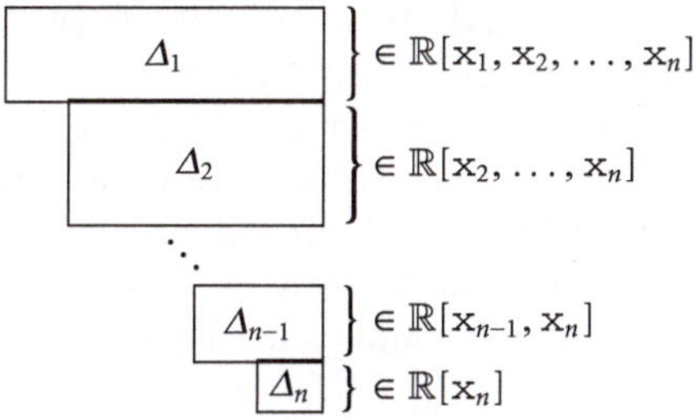

Δ_1 } $\in \mathbb{R}[\mathrm{x}_1, \mathrm{x}_2, \ldots, \mathrm{x}_n]$
Δ_2 } $\in \mathbb{R}[\mathrm{x}_2, \ldots, \mathrm{x}_n]$
$\ddots$
Δ_{n-1} } $\in \mathbb{R}[\mathrm{x}_{n-1}, \mathrm{x}_n]$
Δ_n } $\in \mathbb{R}[\mathrm{x}_n]$

Abb. III.1: Dreiecksgestalt einer lexikographischen Gröbner-Basis.

[28] Bei Verwendung der Totalgrad-Ordnung ist diese Struktur im Allgemeinen nicht gegeben.

Durch die Berechnung einer reduzierten Gröbner-Basis bez. der lexikographischen Ordnung führen wir das Problem des Lösens eines polynomialen Gleichungssystems auf das Lösen einer Gleichung in nur einer Variablen zurück, wofür wir Lösungsmethoden aus Abschnitt 5 heranziehen können. Basierend auf der Dreiecksgestalt der Gröbner-Basis ermittelt man dann in einem der Rückwärtssubstitution bei linearen Gleichungssystemen ähnlichen Prozess, vgl. Seite 77, die Lösungen des Gleichungssystems. Man beginnt mit dem Block $\Delta_n = (h)$ und betrachtet die Gleichung

$$\mathrm{eval}(h, x_n) = 0 \quad \text{für } x_n. \tag{14.12}$$

Gelingt es, eine Lösung $\bar{x}_n \in \mathbb{R}$ zu ermitteln, so kann diese in die verbleibenden Polynome $H \ominus \Delta_n$ für x_n eingesetzt werden, es entstehen so neue Polynome Γ_j. Für alle H_j aus Δ_{n-1} ist $H_j \in \mathbb{R}[\mathrm{x}_{n-1}, \mathrm{x}_n]$, somit $\Gamma_j = \mathrm{eval}_{\mathrm{x}_n}(H_j, \bar{x}_n) \in \mathbb{R}[\mathrm{x}_{n-1}]$, siehe Seite 98. Analoges gilt für die restlichen Blöcke, sodass $\Gamma_1, \ldots, \Gamma_{s-1}$ wieder Dreiecksgestalt aufweisen, allerdings in einer Variablen weniger, womit ein rekursives Vorgehen ermöglicht wird. Im Unterschied zum ersten Schritt besteht nun allerdings der letzte Block Δ_{n-1} nicht mehr zwingend aus nur einem sondern möglicherweise aus mehreren univariaten Polynomen $\Gamma_t, \ldots, \Gamma_{s-1} \in \mathbb{R}[\mathrm{x}_{n-1}]$ mit $1 \leq t \leq s-1$. Die Lösungen für x_{n-1} sind dann wie auf Seite 120 besprochen durch die Gleichung $\mathrm{eval}(\mathrm{ggT}(\Gamma_t, \ldots, \Gamma_{s-1}), x_{n-1}) = 0$ bestimmt. Dabei muss $\mathrm{ggT}(\Gamma_t, \ldots, \Gamma_{s-1})$ aber *nicht mittels Euklidschem Algorithmus berechnet werden*, da gezeigt werden kann, dass dieser ggT immer mit

$$\min_{\deg}(\Delta_{n-1}) := \text{ ein Polynom } \Gamma \neq 0 \text{ aus } \Delta_{n-1} \text{ mit minimalem Grad}$$

übereinstimmt (bis auf einen konstanten Faktor, der auf die Lösung der Gleichung aber keine Auswirkung hat). Um auf diese Weise zu einer Lösung $\bar{x} \in \mathbb{R}^n$ zu gelangen, müssen die jeweils auftretenden Gleichungen für $\bar{x}_i$ wie etwa (14.12) die Berechnung einer Lösung in $\mathbb{R}$ erlauben. Bei Verwendung einer Gröbner-Basis bez. der lexikographischen Ordnung ist dies unter der Voraussetzung, dass $\mathcal{G}(B)$ auch bei Erweiterung des Lösungsbegriffs auf den Körper der komplexen Zahlen ausschließlich Lösungen in $\mathbb{R}^n$ besitzt, auch tatsächlich möglich. Es kann also *nicht* passieren, dass eine Lösung für x_i beim Einsetzen in die Polynome des Blocks Δ_{i-1} auf ein univariates Polynom führt, welches keine Nullstelle in $\mathbb{R}$ besitzt. Alleine das Vorliegen einer Dreiecksgestalt reicht dafür nicht aus, wie das folgende Beispiel belegt.

Beispiel Sei $B = \left(\mathrm{x}_1\mathrm{x}_2 + \mathrm{x}_2 + 1, \mathrm{x}_2^2 + \mathrm{x}_2\right)$. Aus dem univariaten Polynom B_2 erhält man eine Lösung $\bar{x}_2 = 0$, die bei der partiellen Auswertung von B_1 bez. x_2 an der Stelle 0 auf das Polynom $\mathtt{1}$ führt, aus dem man keine Lösung für x_1 ermitteln kann. Die Lösung 0 für $\bar{x}_2$ ist somit nicht zu einer Gesamtlösung fortsetzbar.

Die reduzierte Gröbner-Basis von B bez. der lexikographischen Ordnung lautet dagegen $H = (\mathrm{x}_1, \mathrm{x}_2 + 1)$. Die Gleichung $x_2 + 1 = 0$ führt auf $\bar{x}_2 = -1$, und diese Lösung lässt sich auch zu einer Gesamtlösung $\bar{x} = (0, -1)$ fortsetzen.

Eine Schleifenumsetzung der oben beschriebenen Vorgehensweise ist im Algorithmus *RückSubMPoly* gezeigt. Die Eingabebedingung $H \in (\mathcal{P}_{\mathbb{R}}^{n, \leq_{\mathrm{lex}}})^s$ bedeutet dort, dass es sich bei H um eine reduzierte Gröbner-Basis bezüglich der lexikographischen Ordnung handelt.

Algorithmus *RückSubMPoly*: Rückwärtssubstitution aus einer Gröbner-Basis

```
Γ ← H
for i from n to 1 by −1
  Δ ← Γ ⊓ ℝ[x_i]
  h ← min_deg(Δ)
  x_i ← Glg1DPoly(h)
  Γ ← Γ ⊖ Δ
  for j from 1 to |Γ|
    Γ_j ← PartEvalMPoly(Γ_j, x_i)
return x
```

Aufruf: *RückSubMPoly*(H)
Eingabe: $H \in (\mathcal{P}_{\mathbb{R}}^{n,\leq_{\text{lex}}})^s$
mit: H ist eine reduzierte Gröbner-Basis. $\mathcal{G}(H)$ ist lösbar und besitzt auch bei Erweiterung des Lösungsbegriffs auf den Körper der komplexen Zahlen endlich viele ausschließlich reelle Lösungen.
Ausgabe: $x \in \mathbb{R}^n$
mit: x als Näherung einer Lösung von $\mathcal{G}(H)$, die vom verwendeten Unteralgorithmus *Glg1DPoly* abhängt.

Computerrepräsentation. *In RückSubMPoly berechnet Glg1DPoly*(h) *in der Regel nur eine Näherungslösung*[29] *der polynomialen Gleichung* $\text{eval}(h, x_i) = 0$ *für* x_i *mit* $h \in \mathcal{P}_{\mathbb{R}}^{1,\leq_{\text{lex}}}$ *unter Verwendung eines der Verfahren aus Abschnitt 5. In der hier beschriebenen Form eignet sich insbesondere das Newton-Verfahren für Polynomfunktionen Glg1DPolyNewton von Seite 43, da dieser Algorithmus aufgrund der automatischen Startwertberechnung lediglich ein univariates Polynom als Eingabe erwartet*[30]. *Auch die Eingabebedingung für Glg1DPolyNewton ist aufgrund der Dreiecksgestalt von H bzw. der Forderung nach endlich vielen ausschließlich reellen Lösungen stets erfüllt. Zu berücksichtigen bleibt lediglich, dass die Algorithmen aus Abschnitt 5 mit Eingaben in* $\mathbb{R}[x]$ *rechnen, sodass h in Glg1DPoly in die Datenstruktur* $\mathcal{P}_{\mathbb{R}}$ *zu konvertieren ist, bevor etwa Glg1DPolyNewton aufgerufen wird, siehe dazu Seite 107.*

Zum Lösen eines polynomialen Gleichungssystems müssen wir nun nur noch die Algorithmen *GBBuchberger*, *RedGB* und *RückSubMPoly* in naheliegender Weise miteinander kombinieren, siehe Algorithmus *PGSGB*. Die Vorgehensweise erinnert stark an das Lösen linearer Systeme mit Hilfe einer Kombination aus Matrix-Faktorisierung und Rückwärtssubstitution, siehe Abschnitt 9.

Algorithmus *PGSGB*: Lösung von $\mathcal{G}(B)$ mit Gröbner-Basen

```
G ← GBBuchberger(B)
H ← RedGB(G)
x ← RückSubMPoly(H)
return x
```

Aufruf: *PGSGB*(B)
Eingabe: $B \in (\mathcal{P}_{\mathbb{R}}^{n,\leq_{\text{lex}}})^m$
mit: $\mathcal{G}(B)$ ist lösbar und besitzt auch bei Erweiterung des Lösungsbegriffs auf den Körper der komplexen Zahlen endlich viele ausschließlich reelle Lösungen.
Ausgabe: $x \in \mathbb{R}^n$
mit: x als Näherung einer Lösung von $\mathcal{G}(B)$, die von der konkreten Realisierung des Unteralgorithmus *RückSubMPoly* abhängt.

[29] In Spezialfällen kann es gelingen, die Lösung $\bar{x}$ ohne Approximationsfehler zu bestimmen, siehe die Bemerkung zum Beispiel am Ende des Abschnitts.

[30] Prinzipiell eignen sich zur Realisierung von *Glg1DPoly* alle in Abschnitt 5 vorgestellten Verfahren, wobei jedoch zu beachten ist, dass diese meist zusätzliche Eingabeparameter (zur Angabe von Startwerten oder einer Genauigkeitsschranke) verlangen.

Beispiel Wir suchen nach einer Lösung des polynomialen Gleichungssystems

$$x_1^2 + x_2^2 + x_3^2 = 1, \qquad x_1 - x_3 = 0, \qquad x_1^2x_3^2 + x_2^2x_3^2 + x_1^2x_2^2 - 2x_1x_2x_3 = 0.$$

Die reduzierte Gröbner-Basis von

$$B = \left(x_1^2 + x_2^2 + x_3^2 - 1, x_1 - x_3, x_1^2x_3^2 + x_2^2x_3^2 + x_1^2x_2^2 - 2x_1x_2x_3\right)$$

bez. der lexikographischen Ordnung lautet

$$H = \left(x_1 - x_3, x_2^2 + 2x_3^2 - 1, x_2x_3^2 + \tfrac{3}{2}x_3^4 - x_3^2, x_3^6 - \tfrac{4}{9}x_3^4\right).$$

Der Algorithmus *RückSubMPoly*(H) setzt zu Beginn $\Gamma^{(0)} = H$ und im ersten Schleifendurchlauf für $i = 3$ ist $\Delta = \left(x_3^6 - \frac{4}{9}x_3^4\right)$, also das univariate Polynom in x_3. Klarerweise ist $h = \Delta_1$, und als eine Lösung der Gleichung $x_3^6 - \frac{4}{9}x_3^4 = 0$ (für x_3) ergibt sich $x_3 = 0.66667$ wie im Beispiel von Seite 43. Durch partielle Auswertung der Polynome in $\Gamma^{(0)} \ominus \Delta$ bzgl. x_3 an der Stelle 0.66667 erhält man am Ende des ersten Durchlaufs $\Gamma^{(1)} = \left(x_1 - 0.66667, x_2^2 - 0.11111, 0.44444\,x_2 - 0.14815\right)$, siehe auch Tabelle III.2.

Im Schleifendurchlauf für $i = 2$ ist $\Delta = \left(x_2^2 - 0.11111, 0.44444\,x_2 - 0.14815\right)$. Daher ist $h = \min_{\deg}(\Delta) = 0.44444\,x_2 - 0.14815$, wir lösen die Gleichung $\mathrm{eval}(h, x_2) = 0.44444\,x_2 - 0.14815 = 0$ (für x_2) und erhalten $x_2 = 0.33333$. Partielle Auswertung der Polynome in $\Gamma^{(1)} \ominus \Delta$ bzgl. x_2 an der Stelle 0.33333 liefert $\Gamma^{(2)} = (x_1 - 0.66667)$, siehe wieder Tabelle III.2.

Im letzten Schleifendurchlauf ist $\Delta = (x_1 - 0.66667)$, als Lösung der Gleichung $x_1 - 0.66667 = 0$ (für x_1) ergibt sich $x_1 = 0.66667$. Insgesamt ist das Resultat somit $x = (0.66667, 0.33333, 0.66667)$.

Tabelle III.2: Partielle Auswertung in *RückSubMPoly*.

j	$\Gamma_j^{(0)}$	$\Gamma_j^{(1)}$	$\Gamma_j^{(2)}$	x
1	$x_1 - x_3$	$x_1 - 0.66667$	$x_1 - 0.66667$	$\rightsquigarrow x_1 = 0.66667$
2	$x_2^2 + 2x_3^2 - 1$	$x_2^2 - 0.11111$	—	
3	$x_2x_3^2 + \frac{3}{2}x_3^4 - x_3^2$	$0.44444x_2 - 0.14815$	—	$\rightsquigarrow x_2 = 0.33333$
4	$x_3^6 - \frac{4}{9}x_3^4$	—	—	$\rightsquigarrow x_3 = 0.66667$

Bei Verwendung von Gleitkommaarithmetik kann es sowohl bei der Bestimmung der Gröbner-Basis als auch während der Rückwärtssubstitution zu spürbarer Rundungsfehlerfortpflanzung kommen, Details dazu sowie Gegenmaßnahmen finden sich in [20]. Bei Vorliegen einer Gröbner-Basis mit rationalen Koeffizienten kann man auch versuchen, eine Lösung des Gleichungssystems mit Hilfe symbolischer Methoden zu ermitteln. Dazu muss es jedoch in jedem Schritt gelingen, eine Lösung von $\mathrm{eval}(h, x_i) = 0$ in geschlossener Form, siehe Seite 34, zu ermitteln. In obigem Beispiel kann wegen $x_3^6 - \frac{4}{9}x_3^4 = x_3^4(x_3^2 - \frac{4}{9})$ neben der trivialen Lösung $x_3 = 0$ auch eine weitere Lösung $x_3 = \frac{2}{3}$ aus Formeln gewonnen werden, die in weiterer Folge zu $x = \bar{x} = \left(\frac{2}{3}, \frac{1}{3}, \frac{2}{3}\right)$ fortgesetzt werden kann.

Übungsaufgaben

III.1 Überzeugen Sie sich mit Hilfe der arithmetischen Grundoperationen davon, dass für jedes Polynom $p \in \mathbb{R}[\mathrm{x}_1, \ldots, \mathrm{x}_n]$ die Monome $\mu^{(p,e)}$, siehe Seite 97, auch als $p_e \cdot \mathrm{x}_1^{e_1} \cdots \mathrm{x}_n^{e_n}$ dargestellt werden können. Zeigen Sie, dass die Polynommultiplikation für den Spezialfall der Multiplikation von Monomen auf $a\mathrm{x}^d \cdot b\mathrm{x}^e = ab\mathrm{x}^{d+e}$ führt.

III.2 Seien $\bar{x}^{(i)} \in \mathbb{R}^n$ für $i = 1, \ldots, l$. Überzeugen Sie sich davon, dass

$$\left\{p \in \mathbb{R}[\mathrm{x}_1, \ldots, \mathrm{x}_n] \mid \mathrm{eval}(p, \bar{x}^{(i)}) = 0 \text{ für alle } i = 1, \ldots, l\right\}$$

ein Polynomideal ist.

III.3 i. Implementieren Sie Algorithmen, die die Vergleiche $\leq_{\mathrm{lex}}$ und $\leq_{\mathrm{tg}}$ für Monome realisieren.

ii. Implementieren Sie einen Algorithmus *EvalMPoly*$(p, \bar{x})$, der für $p \in \mathcal{P}_{\mathbb{R}}^{n,\leq}$ und $\bar{x} \in \mathbb{R}^n$ die Auswertung $\mathrm{eval}(p, \bar{x})$ berechnet.

III.4 Seien $B = \left(3\mathrm{x}_2^4 + \mathrm{x}_1^3, \mathrm{x}_1\mathrm{x}_2^2 + 2\mathrm{x}_2^3\right)$ und $a = 3\mathrm{x}_1\mathrm{x}_2^4$. Finden Sie $r \neq s$ mit $a \xrightarrow{B}\!\!{}^* \, r$ und $a \xrightarrow{B}\!\!{}^* \, s$

i. bei Verwendung der Totalgrad-Ordnung bzw.

ii. bei Verwendung der lexikographischen Ordnung.

III.5 Zeigen Sie nur mit Hilfe der Definitionen, dass (p) für jedes $p \in \mathbb{R}[\mathrm{x}_1, \ldots, \mathrm{x}_n]$ eine Gröbner-Basis ist.

III.6 Sei $B = \left(3\mathrm{x}_2^4 + \mathrm{x}_1^3 + 2\mathrm{x}_1^2\mathrm{x}_2, \mathrm{x}_1\mathrm{x}_2^2 + 2\mathrm{x}_2^3 - 5\mathrm{x}_1\mathrm{x}_2\right)$ mit lexikographischer Ordnung wie im Beispiel von Seite 120. Berechnen Sie unter Zuhilfenahme von *GBBuchberger* eine Gröbner-Basis von B. Vergleichen Sie das Resultat mit jenem aus dem Beispiel von Seite 115. Ermitteln Sie außerdem eine Lösung von $\mathcal{G}(B)$.

III.7 Sei F eine Gröbner-Basis mit $\mathrm{fpp}(F_j) \nmid \mathrm{fpp}(F_i)$ für alle $1 \leq i, j \leq |F|$. Sei weiterhin $r \neq 0$ so, dass $F_k \xrightarrow{F'}\!\!{}^* \, r$ für ein $1 \leq k \leq |F|$, wobei $F' = F \ominus (F_k)$. Wir definieren

$$H_l = \begin{cases} r & \text{falls } l = k \\ F_l & \text{sonst.} \end{cases}$$

Zeigen Sie, dass dann $S^{(r,H_l)} \xrightarrow{H}\!\!{}^* \, 0$ für alle $1 \leq l \leq |H|$, d. h., H ist wieder eine Gröbner-Basis.

III.8 Seien $B \in \mathbb{R}[\mathrm{x}_1, \ldots, \mathrm{x}_n]^m$ und $B' \in \mathbb{R}[\mathrm{x}_1, \ldots, \mathrm{x}_n]^d$. Zeigen Sie, dass im Fall $\mathrm{Ideal}(B) = \mathrm{Ideal}(B')$ für alle $x \in \mathbb{R}^n$ gilt

$$\mathrm{eval}(B_i, x) = 0 \text{ für alle } i = 1, \ldots, m \iff \mathrm{eval}(B'_i, x) = 0 \text{ für alle } i = 1, \ldots, d.$$

III.9 Implementieren Sie Konvertierungsfunktionen für Polynome in einer Variablen zwischen den Datenstrukturen $\mathcal{P}_{\mathbb{R}}^{1,\leq}$ und $\mathcal{P}_{\mathbb{R}}$.

III.10 Verwenden Sie den Befehl `GroebnerBasis` in *Mathematica* und berechnen Sie für verschiedene Polynomtupel B die reduzierte Gröbner-Basis. Experimentieren Sie mit verschiedenen Ordnungen und variieren Sie auch die zugrunde liegende Variablenordnung.

IV Funktionen von $\mathbb{R}^n$ nach $\mathbb{R}^m$

Gegenstand dieses Kapitels sind Gleichungssysteme der Gestalt

$$\begin{aligned} F_1(x_1, \ldots, x_n) &= 0, \\ &\vdots \\ F_m(x_1, \ldots, x_n) &= 0, \end{aligned}$$

bei denen zu m gegebenen reell-wertigen Funktionen $F_j \colon \mathbb{R}^n \to \mathbb{R}$ nach einer Lösung $\bar{x}_1, \ldots, \bar{x}_n$ gesucht wird. Unter Verwendung der vektorwertigen Funktion $F \colon \mathbb{R}^n \to \mathbb{R}^m$ mit

$$F(x) = \begin{pmatrix} F_1(x_1, \ldots, x_n) \\ \vdots \\ F_m(x_1, \ldots, x_n) \end{pmatrix}$$

lässt sich die Problemstellung dann kompakt schreiben als

$$F(x) = 0. \tag{14.1}$$

Einigen Spezialfällen sind wir in den vorangegangenen Kapiteln bereits begegnet. Gilt $m = n = 1$, so beschreibt (14.1) eine im Allgemeinen *nichtlineare Gleichung in einer Variablen* (siehe Abschnitt 5). Ist F eine affin-lineare Funktion $F(x) = A \cdot x - b$ mit $A \in \mathbb{R}^{m \times n}$ und $b \in \mathbb{R}^m$, so handelt es sich bei (14.1) um ein *lineares Gleichungssystem* (siehe Abschnitt 9). Im Falle von Polynomfunktionen $F_j \colon \mathbb{R}^n \to \mathbb{R}$ (für alle $j = 1, \ldots, m$) führt (14.1) schließlich auf ein *polynomiales Gleichungssystem* (siehe Abschnitt 14). In diesem Abschnitt betrachten wir nun den allgemeinen Fall eines *nichtlinearen Gleichungssystems* (14.1), wobei wir von $F \colon \mathbb{R}^n \to \mathbb{R}^m$ lediglich hinreichende Differenzierbarkeitseigenschaften fordern.

Vereinbarung

Bei der Wahl der Normen auf den Vektorräumen $\mathbb{R}^n$ und $\mathbb{R}^m$ sind wir in der folgenden Diskussion aufgrund der Normäquivalenz, siehe die Fußnote von Seite 86, völlig frei. Der Einfachheit halber bezeichnen wir diese ohne Unterschied mit $\|\cdot\|$. Zu $\bar{x} \in \mathbb{R}^n$ bezeichnen wir mit $\mathcal{K}_\rho(\bar{x}) = \{x \in \mathbb{R}^n \mid \|x - \bar{x}\| < \rho\}$ die offene ρ-Kugel um $\bar{x}$. Im Fall einer Matrix $A \in \mathbb{R}^{m \times n}$ steht $\|A\|$, falls nicht anders erläutert, für die durch die gedachten Vektornormen induzierte Norm von A. Nur wenn wir die Rolle der Normen betonen möchten oder spezielle Normen bevorzugen, verwenden wir die Notationen $\|\cdot\|_\alpha$, $\|\cdot\|_\beta$, $\|\cdot\|_{\alpha,\beta}$ (vgl. Seite 55) oder $\mathcal{K}_{\rho,\alpha}(\bar{x}) = \{x \in \mathbb{R}^n \mid \|x - \bar{x}\|_\alpha < \rho\}$.

15 Mathematische Grundlagen

Die Begriffe partielle Ableitung und Gradient einer reell-wertigen Funktion $f : \mathbb{R}^n \to \mathbb{R}$ an einer Stelle $\bar{x}$ haben wir bereits verwendet, deren Definition soll hier der Übersicht wegen jedoch angeführt werden.

Definition

Partielle Differenzierbarkeit. Seien $A \subset \mathbb{R}^n$ offen, $f\colon A \to \mathbb{R}$, $\bar{x} \in A$ und $i \in \{1, \dots, n\}$. f heißt *partiell differenzierbar nach* x_i *an der Stelle* $\bar{x}$ genau dann, wenn der Grenzwert

$$\lim_{t \to 0} \frac{f(\bar{x} + te_i^{(n)}) - f(\bar{x})}{t}$$

existiert. f heißt *partiell differenzierbar nach* x_i *auf* A genau dann, wenn f für alle $\bar{x} \in A$ partiell differenzierbar nach x_i an der Stelle $\bar{x}$ ist.

Definition

Partielle Ableitung, Gradient. Seien $A \subset \mathbb{R}^n$ offen und $f\colon A \to \mathbb{R}$ partiell differenzierbar nach x_i auf A. Dann heißt die Funktion

$$\frac{\partial f}{\partial x_i}\colon A \to \mathbb{R},\ x \mapsto \lim_{t \to 0} \frac{f(x + te_i^{(n)}) - f(x)}{t}$$

die *partielle Ableitung (Ableitungsfunktion) von* f *nach* x_i. Falls alle partiellen Ableitungen existieren, so heißt die vektorwertige Funktion

$$\nabla f\colon A \to \mathbb{R}^n,\ x \mapsto \left(\frac{\partial f}{\partial x_1}(x), \dots, \frac{\partial f}{\partial x_n}(x)\right)^T$$

der *Gradient von* f.

Es folgen Ableitungsbegriffe für vektorwertige Funktionen.

Definition

Jacobi-Matrix. Seien $A \subset \mathbb{R}^n$ offen, $\bar{x} \in A$ und $F\colon A \subset \mathbb{R}^n \to \mathbb{R}^m$. Falls alle partiellen Ableitungen $\frac{\partial F_j}{\partial x_i}$ an der Stelle $\bar{x}$ für $i = 1, \dots, n$ bzw. $j = 1, \dots, m$ existieren, so heißt die $m \times n$-Matrix

$$J^{(F)}(\bar{x}) = \begin{pmatrix} \frac{\partial F_1}{\partial x_1}(\bar{x}) & \dots & \frac{\partial F_1}{\partial x_n}(\bar{x}) \\ \vdots & \ddots & \vdots \\ \frac{\partial F_m}{\partial x_1}(\bar{x}) & \dots & \frac{\partial F_m}{\partial x_n}(\bar{x}) \end{pmatrix} \tag{15.2}$$

Jacobi-Matrix von F *an der Stelle* $\bar{x}$.

Definition

Differenzierbarkeit. Seien $A \subset \mathbb{R}^n$ offen, $\bar{x} \in A$ und $F: A \to \mathbb{R}^m$. F heißt *differenzierbar an der Stelle* $\bar{x}$ genau dann, wenn eine $m \times n$-Matrix $J_{\bar{x}}$ existiert, sodass gilt

$$F(x) = F(\bar{x}) + J_{\bar{x}} \cdot (x - \bar{x}) + o(\|x - \bar{x}\|) \quad \text{für } x \to \bar{x}. \tag{15.3}$$

Die Funktion F heißt *differenzierbar auf* A genau dann, wenn F in allen Punkten von A differenzierbar ist.

Die Analysis lehrt, dass im Fall der Differenzierbarkeit die Matrix $J_{\bar{x}}$ in (15.3) eindeutig bestimmt ist und mit der Jacobi-Matrix (15.2) übereinstimmt. Dies legt folgende Definition nahe.

Definition

Ableitungsfunktion. Seien $A \subset \mathbb{R}^n$ offen und $F: A \to \mathbb{R}^m$ auf A differenzierbar. Die matrixwertige Funktion

$$F': A \to \mathbb{R}^{m \times n}, \ x \mapsto J^{(F)}(x)$$

nennt man die *Ableitung (Ableitungsfunktion) von* F.

Der für unsere Diskussion zentrale Begriff ist die stetige Differenzierbarkeit.

Definition

Stetige Differenzierbarkeit. Seien $A \subset \mathbb{R}^n$ offen, $\bar{x} \in A$ und $F: A \to \mathbb{R}^m$. F heißt *stetig differenzierbar an der Stelle* $\bar{x}$ genau dann, wenn es ein $\rho > 0$ gibt, sodass für alle $x \in \mathcal{K}_\rho(\bar{x})$ sämtliche partiellen Ableitungen $\frac{\partial F_j}{\partial x_i}(x)$ existieren und alle $\frac{\partial F_j}{\partial x_i}$ stetig an der Stelle $\bar{x}$ sind. F heißt *stetig differenzierbar auf* A genau dann, wenn F für alle $\bar{x} \in A$ stetig differenzierbar an der Stelle $\bar{x}$ ist.

Zur Berechnung der partiellen Ableitung können die bekannten Differentiationsregeln für Funktionen in einer Variablen herangezogen werden, indem Variablen, nach denen nicht differenziert wird, wie Konstanten behandelt werden. Auch die Kettenregel lässt sich verallgemeinern. Seien[1] $F: A \to \mathbb{R}^m$ und $G: B \subset W(F) \to \mathbb{R}^r$ differenzierbar. Für die Hintereinanderausführung $G \circ F$ gilt dann für $\bar{x}$ aus der offenen Menge $A \subset \mathbb{R}^n$

$$(G \circ F)'(\bar{x}) = G'(F(\bar{x})) \cdot F'(\bar{x}),$$

wobei es sich auf der rechten Seite um das Produkt der Jacobi-Matrizen handelt.

Die Ableitungsfunktion $F': A \to \mathbb{R}^{m \times n}$ genügt *in* $\bar{x}$ *lokal einer Lipschitz-Bedingung*, falls es Konstanten $L > 0$ und $\rho > 0$ gibt, sodass die Abschätzung

$$\|F'(x) - F'(\bar{x})\| \leq L\|x - \bar{x}\| \quad \text{für alle } x \in \mathcal{K}_\rho(\bar{x}) \cap A \tag{15.4}$$

erfüllt ist.

[1] $W(F) \subset \mathbb{R}^m$ steht für den Wertebereich der Funktion $F: A \subset \mathbb{R}^n \to \mathbb{R}^m$, siehe Seite 2.

Durch (15.3) wird ein Zusammenhang hergestellt zwischen F und der affin-linearen Funktion

$$L^{(F,\bar{x})}\colon \mathbb{R}^n \to \mathbb{R}^m,\ x \mapsto F(\bar{x}) + F'(\bar{x}) \cdot (x - \bar{x}), \tag{15.5}$$

der sogenannten *Linearisierung von F um den Punkt $\bar{x}$*. Eine weitere Beziehung zwischen F und F' liefert der Mittelwertsatz der Analysis.

Satz

Mittelwertsatz der Differentialrechnung. Seien $A \subset \mathbb{R}^n$ offen und $F : A \to \mathbb{R}^m$ stetig differenzierbar. Zudem seien x und y Punkte, sodass für alle $t \in [0, 1]$ der Punkt $x + t(y - x)$ in A liegt. Dann gilt[2]

$$F(y) - F(x) = \int_0^1 F'(x + t(y - x)) \cdot (y - x)\, dt.$$

Damit lässt sich die zweite Aussage des folgenden Satzes[3] beweisen, während die erste aus Stetigkeitsargumenten folgt, siehe Übung IV.5.

Satz

Sei $F\colon A \subset \mathbb{R}^n \to \mathbb{R}^m$ stetig differenzierbar. Dann gilt

$$\|F(x) - F(\bar{x}) - F'(x)(x - \bar{x})\| = o(\|x - \bar{x}\|) \quad \text{für } x \to \bar{x}. \tag{15.6}$$

Ist F' zusätzlich lokal Lipschitz-stetig an der Stelle $\bar{x}$, so folgt

$$\|F(x) - F(\bar{x}) - F'(x)(x - \bar{x})\| = O(\|x - \bar{x}\|^2) \quad \text{für } x \to \bar{x}. \tag{15.7}$$

Stimmt die Anzahl der Komponentenfunktionen F_j mit jener der Variablen x_i überein, also $m = n$, so ist die Jacobi-Matrix quadratisch. Ist $F'(\bar{x}) \in \mathbb{R}^{n\times n}$ regulär für ein $\bar{x}$, so gilt dies auch für die Jacobi-Matrizen von F in einer Umgebung von $\bar{x}$. Zum Nachweis dieser Behauptung benötigen wir folgendes Resultat über Störungen der Einheitsmatrix, siehe [10]:

Lemma

Seien $M_1, M_2 \in \mathbb{R}^{n\times n}$ mit $\|\mathsf{E}^{(n)} - M_2 \cdot M_1\| < 1$. Dann sind M_1 und M_2 regulär, und es gilt

$$\|M_1^{-1}\| \le \frac{\|M_2\|}{1 - \|\mathsf{E}^{(n)} - M_2 \cdot M_1\|}.$$

Wir sind nun in der Lage, den folgenden Satz zu beweisen.

Satz

Seien $A \subset \mathbb{R}^n$ offen, $F\colon A \to \mathbb{R}^n$ stetig differenzierbar auf A, $\bar{x} \in A$ und $F'(\bar{x})$ regulär. Dann existiert ein $\rho > 0$, sodass $\mathcal{K}_\rho(\bar{x}) \subset A$ und für alle $x \in \mathcal{K}_\rho(\bar{x})$ auch $F'(x)$ regulär ist. Zudem existiert ein $c > 0$ mit

$$\|F'(x)^{-1}\| \le c \quad \text{für alle } x \in \mathcal{K}_\rho(\bar{x}).$$

---

[2] Zu stetigem $\varphi\colon [0, 1] \to \mathbb{R}^m$ ist $\int_0^1 \varphi(t)\, dt$ als jener Vektor im $\mathbb{R}^m$ definiert, dessen i-te Komponente durch $\int_0^1 \varphi_i(t)\, dt$ gegeben ist.

[3] Vergleiche mit den entsprechenden Lemmata im eindimensionalen Fall (Seiten 7 und 8).

Beweis. Aus der Stetigkeit von F' in $\bar{x}$, der Regularität von $F'(\bar{x})$ und der Offenheit von A folgt die Existenz von $\rho > 0$ mit $\mathcal{K}_\rho(\bar{x}) \subset A$ und

$$\|F'(\bar{x}) - F'(x)\| \leq \frac{1}{2\|F'(\bar{x})^{-1}\|} \quad \text{für alle } x \in \mathcal{K}_\rho(\bar{x}).$$

Daraus ergibt sich

$$\|\mathsf{E}^{(n)} - F'(\bar{x})^{-1}F'(x)\| \leq \|F'(\bar{x})^{-1}\|\|F'(\bar{x}) - F'(x)\| \leq \frac{1}{2} \quad \text{für alle } x \in \mathcal{K}_\rho(\bar{x}).$$

Obiges Lemma führt damit auf die Regularität von $F'(x)$ mitsamt der Abschätzung

$$\|F'(x)^{-1}\| \leq \frac{\|F'(\bar{x})^{-1}\|}{1 - \|\mathsf{E}^{(n)} - F'(\bar{x})^{-1}F'(x)\|} \leq 2\|F'(\bar{x})^{-1}\| \quad \text{für alle } x \in \mathcal{K}_\rho(\bar{x}).$$

□

In der Umgebung von $\bar{x}$ sind die Jacobi-Matrizen $F'(x)$ also nicht nur regulär, deren Inverse besitzen darüberhinaus eine von x unabhängige obere Norm-Schranke.

Wir kehren zurück zu Ableitungsbegriffen für reellwertige Funktionen.

Definition

Richtungsableitung. Seien $A \subset \mathbb{R}^n$ offen, $f: A \to \mathbb{R}$, $\bar{x} \in A$ und $d \in \mathbb{R}^n$. f heißt *an der Stelle $\bar{x}$ differenzierbar in Richtung*[4] d genau dann, wenn der Grenzwert

$$\lim_{t \to 0} \frac{f(\bar{x} + td) - f(\bar{x})}{t} \tag{15.8}$$

existiert. Ist f für alle $x \in A$ in Richtung d differenzierbar, so nennt man

$$\frac{\partial f}{\partial d}: A \to \mathbb{R}, \quad x \mapsto \lim_{t \to 0} \frac{f(x + td) - f(x)}{t}$$

die *Ableitung von f in Richtung d*.

Es gilt offenbar $\frac{\partial f}{\partial \mathsf{e}_i^{(n)}}(\bar{x}) = \frac{\partial f}{\partial x_i}(\bar{x})$. Für eine an der Stelle $\bar{x} \in A$ differenzierbare Funktion $f: A \subset \mathbb{R}^n \to \mathbb{R}$ existiert die Richtungsableitung für alle Richtungen d, und es gilt

$$\frac{\partial f}{\partial d}(\bar{x}) = \langle \nabla f(\bar{x}), d \rangle.$$

Beispiel

Ist $F: A \subset \mathbb{R}^n \to \mathbb{R}^m$ differenzierbar, so gilt dies auch für die Funktion

$$\phi: A \subset \mathbb{R}^n \to \mathbb{R}, \quad x \mapsto \frac{1}{2}\|F(x)\|_2^2 = \frac{1}{2}\sum_{k=1}^{m} F_k(x)^2. \tag{15.9}$$

[4] Häufig wird in der Definition der Richtungsableitung noch zusätzlich die Bedingung $\|d\|_2 = 1$ gestellt, um die Abhängigkeit des Ableitungswertes von der Länge des Vektors d auszuschließen.

Aus

$$\frac{\partial \phi}{\partial x_j}(\bar{x}) = \sum_{k=1}^{m} F_k(\bar{x}) \frac{\partial F_k}{\partial x_j}(\bar{x}) \tag{15.10}$$

folgt, dass der Gradient von ϕ in $\bar{x}$ durch

$$\nabla \phi(\bar{x}) = F'(\bar{x})^T F(\bar{x})$$

gegeben ist. Zu $d \in \mathbb{R}^n$ lautet die Richtungsableitung dann

$$\frac{\partial \phi}{\partial d}(\bar{x}) = \langle F'(\bar{x})^T F(\bar{x}), d \rangle = \langle F(\bar{x}), F'(\bar{x}) d \rangle.$$

Ein Vektor $d \in \mathbb{R}^n$ heißt *Abstiegsrichtung von f in $\bar{x}$*, falls $\frac{\partial f}{\partial d}(\bar{x}) < 0$ ist. Insbesondere existiert dann ein $\bar{t} > 0$ mit

$$f(\bar{x} + td) < f(\bar{x}) \quad \text{für alle } t \in (0, \bar{t}]. \tag{15.11}$$

Da nach der Cauchy-Schwarz-Ungleichung

$$\langle \nabla f(\bar{x}), d \rangle \geq -\|\nabla f(\bar{x})\|_2 \|d\|_2 \quad \text{für alle } d \in \mathbb{R}^n$$

gilt, ist für $\nabla f(\bar{x}) \neq 0$ durch $d = -\nabla f(\bar{x})$ die *Richtung des steilsten Abstiegs von f im Punkt $\bar{x}$* gegeben.

Schließlich betrachten wir noch reellwertige Funktionen $f\colon A \to \mathbb{R}$, die auf der offenen Menge A zweimal stetig differenzierbar sind, d. h., alle partiellen Ableitungen zweiter Ordnung[5] sind auf A definiert und stetig.

Definition

Hesse[6]-Matrix. Seien $A \subset \mathbb{R}^n$ offen und $f\colon A \to \mathbb{R}$ zweimal stetig differenzierbar. Dann heißt

$$H^{(f)}(\bar{x}) = \begin{pmatrix} \frac{\partial^2 f}{\partial x_1^2}(\bar{x}) & \dots & \frac{\partial^2 f}{\partial x_1 \partial x_n}(\bar{x}) \\ \vdots & \ddots & \vdots \\ \frac{\partial^2 f}{\partial x_n \partial x_1}(\bar{x}) & \dots & \frac{\partial f^2}{\partial^2 x_n^2}(\bar{x}) \end{pmatrix} \in \mathbb{R}^{n \times n} \tag{15.12}$$

die *Hesse-Matrix von f an der Stelle $\bar{x}$*.

Beispiel

Wir setzen obiges Beispiel fort, nun jedoch unter der stärkeren Annahme, dass F_k für $k = 1, \dots, m$ zweimal stetig differenzierbar ist. Dann ist die partielle

---

[5]Ist die partielle Ableitung $\frac{\partial f}{x_j}$ der Funktion f nach x_i partiell differenzierbar, so bezeichnet man die resultierende Ableitungsfunktion mit $\frac{\partial^2 f}{x_i x_j}$ und spricht von der partiellen Ableitung zweiter Ordnung von f nach x_j und x_i.

[6]Hesse, Ludwig Otto: 1811–1874, deutscher Mathematiker. Beeinflusst durch Vorlesungen von Jacobi an der Universität Königsberg begann er, sich für die Mathematik zu interessieren. Nach einigen Jahren in Königsberg waren die Universität Heidelberg und das Polytechnikum München, die heutige TU München, seine Wirkungsstätten. Sein großes Engagement in der Lehre spiegelt sich in seinen Lehrbüchern wider, so stammt der Begriff der Hesseschen Normalform einer Gleichung aus einem solchen über Geometrie. Neben der Berliner, der Göttinger und der Bayerischen Akademie der Wissenschaften war er auch Ehrenmitglied der London Mathematical Society.

Ableitung von $\frac{\partial\phi}{\partial x_j}$ aus (15.10) nach x_i an der Stelle $\bar{x}$ durch

$$\frac{\partial^2\phi}{\partial x_i \partial x_j}(\bar{x}) = \sum_{k=1}^{m} \frac{\partial F_k}{\partial x_i}(\bar{x}) \frac{\partial F_k}{\partial x_j}(\bar{x}) + \sum_{k=1}^{m} F_k(\bar{x}) \frac{\partial^2 F_k}{\partial x_i \partial x_j}(\bar{x})$$

gegeben. Daraus folgt

$$H^{(\phi)}(\bar{x}) = F'(\bar{x})^T F'(\bar{x}) + \sum_{k=1}^{m} F_k(\bar{x}) H^{(F_k)}(\bar{x}). \tag{15.13}$$

Normweise Kondition

Im Rahmen der Konditionsanalyse eines durch eine Abbildung

$$\varphi\colon A \subset \mathbb{R}^n \mapsto \mathbb{R}^m \tag{15.14}$$

beschriebenen Problems[7] $(\varphi, \bar{p})$, haben wir in Band *1* auf Seite 33 die relative komponentenweise Kondition $\kappa_{\text{rel,komp}}$ mit Hilfe der partiellen Ableitungen von φ diskutiert. Ist φ differenzierbar, so können die normweisen Konditionszahlen anhand der Jacobi-Matrix von φ charakterisiert werden. Aus (15.3) folgt mittels Dreiecksungleichung zunächst

$$\|\varphi(p) - \varphi(\bar{p})\|_\beta \le \|\varphi'(\bar{p})(p - \bar{p})\|_\beta + o(\|p - \bar{p}\|_\alpha) \quad \text{für } p \to \bar{p}.$$

Infolge der Eigenschaft (6.10) der induzierten Matrixnorm ist die normweise absolute Kondition des Problems $(\varphi, \bar{p})$ bez. $\|\cdot\|_\alpha, \|\cdot\|_\beta$ durch $\kappa_{\text{abs}} = \|\varphi'(\bar{p})\|_{\alpha,\beta}$ gegeben. Gilt $\bar{p} \neq 0$ und $\varphi(\bar{p}) \neq 0$, so lässt sich die relative normweise Kondition darstellen durch

$$\kappa_{\text{rel}} = \frac{\|\varphi'(\bar{p})\|_{\alpha,\beta}}{\|\varphi(\bar{p})\|_\beta} \|\bar{p}\|_\alpha. \tag{15.15}$$

Beispiel

Die eindeutige Lösung der quadratischen Gleichung $x^2 - 2p_1 x + p_2 = 0$ mit $p_1^2 \ge p_2$ und $x \le p_1$ ist beschrieben durch

$$\varphi(p) = p_1 - \sqrt{p_1^2 - p_2} \quad \text{mit} \quad \varphi'(p) = \left(1 - \frac{p_1}{\sqrt{p_1^2 - p_2}} \quad \frac{1}{2\sqrt{p_1^2 - p_2}}\right)^T.$$

Mit $\alpha = 2$ erhält man für die relative normweise Kondition den Ausdruck

$$\kappa_{\text{rel}}(p_1, p_2) = -\frac{\sqrt{\left(1 + 4(p_1 - \sqrt{p_1^2 - p_2})^2\right)(p_1^2 + p_2^2)}}{2\left(p_1(-p_1 + \sqrt{p_1^2 - p_2}) + p_2\right)}. \tag{15.16}$$

[7] Im Hinblick auf nachfolgende Konditionsuntersuchungen bezeichnen wir hier die Eingangsdaten des Problems mit $\bar{p} \in A$.

Mit Hilfe einer Graphik sieht man, dass etwa für $(p_1, p_2) \in [-10, 10] \times [-10, -1]$ die Abschätzung $\kappa_{\text{rel}}(p_1, p_2) \leq 10.5$ gilt, und damit das Problem im Sinne von (15.15) gut gestellt ist. Die Überlegungen

$$\lim_{p_2 \to 0-} \kappa_{\text{rel}}(1, p_2) = \infty \quad \text{und} \quad \lim_{p_2 \to -\infty} \kappa_{\text{rel}}(p_1, p_2) = \infty$$

zeigen aber, dass für $p_2 < 0$ das Problem im Sinne der relativen normweisen Kondition auch schlecht gestellt sein kann, obwohl nach Band *1*, Seite 33 dann gute relative komponentenweise Kondition vorliegt. Die verschiedenen Zugänge zur Kondition eines Problems sind somit nicht zueinander äquivalent.

16 Funktionen am Computer

Die Darstellung von Funktionen $F\colon \mathbb{R}^n \to \mathbb{R}^m$ unterscheidet sich nicht wesentlich von jener für reelle Funktionen, die wir in Abschnitt 2 diskutiert haben. Black-Box-Funktionen hängen nun von n Eingabeparametern $x_1, \ldots, x_n$ bzw. einem Eingabevektor $x \in \mathbb{R}^n$ ab, als Resultat liefern sie eine Ausgabe $y \in \mathbb{R}^m$. Je nach Programmiersprache verwendet man Funktionen mit n Eingabeparametern oder repräsentiert den Eingabevektor durch Tupel, Listen, Felder oder ähnliche Strukturen, etwa durch die in Band *1* vorgestellte Datenstruktur für Vektoren. Dieselben Strukturen zieht man für die Darstellung der Ausgabe heran.

Computerrepräsentation (Datenstruktur für Funktionen). *Für eine Termdarstellung zerlegt man $F\colon \mathbb{R}^n \to \mathbb{R}^m$ zuerst in die Komponentenfunktionen $F_i\colon \mathbb{R}^n \to \mathbb{R}$, welche man am Computer jeweils durch Terme $T_i \in \mathcal{T}$, siehe Seite 12 für die Einführung der Datenstruktur $\mathcal{T}$, repräsentiert. Die Terme T_i sind dabei nach den gleichen Regeln aufgebaut wie in Abschnitt 2, sie unterscheiden sich von jenen für reelle Funktionen in einer Variablen x lediglich dadurch, dass mehrere Variablen $x_1, \ldots, x_n$ anstatt nur einer Variablen x auftreten, siehe dazu Übung IV.6. Eine Termdarstellung für F besteht dann aus einem Vektor von Termen $T \in \mathcal{T}^m$. Für dessen Darstellung am Computer greifen wir auf die Vektor-Datenstruktur $\mathcal{V}^m_{\mathcal{T}}$ aus Band* 1 *zurück*[8]. *Im Spezialfall $m = 1$ verwendet man natürlich einfach die Datenstruktur $\mathcal{T}$ von Seite 12.*

Addition und Subtraktion sind komponentenweise definiert und stimmen daher mit den in $\mathcal{V}^m_{\mathcal{T}}$ schon verfügbaren Operationen überein. Als weitere Grundoperation auf Funktionen diskutieren wir kurz die Funktionsauswertung von F an der Stelle x. Sei F repräsentiert durch $T \in \mathcal{V}^m_{\mathcal{T}}$. Zur Auswertung von F an der Stelle x wird wegen $F(x) := (F_1(x) \ \ldots \ F_m(x))^T$ komponentenweise vorgegangen. In den einzelnen Komponenten geschieht die Auswertung durch Interpretation des Terms T_i unter der Variablenbelegung $\boldsymbol{x_1} \rightsquigarrow x_1, \ldots, \boldsymbol{x_n} \rightsquigarrow x_n$, wobei man auch hier wie bei Termen mit einer Variablen auf Seite 13 rekursiv über die Termstruktur vorgeht.

[8] Da wir $\mathcal{T}$ als Datenstruktur für *reelle* Terme eingeführt haben und in $\mathcal{T}$ die Grundoperationen für reelle Zahlen zur Verfügung stehen, können wir auf $\mathcal{T}$ durchaus die Struktur eines Körpers voraussetzen.

Beispiel

Wir betrachten die Funktion $F\colon \mathbb{R}^2 \to \mathbb{R}^2$ mit den Komponentenfunktionen $F_1\colon \mathbb{R}^2 \to \mathbb{R}$, $x \mapsto x_1^2 + \sin(x_2) - 5$ und $F_2\colon \mathbb{R}^2 \to \mathbb{R}$, $x \mapsto x_2 e^{x_1} - 3$. Zur Darstellung der Funktion F am Computer verwenden wir den Vektor $T \in \mathcal{V}_{\mathcal{T}}^2$ mit $T_1 = \mathbf{x_1^2 + sin(x_2) - 5}$ und $T_2 = \mathbf{x_2 e^{x_1} - 3}$. Den Funktionswert $F(2,1)$ erhalten wir durch komponentenweise Interpretation von T unter $\mathbf{x_1} \rightsquigarrow 2, \mathbf{x_2} \rightsquigarrow 1$ als $(-0.158529\ 4.38906)^T$.

Ein Beispiel für eine vektorwertige Funktion ist ∇f für $f: \mathbb{R}^n \to \mathbb{R}$. In symbolischer Form kann man den Gradienten durch einen Vektor darstellen, wobei jede Komponente die Termdarstellung der jeweiligen partiellen Ableitung enthält.

In Verallgemeinerung dieses Konzepts kann man auch für matrixwertige Funktionen die Termdarstellung durch eine Matrix von Termen realisieren. In einer Computerdarstellung ziehen wir dazu die Matrix-Datenstruktur aus Abschnitt 7 heran. Auf Seite 59 haben wir die Datenstruktur $\mathcal{M}_{\mathbb{R}}^{m,n}$ zwar nur für Matrizen über $\mathbb{R}$ vorgestellt, haben aber dort schon darauf hingewiesen, dass analog zu Vektoren durch Verwendung einer parametrisierten Datenstruktur $\mathcal{M}_K^{m,n}$ Matrizen über einem beliebigen Körper K darstellbar sind. In diesem Sinne steht die Datenstruktur $\mathcal{M}_{\mathcal{T}}^{m,n}$ für die Termdarstellung matrixwertiger Funktionen zur Verfügung. Ein wichtiges Beispiel ist die symbolische Darstellung der Jacobi-Matrix.

17 Nichtlineare Gleichungssysteme

Gegenstand dieses Abschnitts sind nichtlineare Gleichungssysteme

$$F(x) = 0, \tag{17.17}$$

bei denen die Anzahl n der Unbekannten x_i mit jener der das System beschreibenden Komponentenfunktionen übereinstimmt, und die Funktion auf der offenen Menge $A \subset \mathbb{R}^n$ stetig differenzierbar ist.

Problemstellung (Nichtlineares Gleichungssystem).

Gegeben:	$F\colon A \subset \mathbb{R}^n \to \mathbb{R}^n$
mit:	F ist stetig differenzierbar auf $A \subset \mathbb{R}^n$ offen.
Gesucht:	$\bar{x} \in A$
mit:	$F(\bar{x}) = 0$.

Der inhomogene Fall $G(x) = y$ lässt sich durch $F(x) = G(x) - y$ auf (17.17) zurückführen. Wie für $n = 1$ in Kapitel I können Aussagen über die Lösbarkeit bestenfalls unter zusätzlichen Annahmen an F getroffen werden, siehe [22] für Details. Die Eindeutigkeit einer Lösung $\bar{x}$ ist dann in der Regel nur lokal gegeben, es ist also nur innerhalb einer Umgebung von $\bar{x}$ sicher gestellt, dass es kein weiteres $\hat{x}$ mit $F(\hat{x}) = 0$ gibt.

Kondition

Bei der Konditionsanalyse des nichtlinearen Gleichungssystems (17.17) wird untersucht, welche Auswirkung eine Störung der Funktion F auf die Lösung des Problems hat. Unterschiede zwischen zwei Funktionen F und $\tilde{F}$ können dabei durch Normen auf dem unendlich-dimensionalen Raum der auf A stetig differenzierbaren Funktionen beschrieben werden. Da wir die Diskussion aber über endlich-dimensionalen Räumen führen wollen, nehmen wir an, dass die Funktion F durch einen Vektor p aus einer offenen Menge $P \subset \mathbb{R}^r$ parametrisiert, und das Problem dann durch

$$F(x) = \hat{F}(x_1, \ldots, x_n, p_1, \ldots, p_r) = 0 \tag{17.18}$$

mit stetig differenzierbarer Funktion $\hat{F}\colon A \times P \to \mathbb{R}^n$ beschrieben ist. Der Vektor p kann dabei z. B. die Koeffizienten von etwaigen Polynomfunktionen F_i oder mit $\hat{F}(x,p) = G(x) - p$ die rechte Seite einer inhomogenen Gleichung repräsentieren. Bei der Konditionsanalyse untersuchen wir dann, wie sich Störungen in p auf die Lösung des nichtlinearen Gleichungssystems auswirken. Dazu greifen wir auf den Hauptsatz über implizite Funktionen zurück, siehe [14], in welchem wir die Jacobi-Matrix von $\hat{F}$ an der Stelle $(\bar{x}, \bar{p})$ als Blockmatrix $\hat{F}'(\bar{x}, \bar{p}) = \big(\hat{F}_x(\bar{x}, \bar{p}) \big| \hat{F}_p(\bar{x}, \bar{p})\big)$ mit $\hat{F}_x(\bar{x}, \bar{p}) \in \mathbb{R}^{n\times n}$ und $\hat{F}_p(\bar{x}, \bar{p}) \in \mathbb{R}^{n\times r}$ auffassen.

Satz

Hauptsatz über implizite Funktionen. Seien $A \subset \mathbb{R}^n$, $P \subset \mathbb{R}^r$ offen und $\hat{F}\colon A \times P \to \mathbb{R}^n$ stetig differenzierbar. Außerdem seien $(\bar{x}, \bar{p}) \in A \times P$ mit $\hat{F}(\bar{x}, \bar{p}) = 0$ und $\hat{F}_x(\bar{x}, \bar{p})$ regulär gegeben. Dann existieren ρ_1 und ρ_2 und eine stetige Funktion

$$\varphi\colon \mathcal{K}_{\rho_1,\alpha}(\bar{p}) \to \mathcal{K}_{\rho_2,\beta}(\bar{x}), \tag{17.19}$$

sodass $\bar{x} = \varphi(\bar{p})$ gilt, und zu gegebenem $p \in \mathcal{K}_{\rho_1,\alpha}(\bar{p})$ das Element $\varphi(p)$ die einzige Lösung (für x) von $\hat{F}(x,p) = 0$ in $\mathcal{K}_{\rho_2,\beta}(\bar{x})$ ist. Zudem ist die Funktion φ in $\bar{p}$ differenzierbar mit

$$\varphi'(\bar{p}) = -\hat{F}_x(\bar{x}, \bar{p})^{-1}\hat{F}_p(\bar{x}, \bar{p}). \tag{17.20}$$

Die Funktion φ ordnet also der Eingangsgröße $\bar{p}$ gerade die (lokal) eindeutige Lösung $\varphi(\bar{p})$ des nichtlinearen Gleichungssystems zu. Mit der Jacobi-Matrix aus (17.20) ergeben sich die normweisen Konditionen des Problems $(\varphi, \bar{p})$ dann einfach aus den Formeln von Seite 133.

Satz

Kondition des nichtlinearen Gleichungssystems. Mit den Bezeichnungen und Voraussetzungen des Hauptsatzes über implizite Funktionen ist die absolute normweise Kondition des Problems $(\varphi, \bar{p})$ mit φ wie in (17.19) bez. $\|\cdot\|_\alpha$, $\|\cdot\|_\beta$ durch $\kappa_{\text{abs}} = \|\hat{F}_x(\bar{x}, \bar{p})^{-1}\hat{F}_p(\bar{x}, \bar{p})\|_{\alpha,\beta}$ gegeben. Unter der zusätzlichen Annahme $\bar{x} \neq 0$ und $\bar{p} \neq 0$ ist die relative normweise Kondition gegeben durch

$$\kappa_{\text{rel}} = \|\hat{F}_x(\bar{x}, \bar{p})^{-1}\hat{F}_p(\bar{x}, \bar{p})\|_{\alpha,\beta}\frac{\|\bar{p}\|_\alpha}{\|\bar{x}\|_\beta}.$$

Beispiel

Wir betrachten erneut das Beispiel der quadratischen Gleichung mit

$$\hat{F}(x,p) = x^2 - 2p_1 x + p_2$$

für Parameter $p_1^2 \geq p_2$ und

$$\hat{F}_x(x,p) = 2x - 2p_1, \quad \hat{F}_p(x,p) = (-2x \ 1)^T.$$

Mit $\alpha = 2$ ergibt sich für die relative normweise Kondition der Ausdruck

$$\kappa_{\text{rel}} = \frac{1}{|x|}\sqrt{(p_1^2 + p_2^2)\left(\frac{1}{4(x-p_1)^2} + \left(\frac{x}{x-p_1}\right)^2\right)}$$

Ersetzen wir darin x durch die Lösungsformel $\varphi(p)$ von Seite 133, so erhalten wir gerade die Darstellung (15.16).

Lösungsverfahren

Die zentrale Idee zur Lösung des nichtlinearen Gleichungssystems (17.17) ist, eine Folge $(x^{(k)})_{k\in\mathbb{N}_0}$ zu konstruieren, die gegen ein $\bar{x}$ mit $F(\bar{x}) = 0$ konvergiert. Mit Ausnahme des Bisektionsverfahrens lassen sich dabei die in Abschnitt 5 besprochenen Verfahren ins Mehrdimensionale übertragen. Hinsichtlich der Konvergenzgeschwindigkeit behalten die auf Seite 35 definierten Begriffe ihre Gültigkeit, sofern man den Betrag durch eine Vektornorm $\|\cdot\|_\alpha$ auf $\mathbb{R}^n$ ersetzt, bezüglich der Abhängigkeit der linearen Konvergenzeigenschaft von der gewählten Norm verweisen wir auf die Diskussion von Seite 86.

Fixpunktverfahren

Gelingt es, das nichtlineare Gleichungssystem in eine Fixpunktgleichung

$$\Phi(x) = x \tag{17.21}$$

zu überführen, so kann zu deren Lösung eine Fixpunktiteration

$$x^{(k+1)} = \Phi(x^{(k)}) \tag{17.22}$$

mit geeignetem Startwert $x^{(0)}$ herangezogen werden. Deren Konvergenz gegen einen Fixpunkt ist unter folgenden Bedingungen sichergestellt:

Satz

Die Funktion $\Phi\colon A \subset \mathbb{R}^n \to \mathbb{R}^n$ sei auf der offenen Menge A stetig differenzierbar und habe einen Fixpunkt $\bar{x}$ in A, d. h. $\bar{x} = \Phi(\bar{x})$. Des Weiteren sei $\|\cdot\|_\alpha$ eine Norm auf $\mathbb{R}^n$ und $\|\cdot\|$ eine damit verträgliche Norm auf $\mathbb{R}^{n\times n}$ mit $\|\Phi'(\bar{x})\| \leq L < 1$. Dann existiert ein $\rho > 0$, sodass für $x^{(0)} \in \bar{\mathcal{K}}_{\rho,\alpha}(\bar{x})$ die durch die Fixpunktiteration (17.22) definierte Folge (mindestens) linear gegen $\bar{x}$ bez. $\|\cdot\|_\alpha$ konvergiert.

Beweis. Da Φ' stetig ist, existiert ein $\rho > 0$, sodass[9]

$$\|\Phi'(x)\| \le L < 1 \quad \text{für alle } x \in \bar{\mathcal{K}}_{\rho,\alpha}(\bar{x}).$$

Sei nun $x^{(k)} \in \bar{\mathcal{K}}_{\rho,\alpha}(\bar{x})$. Dann gilt auch $\bar{x} + t(x^{(k)} - \bar{x}) \in \bar{\mathcal{K}}_{\rho,\alpha}(\bar{x})$ für alle $t \in [0, 1]$. Unter Verwendung des Mittelwertsatzes der Differentialrechnung von Seite 130 ergibt sich

$$\begin{aligned} \|x^{(k+1)} - \bar{x}\|_\alpha &= \|\Phi(x^{(k)}) - \Phi(\bar{x})\| \\ &\le \int_0^1 \|\Phi'(\bar{x} + t(x^{(k)} - \bar{x}))\| \|x^{(k)} - \bar{x}\|_\alpha dt \le L\|x^{(k)} - \bar{x}\|_\alpha < \rho. \end{aligned}$$

Daraus folgt $x^{(k+1)} \in \bar{\mathcal{K}}_{\rho,\alpha}(\bar{x})$ und damit die Wohldefiniertheit der Folge, d. h. $x^{(k)} \in \bar{\mathcal{K}}_{\rho,\alpha}(\bar{x})$ für alle k. Zudem konvergiert die Folge wegen $L < 1$ linear gegen $\bar{x}$ bez. $\|\cdot\|_\alpha$. □

Gibt es eine abgeschlossene Teilmenge $K \subset \mathbb{R}^n$, die von Φ auf sich selbst abgebildet wird, also $\Phi(K) \subset K$, und erfüllt Φ dort eine Lipschitz-Bedingung $\|\Phi(x) - \Phi(y)\| \le L\|x - y\|$ mit $L < 1$ für alle $x, y \in K$, so liefert der Banachsche Fixpunktsatz in $\mathbb{R}^n$ zusätzlich noch die Existenz eines eindeutigen Fixpunktes in K. Für dessen Beweis muss in der Diskussion in Band *1*, Seite 12 lediglich der Betrag $|\cdot|$ durch die Norm $\|\cdot\|_\alpha$ ersetzt werden. Somit gelten auch die Fehlerabschätzungen

$$\|x^{(k)} - \bar{x}\|_\alpha \le \frac{L^k}{1-L}\|x^{(1)} - x^{(0)}\|_\alpha, \quad \text{und} \qquad \text{(a-priori Schranke)}$$

$$\|x^{(k)} - \bar{x}\|_\alpha \le \frac{L}{1-L}\|x^{(k)} - x^{(k-1)}\|_\alpha, \qquad \text{(a-posteriori Schranke)}$$

wobei die a-posteriori aus der a-priori Schranke folgt, wenn man $x^{(k-1)}$ als Startwert $x^{(0)}$ interpretiert. Beide können in einer algorithmischen Umsetzung von (17.22) als Abbruchskriterium verwendet werden.

Beispiel Wir betrachten das nichtlineare Gleichungssystem (17.17) mit der Funktion $F\colon \mathbb{R}^2 \to \mathbb{R}^2$

$$F(x) = \begin{pmatrix} x_1^2 + \sin(x_2) - 5 \\ x_2 e^{x_1} - 3 \end{pmatrix}. \tag{17.23}$$

Eine entsprechende Fixpunktformulierung (17.21) ist durch $\Phi\colon \mathbb{R}^2 \to \mathbb{R}^2$ mit

$$\Phi(x) = \begin{pmatrix} \sqrt{5 - \sin(x_2)} \\ 3e^{-x_1} \end{pmatrix} \quad \text{und} \quad \Phi'(x) = \begin{pmatrix} 0 & -\frac{\cos(x_2)}{2\sqrt{5-\sin(x_2)}} \\ -3e^{-x_1} & 0 \end{pmatrix}$$

gegeben. Aus $\Phi_1(\mathbb{R} \times [0, 1]) = [2, \sqrt{5}]$ und $\Phi_2([2, \sqrt{5}] \times \mathbb{R}) \subset [0, 1]$ ist ersichtlich, dass Φ auf $K = [2, \sqrt{5}] \times [0, 1]$ eine Selbstabbildung ist. Zudem gilt $\|\Phi'(x)\|_F \le 0.5 < 1$ für alle $x \in K$. Da die Frobenius-Norm mit der euklidschen Norm

[9] $\bar{\mathcal{K}}_{\rho,\alpha}(\bar{x}) = \{x \in \mathbb{R}^n \mid \|x - \bar{x}\|_\alpha \le \rho\}$ bezeichnet den Abschluss von $\mathcal{K}_{\rho,\alpha}(\bar{x})$.

verträglich ist, gilt $\|\Phi(x)-\Phi(y)\|_2 \leq L\|x-y\|_2$ mit $L = 0.5$ auf K. Somit existiert in K ein eindeutiger Fixpunkt $\bar{x}$, gegen den die durch (17.22) definierte Folge für jeden Startwert $x^{(0)} \in K$ bez. $\|\cdot\|_2$ linear konvergiert. Die linke Seite der Abbildung IV.1 zeigt mit $x^{(0)} = (2\ 0)^T$ und $\bar{x} = (2.1588\ 0.3464)^T$ den Verlauf der Norm $\|x^{(k)} - \bar{x}\|_2$ des absoluten Fehlers sowie der *a-priori* und *a-posteriori* Schranken. Die *a-priori* Schranke besagt etwa, dass der Fehler nach 20 Schritten unter 10^{-6} liegt. Die tatsächliche Fehlernorm ist aber $\|x^{(20)} - \bar{x}\|_2 = 7.5558 \cdot 10^{-12}$ und wird durch die *a-posteriori* Schranke $3.7322 \cdot 10^{-11}$ deutlich besser abgeschätzt.

In obigem Beispiel ließen sich die Fehlerschranken noch durch eine Verkleinerung von K und damit eine Reduktion von L verbessern. Tatsächlich ist aber in vielen praktischen Anwendungen eine Verifizierung der Voraussetzungen des Banachschen Fixpunktsatzes schwierig.

Newton-Verfahren

Zur Lösung von (17.17) mit stetig differenzierbarer Funktion $F\colon A \subset \mathbb{R}^n \to \mathbb{R}^n$ kommt dem Newton-Verfahren eine zentrale Rolle zu. Die Idee ist, wie im Fall $n = 1$, die nichtlineare Funktion F durch ihre Linearisierung $L^{(F,x^{(k)})}$ in einer Näherung $x^{(k)}$ für eine Lösung zu ersetzen und anstelle von (17.17) das linearisierte Problem $L^{(F,x^{(k)})}(x) = 0$ zu betrachten. Ist $F'(x^{(k)})$ regulär, so führt dies auf die eindeutige Lösung

$$x^{(k+1)} = x^{(k)} - F'(x^{(k)})^{-1} F(x^{(k)}), \tag{17.24}$$

wodurch gerade das Newton-Verfahren definiert ist.

Satz

Seien $A \subset \mathbb{R}^n$ offen, $F\colon A \to \mathbb{R}^n$ stetig differenzierbar auf A und $\bar{x} \in A$ mit $F(\bar{x}) = 0$ und $F'(\bar{x})$ regulär gegeben. Dann existiert ein $\rho > 0$, sodass das Newton-Verfahren (17.24) für alle Startwerte $x^{(0)} \in \mathcal{K}_\rho(\bar{x})$ wohldefiniert ist, und die Folge $\left(x^{(k)}\right)_{k\in\mathbb{N}_0}$ superlinear gegen $\bar{x}$ konvergiert. Gilt zudem, dass F' lokal Lipschitz-stetig in $\bar{x}$ ist, so liegt sogar quadratische Konvergenzgeschwindigkeit vor.

Beweis. Nach dem Satz von Seite 130 existieren $\rho_1 > 0$ und $c > 0$, sodass für alle $x \in \mathcal{K}_{\rho_1}(\bar{x}) \subset A$ die Jacobi-Matrix $F'(x)$ regulär ist und der Abschätzung $\|F'(x)^{-1}\| \leq c$ genügt. Aus (15.6) folgt dann die Existenz eines $\rho_2 > 0$ mit

$$\|F(x) - F(\bar{x}) - F'(x)(x - \bar{x})\| \leq \frac{1}{2c}\|x - \bar{x}\| \quad \text{für alle } x \in \mathcal{K}_{\rho_2}(\bar{x}) \subset A.$$

Sei nun $\rho = \min\left\{\rho_1, \rho_2\right\}$. Gilt $x^{(k)} \in \mathcal{K}_\rho(\bar{x})$, so ist $x^{(k+1)}$ wohldefiniert, und wegen

$$\begin{aligned}
\|x^{(k+1)} - \bar{x}\| &= \|x^{(k)} - \bar{x} - F'(x^{(k)})^{-1} F(x^{(k)})\| \\
&= \|F'(x^{(k)})^{-1}\| \|F(x^{(k)}) - F(\bar{x}) - F'(x^{(k)})(x^{(k)} - \bar{x})\| \\
&\leq c\|F(x^{(k)}) - F(\bar{x}) - F'(x^{(k)})(x^{(k)} - \bar{x})\| \qquad (17.25) \\
&\leq \tfrac{1}{2}\|x^{(k)} - \bar{x}\|
\end{aligned}$$

folgt auch $x^{(k+1)} \in \mathcal{K}_\rho(\bar{x})$. Liegt also der Startwert $x^{(0)}$ in $\mathcal{K}_\rho(\bar{x})$, so ist die gesamte Folge wohldefiniert, und es gilt

$$\|x^{(k)} - \bar{x}\| \leq \tfrac{1}{2}\|x^{(k-1)} - \bar{x}\| \leq \cdots \leq \left(\tfrac{1}{2}\right)^k \|x^{(0)} - \bar{x}\| \quad \text{für alle } k \in \mathbb{N}_0.$$

Daraus folgt die Konvergenz der Folge gegen $\bar{x}$. Die superlineare bzw. quadratische Konvergenzgeschwindigkeit der Folge ergibt sich schließlich aus (17.25) und (15.6) bzw. (15.7). □

Unter verschärften Voraussetzungen an die Funktion F kann sogar die Existenz einer lokal eindeutigen Lösung gezeigt werden, siehe dazu [22].

In der Realisierung der Iterationsvorschrift (17.24) bestimmt man aufgrund des damit verbundenen Aufwands nicht explizit die inverse Matrix $F'(x^k)^{-1}$, sondern löst vielmehr in jedem Schritt die sogenannte Newton-Gleichung

$$F'(x^{(k)})d^{(k)} = -F(x^{(k)}) \tag{17.26}$$

nach der Newton-Korrektur $d^{(k)}$ und berechnet anschließend $x^{(k+1)} = x^{(k)} + d^{(k)}$. Diese Vorgehensweise, der wir in ähnlicher Form bereits auf Seite 83 begegnet sind, führt auf den Algorithmus *GlgnDNewton*.

Algorithmus *GlgnDNewton*: Lösung von $F(x) = 0$ nach Newton

```
F' ← Ableitung(F)
x ← x^(0)
while A nicht erfüllt
    d ← LGS(F'(x), −F(x))
    x ← x + d
return x
```

Aufruf: *GlgnDNewton*$(F, x^{(0)})$
Eingabe: $F : A \subset \mathbb{R}^n \to \mathbb{R}^n, x^{(0)} \in A$ offen
mit: F stetig differenzierbar auf A, $F'(\bar{x})$ regulär für $\bar{x}$ mit $F(\bar{x}) = 0$.
Ausgabe: $x \in A$
mit: x als Näherung von $\bar{x}$, die vom Startwert $x^{(0)}$ und dem Abbruchskriterium $\mathcal{A}$ abhängt.

Computerprogrammierung. *Analog zum eindimensionalen Fall steht der Aufruf Ableitung(F) für die symbolische Berechnung der Ableitungsfunktion F', siehe Seite 40. Der Aufruf LGS$(F'(x), -F(x))$ steht für die Lösung des linearen Gleichungssystems (17.26), wofür sich die Methoden aus Abschnitt 9 anbieten. Als Abbruchskriterium kann man bei superlinearer Konvergenz und gegebener Fehlerschranke $\eta > 0$ auf*

$$\|x^{(k+1)} - x^{(k)}\| \leq \eta$$

zurückgreifen, siehe auch Übung I.8.

Beispiel Wir betrachten die stetig differenzierbare Funktion $F\colon \mathbb{R}^2 \to \mathbb{R}^2$ aus (17.23) mit der Jacobi-Matrix

$$F'(x) = \begin{pmatrix} 2x_1 & \cos(x_2) \\ x_2 e^{x_1} & e^{x_1} \end{pmatrix}. \tag{17.27}$$

Tabelle IV.1: Verlauf der Newton-Iteration.

k	$x_1^{(k)}$	$x_2^{(k)}$	$\|x^{(k)} - \bar{x}\|$
0	2	0	0.381058420181465
1	2.148498537572540	0.406005849709838	0.060508484569115
2	2.158815695959009	0.345788730520271	0.000595349145499
3	2.158819368830617	0.346384075821388	0.000000017315879
4	2.158819384398576	0.346384068239940	0.000000000000001

Tabelle IV.1 zeigt die quadratische Konvergenz der Newton-Iterierten bei Aufruf von *GlgnDNewton* mit Startwert $x^{(0)} = (2\ 0)^T$ gegen die Lösung

$$\bar{x} = (2.158819384398576\ 0.346384068239940)^T.$$

Die Überlegenheit im Vergleich zum Fixpunkt-Verfahren wird auch aus Abbildung IV.1 (rechts) ersichtlich, wo die entsprechenden Verläufe von $\|x^{(k)} - \bar{x}\|_2$ einander gegenübergestellt werden.

Besonders bei hochdimensionalen Problemen kann beim Newton-Verfahren der Aufwand pro Iterationsschritt beträchtlich sein. Zum einen muss je nach Computerrepräsentation von F die Jacobi-Matrix $F'(x^{(k)})$ symbolisch[10] oder numerisch bestimmt werden, zum anderen muss das lineare Gleichungssystem (17.26) gelöst werden. Ein Zugang zur Reduktion des Rechenaufwands ist, die Jacobi-Matrix von F nur einmal für den Startwert $x^{(0)}$ zu berechnen und anstelle von (17.26) lediglich

$$F'(x^{(0)})d^{(k)} = -F(x^k) \tag{17.28}$$

zur Bestimmung der Korrektur $d^{(k)}$ zu verwenden. Dies erlaubt es dann, vorab eine *LRP*-Zerlegung von $F'(x^{(0)})$ zu berechnen und in jedem Iterationsschritt (17.28) mit einem Aufwand von $O(n^2)$ durch Vor- und Rückwärtssubstitution zu lösen, siehe *GlgnDNewtonV*. Durch den Übergang von (17.26) auf (17.28) geht allerdings die superlineare Konvergenzeigenschaft verloren, bestenfalls kann nur lineare Konvergenzgeschwindigkeit garantiert werden, siehe [5].

Algorithmus *GlgnDNewtonV*: Lösung von $F(x) = 0$ nach Newton (vereinfacht)

```
F' ← Ableitung(F)
J ← F'(x^(0))
(L, R, P) ← LRPZerlegung(J)
x ← x^(0)
while A nicht erfüllt
    b ← −P · F(x)
    c ← VorSubMat(L, b)
    d ← RückSubMat(R, c)
    x ← x + d
return x
```

Aufruf: $GlgnDNewtonV(F, x^{(0)})$
Eingabe: $F : A \subset \mathbb{R}^n \to \mathbb{R}^n, x^{(0)} \in A$ offen
mit: F stetig differenzierbar auf A, $F'(\bar{x})$ regulär für $\bar{x}$ mit $F(\bar{x}) = 0$.
Ausgabe: $x \in A$
mit: x als Näherung von $\bar{x}$, die vom Startwert $x^{(0)}$ und dem Abbruchskriterium $\mathcal{A}$ abhängt.

[10] Selbst wenn die Ableitungsfunktion F' symbolisch bestimmt werden kann, sind dennoch im Allgemeinen n^2 Funktionsauswertungen zur Bildung von $F'(x^{(k)})$ erforderlich.

Satz

Seien $A \subset \mathbb{R}^n$ offen, $\|\cdot\|_\alpha$ eine Norm auf $\mathbb{R}^n$, $F\colon A \to \mathbb{R}^n$ auf A stetig differenzierbar und $\bar{x} \in A$ mit $F(\bar{x}) = 0$ und $F'(\bar{x})$ regulär gegeben. Dann existiert ein $\rho > 0$, sodass das vereinfachte Newton-Verfahren $x^{(k+1)} = x^{(k)} + d^{(k)}$ mit $d^{(k)}$ aus (17.28) für alle Startwerte $x^{(0)} \in \mathcal{K}_{\rho,\alpha}(\bar{x})$ wohldefiniert ist und die Folge $\left(x^{(k)}\right)_{k\in\mathbb{N}_0}$ linear gegen $\bar{x}$ bez. $\|\cdot\|_\alpha$ konvergiert.

Beispiel

In Fortsetzung des obigen Beispiels rufen wir nun *GlgnDNewtonV* mit $x^{(0)} = (2\ 0)^T$ auf. Die resultierende Folge konvergiert langsamer als beim Newton-Verfahren gegen die Lösung $\bar{x}$, jedoch immer noch schneller als beim Fixpunktverfahren, siehe Abbildung IV.1 (rechts).

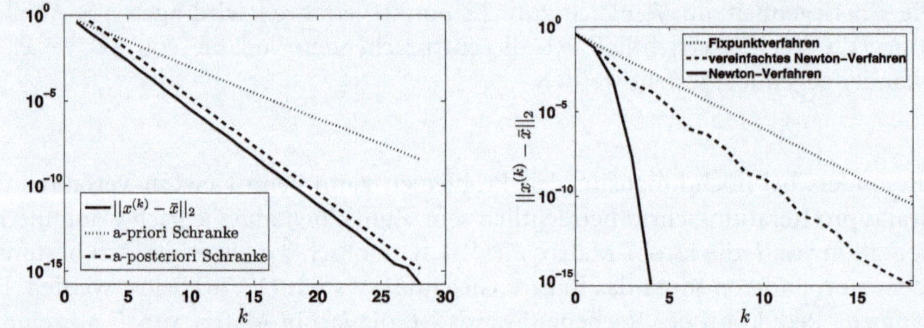

Abb. IV.1: Links: Fehlerverlauf bei Fixpunktiteration, rechts: Vergleich von Fixpunkt-, Newton- und vereinfachtem Newton-Verfahren.

Eine weitere Möglichkeit zur Reduktion des Aufwands beim Newton-Verfahren ist, die Jacobi-Matrix $F'(x^{(k)})$ in jedem Schritt durch eine reguläre Matrix $B^{(k)}$ zu approximieren, die Korrektur $d^{(k)}$ also aus

$$B^{(k)} d^{(k)} = -F(x^k)$$

zu bestimmen. Neben $x^{(k)}$ muss dann auch $B^{(k)}$ in jedem Schritt aktualisiert werden, Grundlage dafür ist die *Quasi-Newton-Bedingung*

$$B^{(k+1)}(x^{(k+1)} - x^{(k)}) = F(x^{(k+1)}) - F(x^{(k)}). \tag{17.29}$$

Für $n = 1$ führt dies gerade auf das Sekantenverfahren von Seite 44, im Fall $n > 1$ ist $B^{(k+1)}$ durch (17.29) nicht mehr eindeutig festgelegt, wodurch eine ganze Klasse von *Quasi-Newton-Verfahren* entsteht. Unter geeigneten Voraussetzungen und Zusatzbedingungen an $B^{(k+1)}$ konvergiert die erzeugte Folge sogar superlinear gegen eine Lösung $\bar{x}$, siehe [5] für Details.

Ein Nachteil des Newton-Verfahrens und seiner vorgestellten Varianten ist, dass der Startwert $x^{(0)}$ hinreichend nahe der Lösung $\bar{x}$ liegen muss. Da dies in der Praxis nicht überprüfbar ist, haben *Globalisierungsmethoden* das Ziel, den Konvergenzbereich des Newton-Verfahrens (oder der Quasi-Newton-Verfahren) zu erweitern und letztlich beliebige Startwerte aus dem Definitionsgebiet von F zu ermöglichen. Zum Einsatz kommen dabei z. B. Techniken zur Bestimmung einer Schrittweite $t^{(k)}$ in jedem Schritt gemäß

$$x^{(k+1)} = x^{(k)} + t^{(k)} d^{(k)}, \tag{17.30}$$

wobei $d^{(k)}$ zunächst nicht zwangsläufig in jedem Schritt als Lösung der Newton-Gleichung (17.26) bestimmt wird. Unter geeigneten Voraussetzungen geht das globalisierte Verfahren dann aber ab einem hinreichend großen Index k_0 in das (lokale) Newton-Verfahren (17.24) über, d. h., für $k \geq k_0$ gilt $t^{(k)} = 1$ und $d^{(k)} = -F'(x^{(k)})^{-1} F(x^k)$, wodurch auch dessen Konvergenzeigenschaften übernommen werden. Für Details und alternative Globalisierungszugänge verweisen wir auf [5].

18 Nichtlineare Ausgleichsprobleme

Wir wenden uns nun nichtlinearen Gleichungssystemen

$$F(x) = 0 \tag{18.31}$$

zu, bei denen die Anzahl m der Gleichungen größer gleich der Anzahl n der Unbekannten ist, also $m \geq n$. Die Komponentenfunktionen $F_i \colon A \subset \mathbb{R}^n \to \mathbb{R}$ für $i = 1, \ldots, m$ seien zweimal stetig differenzierbar und der Einfachheit halber auf ganz $\mathbb{R}^n$ definiert, d. h. $A = \mathbb{R}^n$. Existiert ein $\bar{x} \in \mathbb{R}^n$ mit $F(\bar{x}) = 0$, so spricht man vom *kompatiblen Fall*. Wie im linearen Fall ist (18.31) aber häufig nicht lösbar. Daher sucht man stattdessen nach einem $\bar{x}$ mit minimalem Abstand von $F(\bar{x})$ zum Nullvektor. Die Verwendung der euklidschen Norm zur Abstandsmessung führt dann auf folgende Problemstellung:

Problemstellung (Nichtlineares Ausgleichsproblem).

Gegeben:	$F \colon \mathbb{R}^n \to \mathbb{R}^m$
mit:	$m \geq n$ und F_i zweimal stetig differenzierbar für $i = 1, \ldots, m$.
Gesucht:	$\bar{x} \in \mathbb{R}^n$
mit:	$\|F(\bar{x})\|_2 = \min_{x \in \mathbb{R}^n} \|F(x)\|_2$.

Ein typisches Beispiel ist die Approximation von Daten mit Hilfe einer Modellfunktion η, die nichtlinear von Modellparametern abhängt.

Beispiel

Zu m Datenpaaren $(t_1, y_1), \ldots, (t_m, y_m)$ seien die $n \leq m$ Parameter $\bar{x}_1, \ldots, \bar{x}_n$ einer Modellfunktion $\eta(t, x_1, \ldots, x_n)$ gesucht, sodass die Bedingungen

$$y_i = \eta(t_i, x_1, \ldots, x_n) \quad \text{für alle } i = 1, \ldots, m$$

möglichst gut erfüllt sind. Folgt man dabei dem Prinzip der kleinsten Fehlerquadrate, so führt dies auf die Aufgabe, die Parameter so zu wählen, dass

$$\sum_{i=1}^{m} (y_i - \eta(t_i, x_1, \ldots, x_n))^2$$

minimal wird. Mit $F_i\colon \mathbb{R}^n \to \mathbb{R},\ x \mapsto y_i - \eta(t_i, x_1, \ldots, x_n)$ für $i = 1, \ldots, m$ entspricht dies einem nichtlinearen Ausgleichsproblem gemäß obiger Problemstellung. Hängt η nur linear von x ab, wie es etwa bei Polynomfunktionen mit Koeffizientenvektor x der Fall ist, erhält man ein lineares Ausgleichsproblem, vergleiche mit dem Beispiel von Seite 89.

Ziel der Ausgleichsrechnung ist somit die *Minimierung*[11] der Funktion ϕ von Seite 131. Dabei spielen folgende Begriffe eine Rolle:

Definition

Sei $f : \mathbb{R}^n \to \mathbb{R}$. Ein Punkt $\bar{x} \in \mathbb{R}^n$ heißt *(globales) Minimum von* f genau dann, wenn gilt

$$f(\bar{x}) \le f(x) \quad \text{für alle } x \in \mathbb{R}^n \setminus \{\bar{x}\}. \tag{18.32}$$

$\bar{x} \in \mathbb{R}^n$ heißt *lokales Minimum von* f genau dann, wenn eine Umgebung $\mathcal{U}(\bar{x})$ von $\bar{x}$ existiert, sodass gilt

$$f(\bar{x}) \le f(x) \quad \text{für alle } x \in \mathcal{U}(\bar{x}) \setminus \{\bar{x}\}. \tag{18.33}$$

Ist f stetig differenzierbar auf $\mathbb{R}^n$, so heißt $\bar{x} \in \mathbb{R}^n$ *stationärer Punkt von* f genau dann, wenn gilt

$$\nabla f(\bar{x}) = 0. \tag{18.34}$$

Kann in (18.32) bzw. (18.33) $\le$ durch $<$ ersetzt werden, so ist $\bar{x}$ ein *strikt* globales bzw. lokales Minimum. Offensichtlich ist ein (strikt) globales Minimum auch ein (strikt) lokales Minimum. Ein zentrales Resultat der Optimierungstheorie besagt, siehe z. B. [10], dass jedes lokale Minimum $\bar{x} \in \mathbb{R}^n$ einer stetig differenzierbaren Funktion *notwendigerweise* auch ein stationärer Punkt ist. Aussagen zu Existenz und Eindeutigkeit von Minima sind nur unter zusätzlichen Annahmen an f möglich. So lässt sich z. B. folgende *hinreichende Bedingung* für das Vorliegen eines strikt lokalen Minimums angeben, siehe Übung IV.8.

Satz

Sei $f : \mathbb{R}^n \to \mathbb{R}$ zweimal stetig differenzierbar und $\bar{x} \in \mathbb{R}^n$. Gelten

$$\nabla f(\bar{x}) = 0 \quad \text{und} \quad H^{(f)}(\bar{x}) \text{ ist positiv definit,} \tag{18.35}$$

so ist $\bar{x}$ ein strikt lokales Minimum von f.

Für ϕ aus (15.9) lassen sich diese hinreichenden Bedingungen auch mit Hilfe der Funktion F formulieren, siehe dazu das Beispiel auf Seite 132.

Im Hinblick auf eine Konditionsanalyse betrachten wir lediglich den kompatiblen Fall und gehen wie auf Seite 136 von einer parametrisierten Darstellung der Funktionen aus, also $F(x) = \hat{F}(x, p)$ bzw. $\phi(x) = \hat{\phi}(x, p)$ mit p aus einer offenen Menge $P \subset \mathbb{R}^r$ mit $p \in \mathbb{R}^r$. Im Beispiel von Seite 143 könnte p etwa für den Datenvektor y stehen. Zu $(\bar{x}, \bar{p})$ mit $\hat{F}(\bar{x}, \bar{p}) = 0$ setzen wir weiterhin voraus, dass

[11] Um Effekte am Rand von A auszuschließen, betrachten wir hier nur auf ganz $\mathbb{R}^n$ definierte Funktionen.

$\text{rg}(\hat{F}_x(\bar{x},\bar{p})) = n$, wobei die Jacobi-Matrix von $\hat{F}$ an der Stelle $(\bar{x},\bar{p})$ wieder als Blockmatrix $\hat{F}'(\bar{x},\bar{p}) = \left(\hat{F}_x(\bar{x},\bar{p})\middle|\hat{F}_p(\bar{x},\bar{p})\right)$ mit $\hat{F}_x(\bar{x},\bar{p}) \in \mathbb{R}^{m\times n}$ und $\hat{F}_p(\bar{x},\bar{p}) \in \mathbb{R}^{m\times r}$ aufgefasst wird. Dann ist aber $\hat{F}_x(\bar{x},\bar{p})^T\hat{F}_x(\bar{x},\bar{p})$ positiv definit[12], sodass zusammen mit $\hat{F}_x(\bar{x},\bar{p})\hat{F}(\bar{x},\bar{p}) = 0$ die hinreichenden Bedingungen (18.35) erfüllt sind, und $\bar{x}$ eine lokal eindeutige Lösung des Ausgleichsproblems zu den Eingangsdaten $\bar{p}$ ist. Schließlich nehmen wir an, dass zu gegebenem $p \in \mathcal{K}_{\rho_1,2}(\bar{p})$ eindeutige Lösbarkeit des Ausgleichsproblems vorliegt, es also eine stetige Funktion

$$\varphi\colon \mathcal{K}_{\rho_1,2}(\bar{p}) \to \mathcal{K}_{\rho_2,2}(\bar{x}) \tag{18.36}$$

gibt, wobei wobei $\varphi(p)$ das einzige Minimum in $\mathcal{K}_{\rho_2,2}(\bar{x})$ ist[13]. Zur Kondition kann dann folgende Aussage getroffen werden:

Satz

Kondition des nichtlinearen Ausgleichsproblems im kompatiblen Fall. Es gelten obige Bezeichnungen und Voraussetzungen. Weiterhin sei die Funktion φ aus (18.36) in $\bar{p}$ differenzierbar. Dann ist die absolute normweise Kondition des Problems $(\varphi,\bar{p})$ bez. der euklidschen Normen auf $\mathbb{R}^n$ und $\mathbb{R}^r$ durch

$$\kappa_{\text{abs}} = \left\|\left(\hat{F}_x(\bar{x},\bar{p})^T\hat{F}_x(\bar{x},\bar{p})\right)^{-1}\hat{F}_x(\bar{x},\bar{p})^T\hat{F}_p(\bar{x},\bar{p})\right\|_{2,2}$$

gegeben. Unter der zusätzlichen Annahme $\bar{x} \neq 0$ und $\bar{p} \neq 0$ ist die relative normweise Kondition gegeben durch

$$\kappa_{\text{rel}} = \left\|\left(\hat{F}_x(\bar{x},\bar{p})^T\hat{F}_x(\bar{x},\bar{p})\right)^{-1}\hat{F}_x(\bar{x},\bar{p})^T\hat{F}_p(\bar{x},\bar{p})\right\|_{2,2}\frac{\|\bar{p}\|_2}{\|\bar{x}\|_2}.$$

Beweis. Wir betrachten zunächst die in $\bar{p}$ differenzierbare Funktion

$$\psi\colon \mathcal{K}_{\rho_1,2}(\bar{p}) \to \mathbb{R}^m,\ p \mapsto \hat{F}(\varphi(p),p).$$

Nach der Kettenregel von Seite 129 gilt

$$\psi'(\bar{p}) = \left(\hat{F}_x(\varphi(\bar{p}),\bar{p})\middle|\hat{F}_p(\varphi(\bar{p}),\bar{p})\right)\cdot\begin{pmatrix}\varphi'(\bar{p})\\ \mathrm{E}^{(r)}\end{pmatrix} = \hat{F}_x(\varphi(\bar{p}),\bar{p})\cdot\varphi'(\bar{p}) + \hat{F}_p(\varphi(\bar{p}),\bar{p}).$$

Das nach Annahme strikt lokale Minimum $\varphi(p)$ erfüllt notwendigerweise die Bedingung (18.34), d. h.

$$\hat{F}_x(\varphi(p),p)^T\cdot\psi(p) = 0 \qquad \text{für alle } p \in \mathcal{K}_{\rho_1,2}(\bar{p}).$$

[12] Die Hesse-Matrix der Funktion $\hat{\phi}$ bez. x an der Stelle $(\bar{x},\bar{p})$ ist nach Seite 143 unter der Voraussetzung $\hat{F}(\bar{x},\bar{p}) = 0$ gerade durch $\hat{F}_x(\bar{x},\bar{p})^T\hat{F}_x(\bar{x},\bar{p})$ gegeben. Diese Matrix ist dann aufgrund von $\text{rg}(\hat{F}_x(\bar{x},\bar{p})) = n$ positiv definit.

[13] Man beachte, dass $\hat{F}(\varphi(p),p) = 0$ für $p \neq \bar{p}$ nicht zur Bedingung gemacht wird.

Daraus folgt durch Differentiation unter Verwendung der Produktregel sowie der Kompatibilitätsannahme $\psi(\bar{p}) = 0$ die Beziehung

$$\hat{F}_x(\varphi(\bar{p}), \bar{p})^T F_x(\varphi(\bar{p}), \bar{p}) \cdot \varphi'(\bar{p}) + F_x(\varphi(\bar{p}), \bar{p})^T F_p(\varphi(\bar{p}), \bar{p}) = 0^{(n,r)}.$$

Da $\hat{F}_x(\bar{x}, \bar{p})^T F_x(\bar{x}, \bar{p})$ nach Voraussetzung regulär ist, ergibt sich schließlich mit $\bar{x} = \varphi(\bar{p})$ die Darstellung

$$\varphi'(\bar{p}) = -\left(\hat{F}_x(\bar{x}, \bar{p})^T \hat{F}_x(\bar{x}, \bar{p})\right)^{-1} \hat{F}_x(\bar{x}, \bar{p})^T \hat{F}_p(\bar{x}, \bar{p})$$

für die Jacobi-Matrix der Abbildung (18.36) an der Stelle $\bar{p}$. Die Aussagen des Satzes folgen aus den Formeln für die normweisen Konditionen von Seite 133 mit $\alpha = \beta = 2$. □

Im linearen Fall $\hat{F}(x, p) = A \cdot x - p$ erhält man gerade das auf Seite 90 angeführte Konditionsresultat.

Beispiel Gegeben sei das nichtlineare Ausgleichsproblem mit der parametrisierten Funktion

$$\hat{F}\colon \mathbb{R}^2 \times \mathbb{R}^3 \to \mathbb{R}^3,\ (x, p) \mapsto \begin{pmatrix} p_1 - x_1(1 - x_2) \\ p_2 - x_1(1 - x_2^2) \\ p_3 - x_1(1 - x_2^3) \end{pmatrix} \tag{18.37}$$

mit

$$\hat{F}_x(x, p) = \begin{pmatrix} -1 + x_2 & x_1 \\ -1 + x_2^2 & 2x_1x_2 \\ -1 + x_2^3 & 3x_1x_2^2 \end{pmatrix} \quad \text{und} \quad \hat{F}_p(x, p) = \begin{pmatrix} 1 & 0 & 0 \\ 0 & 1 & 0 \\ 0 & 0 & 1 \end{pmatrix}.$$

Zu $\bar{p} = (\frac{3}{2}\ \frac{9}{4}\ \frac{21}{8})^T$ ist die (sogar global) eindeutige Lösung durch $\bar{x} = (3\ 1/2)^T$ gegeben, welche auch $\hat{F}(\bar{x}, \bar{p}) = 0$ erfüllt. Nach obigem Satz lauten die Konditionszahlen $\kappa_{\text{abs}} = 2.5757$ und $\kappa_{\text{rel}} = 3.1917$, wobei zur Berechnung der Spektralnorm die MATLAB-Routine *norm* verwendet wurde. Das betrachtete Ausgleichsproblem ist somit sowohl im absoluten als auch im relativen Sinn gut konditioniert.

Gradientenverfahren

Die Idee des Gradientenverfahrens[14] ist, die Funktion ϕ aus (15.9) schrittweise zu minimieren, indem man ausgehend von einer Näherung $x^{(k)}$ einen Schritt der Länge $t^{(k)}$ in Richtung des steilsten Abstiegs, also des negativen Gradienten, von ϕ in $x^{(k)}$ macht. Die Iterationsvorschrift lautet somit

$$x^{(k+1)} = x^{(k)} + t^{(k)} d^{(k)} \tag{18.38}$$

[14] Das Gradientenverfahren kann zur Minimierung allgemeiner stetig differenzierbarer Funktionen $f\colon \mathbb{R}^n \to \mathbb{R}$ herangezogen werden und gehört zur Klasse der *Abstiegsverfahren*.

mit $d^{(k)} = -\nabla\phi(x^{(k)}) = -F(x^{(k)})^T F(x^{(k)})$. Nach (15.11) kommt es im Fall $\nabla\phi(x^{(k)}) \neq 0$ dann für hinreichend kleines $t^{(k)}$ zu einer Reduktion des Funktionswerts, also $\phi(x^{(k+1)}) < \phi(x^{(k)})$. Die Wahl einer geeigneten Schrittweite obliegt dabei einer Schrittweitenstrategie. Ein einfaches Beispiel dafür ist die sogenannte Armijo[15]-Regel, bei der zu $\sigma \in (0, 1)$, $\xi \in (0, 1)$ und $x \in \mathbb{R}^n$ mit $d = -\nabla\phi(x) \neq 0$ die Schrittweite $t = \max\{\xi^l \mid l \in \mathbb{N}_0\}$ bestimmt wird, sodass

$$\phi(x + td) \leq \phi(x) + \sigma t \nabla\phi(x)^T d. \tag{18.39}$$

Der sich daraus ableitende Algorithmus ist in *SArmijo* dargestellt.

Algorithmus *SArmijo*: Schrittweiten-Algorithmus nach Armijo

```
l ← 0, t ← ξ^l, g ← −d
s ← ⟨g, d⟩
φ ← ½‖F(x)‖₂²
while ½‖F(x + td)‖₂² > φ + σ · t · s
    l ← l + 1
    t ← ξ^l
return t
```

Aufruf: *SArmijo*(x, d, F, σ, ξ)
Eingabe: $F\colon \mathbb{R}^n \to \mathbb{R}^m$, $x \in \mathbb{R}^n$, $\sigma, \xi \in (0, 1)$
mit: F stetig differenzierbar, $d = -\nabla\phi(x) \neq 0$.
Ausgabe: $t \in \mathbb{R}^+$
mit: t genügt der Bedingung (18.39).

Die Termination von *SArmijo* ist durch den folgenden Satz sichergestellt:

Satz

Seien $F\colon \mathbb{R}^n \to \mathbb{R}^m$ stetig differenzierbar, $\sigma, \xi \in (0, 1)$ und $x \in \mathbb{R}^n$ mit $d = -\nabla\phi(x) \neq 0$ gegeben, wobei ϕ die Funktion aus (15.9) ist. Dann existiert ein $l \in \mathbb{N}_0$ mit

$$\phi(x + \xi^l d) \leq \phi(x) + \sigma\xi^l \nabla\phi(x)^T d.$$

Beweis. Wir nehmen an, dass

$$\phi(x + \xi^l d) > \phi(x) + \sigma\xi^l \nabla\phi(x)^T d \quad \text{für alle } l \in \mathbb{N}_0$$

gilt. Dann ergibt sich aber

$$\frac{\phi(x + \xi^l d) - \phi(x)}{\xi^l} > \sigma \nabla\phi(x)^T d$$

und durch Grenzwertbildung für $l \to \infty$

$$\frac{\partial\phi}{\partial d}(x) = \nabla\phi(x)^T d \geq \sigma\nabla\phi(x)^T d.$$

Aus $\sigma \in (0, 1)$ folgt aber $\nabla\phi(x)^T d \geq 0$, was im Widerspruch zu $\nabla\phi(x) \neq 0$ steht. □

[15] Armijo, Larry, amerikanischer Mathematiker. Er promovierte 1962 an der Rice Universität und arbeitete in der 1960er Jahren bei Tetra Tech in Arlington, Virginia.

Zur Klärung der Rolle von σ und ξ betrachten wir die Funktion $\psi(t) = \phi(x + td)$, womit sich (18.39) als

$$\psi(t) \leq \psi(0) + \sigma t \psi'(0)$$

schreiben lässt. Bei der Bestimmung der Schritte betrachtet man also jenen Bereich, in dem der Graph von ψ unterhalb der Geraden durch $(0, \psi(0))$ mit Steigung $\sigma\psi'(0)$ liegt, und wählt die größte darin enthaltene Zahl der Gestalt ξ^l, siehe auch Abbildung IV.2.

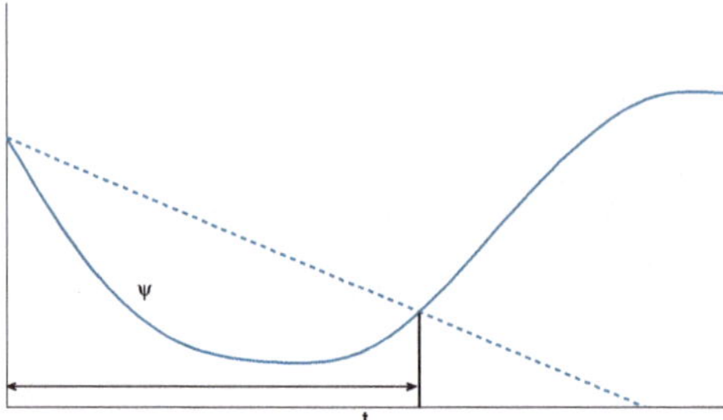

Abb. IV.2: Die Armijo-Regel wählt die größte Zahl der Gestalt ξ^l mit $l \in \mathbb{N}_0$ innerhalb des gekennzeichneten Bereichs.

Die Kombination des Gradientenverfahrens (18.38) mit der Armijo-Regel führt auf den Algorithmus *NLAPGrad*.

Algorithmus *NLAPGrad*: Lösung des nichtlinearen Ausgleichsproblems mit Gradientenverfahren

```
F' ← Ableitung(F)
x ← x^(0)
while A nicht erfüllt
    d ← −F'(x)^T F(x)
    t ← SArmijo(x, d, F, σ, ξ)
    x ← x + t · d
return x
```

Aufruf: $NLAPGrad(F, x^{(0)}, \sigma, \xi)$
Eingabe: $F\colon \mathbb{R}^n \to \mathbb{R}^m, x^{(0)} \in \mathbb{R}^n, \sigma, \xi \in (0, 1)$
mit: F stetig differenzierbar und $m \geq n$.
Ausgabe: $x \in \mathbb{R}^n$
mit: x als Näherung von $\bar{x}$ mit $\|F(\bar{x})\|_2 = \min_{z\in\mathbb{R}^n} \|F(z)\|_2$, die vom Startwert $x^{(0)}$, den Schrittweitenparametern σ und ξ und dem Abbruchskriterium $\mathcal{A}$ abhängt.

Der folgende Satz trifft eine Aussage zum Konvergenzverhalten des Algorithmus. Aus der Analysis rufen wir dazu in Erinnerung, dass $\bar{x} \in \mathbb{R}^n$ genau dann ein Häufungspunkt einer Folge $\left(x^{(k)}\right)_{k\in\mathbb{N}_0}$ ist, wenn eine gegen $\bar{x}$ konvergente Teilfolge $\left(x^{(k^{(s)})}\right)_{s\in\mathbb{N}_0}$ existiert.

Satz

Seien $F\colon \mathbb{R}^n \to \mathbb{R}^m$ stetig differenzierbar, $x^{(0)} \in \mathbb{R}^n$ und $\sigma, \xi \in (0, 1)$. Dann ist jeder Häufungspunkt $\bar{x}$ der durch *NLAPGrad* erzeugten Folge $\left(x^{(k)}\right)_{k\in\mathbb{N}_0}$ ein stationärer Punkt der Funktion ϕ aus (15.9), d. h.

$$\nabla\phi(\bar{x}) = F'(\bar{x})^T F(\bar{x}) = 0. \tag{18.40}$$

Beweis. Sei $\left(x^{(k^{(s)})}\right)_{s\in\mathbb{N}_0}$ eine gegen $\bar{x}$ konvergente Teilfolge der durch den Algorithmus *NLAPGrad* erzeugten Folge $\left(x^{(k)}\right)_{k\in\mathbb{N}_0}$. Wir nehmen an, dass $\nabla\phi(x^{(k)}) \neq 0$ für alle $k \in \mathbb{N}_0$, da andernfalls bereits nach endlich vielen Schritten ein stationärer Punkt erreicht ist. Da die Funktion ϕ aus (15.9) stetig ist, folgt $\phi(x^{(k^{(s)})}) \to \phi(\bar{x})$ für $s \to \infty$. Da es sich bei $\left(\phi(x^{(k^{(s)})})\right)_{s\in\mathbb{N}_0}$ um eine konvergente und per Konstruktion monoton fallende Folge in $\mathbb{R}$ handelt, konvergiert auch die gesamte Folge $\left(\phi(x^{(k)})\right)_{k\in\mathbb{N}_0}$ gegen $\phi(\bar{x})$. Daraus folgen $\phi(x^{(k)}) - \phi(x^{(k+1)}) \to 0$ für $k \to \infty$ und wegen der Armijo-Regel auch

$$-t^{(k)}\|\nabla\phi(x^{(k)})\|_2^2 \to 0 \quad \text{für } k \to \infty, \tag{18.41}$$

wobei $t^{(k)} = \xi^{l^{(k)}}$ mit $l^{(k)} \in \mathbb{N}_0$ gerade die durch die Armijo-Regel eindeutig bestimmte Schrittweite ist. Wir nehmen nun an, dass $\nabla\phi(\bar{x}) \neq 0$. Wegen $\nabla\phi(x^{(k^{(s)})}) \to \nabla\phi(\bar{x})$ für $s \to \infty$ führt (18.41) dann zu

$$t^{(k^{(s)})} \to 0 \quad \text{für } s \to \infty. \tag{18.42}$$

Damit ergibt sich mit $\zeta^{(s)} = \xi^{l^{(k^{(s)})}-1}$

$$\phi(x^{(k^{(s)})} + \zeta^{(s)}d^{(k^{(s)})}) > \phi(x^{(k^{(s)})}) + \sigma\zeta^{(s)}\nabla\phi(x^{(k^{(s)})})^T d^{(k^{(s)})} \tag{18.43}$$

für alle hinreichend großen s. Die Betrachtung des Grenzübergangs $s \to \infty$ in (18.43) führt mit $\zeta^{(s)} \to 0$ wegen (18.42) und der stetigen Differenzierbarkeit von ϕ auf

$$-\|\nabla\phi(\bar{x})\|_2^2 \geq -\sigma\|\nabla\phi(\bar{x})\|_2^2.$$

Dies steht jedoch wegen $\nabla\phi(\bar{x}) \neq 0$ im Widerspruch zu $\sigma \in (0, 1)$. □

Erstaunlich ist, dass für diese globale Konvergenzaussage, für die ein beliebiger Startwert in $\mathbb{R}^n$ gewählt werden kann, keine weiteren Bedingungen an F als die stetige Differenzierbarkeit gestellt werden müssen. Allerdings besagt der Satz nicht, dass die Folge $\left(x^{(k)}\right)_{k\in\mathbb{N}_0}$ konvergiert. Selbst wenn sie konvergent ist, muss der Grenzwert kein lokales Minimum von ϕ sein, da (18.40) ein notwendiges, aber kein hinreichendes Kriterium für ein lokales Minimum ist, siehe [10]. Besitzt ϕ jedoch nur einen stationären Punkt $\bar{x}$ und ist zudem die Levelmenge

$$\mathcal{L}(x^{(0)}) = \left\{x \in \mathbb{R}^n \;\middle|\; \phi(x) \leq \phi(x^{(0)})\right\}$$

beschränkt, so konvergiert die Folge bei hinreichender Glattheit von F gegen das (einzige) Minimum $\bar{x}$, siehe [12]. Ein Nachteil des Gradientenverfahrens ist seine in der Regel langsame Konvergenz. Dennoch spielt es, zumindest in seinen Varianten, eine wichtige Rolle bei der Minimierung stetig differenzierbarer Funktionen $f: \mathbb{R}^n \to \mathbb{R}$, wo es dann bei der Globalisierung lokal schnell konvergenter Verfahren zum Einsatz kommt, siehe [10]. Auch die auf Seite 143 angedeutete Globalisierung des Newton-Verfahrens kann mit Hilfe des Gradientenverfahrens erfolgen.

Beispiel

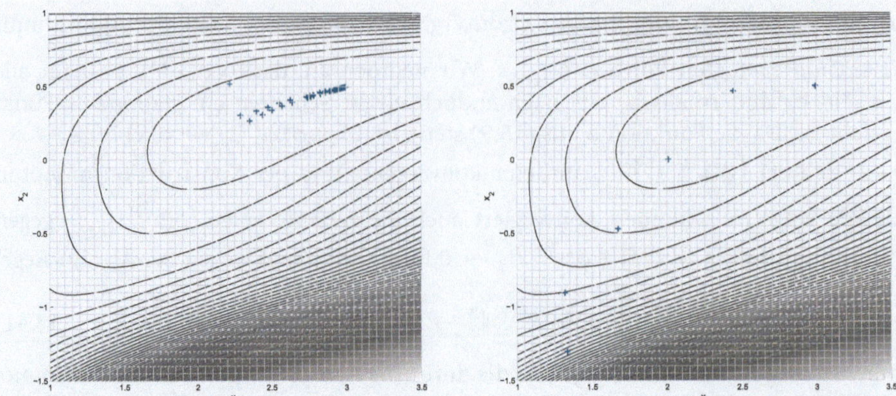

Abb. IV.3: Iterationsverlauf beim Gradientenverfahren (links) und Gauß-Newton-Verfahren (rechts) zur Lösung des Ausgleichsproblems mit (18.37).

Zur Lösung des nichtlinearen Ausgleichsproblems mit $F(x) = \hat{F}(x, \bar{p})$ aus (18.37) mit $\bar{p} = (\frac{3}{2}\ \frac{9}{4}\ \frac{21}{8})^T$ verwenden wir *NLAPGrad* mit $\sigma = 0.5$, $\xi = 0.9$ und dem Startvektor $x^{(0)} = (2.2\ 0.9)^T$. Abbildung IV.3 (links) zeigt die Höhenlinien der Funktion ϕ, d. h. die Mengen $\{x \in \mathbb{R}^2 \mid \phi(x) = c\}$ für verschiedene Werte von $c \in \mathbb{R}^+$, sowie den Verlauf der Iterierten $x^{(k)}$ in der (x_1, x_2)-Ebene. Infolge des flachen, langgezogenen Tals konvergiert die Folge nur sehr langsam, erst nach 185 Iterationsschritten wird die Lösung $\bar{x} = (3\ 0.5)^T$ erreicht.

Gauß-Newton-Verfahren

Eine Alternative zum Gradientenverfahren besteht darin, ähnlich wie beim Newton-Verfahren auf Seite 139, die Abbildung F durch ihre Linearisierung $L^{(F,x^{(k)})}$ um die aktuelle Näherung $x^{(k)}$ zu ersetzen und das lineare (Gaußsche) Ausgleichsproblem

$$\min_{x \in \mathbb{R}^n} \|F(x^{(k)}) + F'(x^{(k)})(x - x^{(k)})\|_2$$

zu betrachten. Falls die Jacobi-Matrix $F'(x^{(k)})$ vollen Rang besitzt, existiert nach Seite 90 eine eindeutige Lösung $x^{(k+1)}$, wobei die Korrektur $d^{(k)} = x^{(k+1)} - x^{(k)}$ dann gerade als eindeutige Lösung von

$$\min_{d \in \mathbb{R}^n} \|F'(x^{(k)})d + F(x^{(k)})\|_2 \tag{18.44}$$

aufgefasst werden kann. Die resultierende Gauß-Newton-Iterationsvorschrift

$$x^{(k+1)} = x^{(k)} + d^{(k)}$$

zur Lösung des nichtlinearen Ausgleichproblems führt zum Algorithmus *NLAPGN*, bei dem das lineare Teilproblem (18.44) in jedem Schritt mit *LAPQR* aus Abschnitt 10 gelöst wird.

Algorithmus *NLAPGN*: Lösung des nichtlinearen Ausgleichsproblems nach Gauß-Newton

$F' \leftarrow \mathit{Ableitung}(F)$
$x \leftarrow x^{(0)}$
while $\mathcal{A}$ nicht erfüllt
    $d \leftarrow \mathit{LAPQR}(F'(x), -F(x))$
    $x \leftarrow x + d$
return x
	Aufruf: $\mathit{NLAPGN}(F, x^{(0)})$
	Eingabe: $F\colon \mathbb{R}^n \to \mathbb{R}^m, x^{(0)} \in \mathbb{R}^n$
	mit: F stetig differenzierbar, $\mathrm{rg}(F'(z)) = n$ für $z \in \mathcal{K}_{\rho,2}(\bar{x})$ mit $\rho > 0$.
	Ausgabe: $x \in \mathbb{R}^n$
	mit: x als Näherung von $\bar{x}$ mit $\|F(\bar{x})\|_2 = \min\limits_{z\in\mathbb{R}^n} \|F(z)\|_2$, die vom Startwert $x^{(0)}$ und dem Abbruchskriterium $\mathcal{A}$ abhängt.

Im Vergleich zum Gradientenverfahren ist der Aufwand pro Iterationsschritt ungleich höher, dafür kann unter geeigneten Voraussetzungen im kompatiblen Fall quadratische Konvergenz der durch *NLAPGN* erzeugten Folge gegen ein lokales Minimum von ϕ gezeigt werden, siehe [6].

Beispiel

Wir betrachten erneut das nichtlineare Ausgleichsproblem mit (18.37) mit $\bar{p} = (\frac{3}{2}\ \frac{9}{4}\ \frac{21}{8})^T$ und verwenden nun *NLAPGN* mit dem Startvektor $x^{(0)} = (2.2\ 0.9)^T$. Abbildung IV.3 (rechts) zeigt, dass die Iterierten[16] deutlich schneller als beim Gradientenverfahren konvergieren, bereits nach 9 Iterationsschritten ist die Lösung $\bar{x} = (3\ 0.5)^T$ erreicht.

Das Gauß-Newton-Verfahren lässt sich auch ausgehend von den hinreichenden Bedingungen von Seite 144 für das Vorliegen eines strikten lokalen Minimums der Funktion ϕ aus (15.9) motivieren. Wendet man zur Lösung des nichtlinearen Gleichungssystems

$$\nabla\phi(x) = F'(x)^T F(x) = 0$$

das Newton-Verfahren an, so erhält man die Iterationsvorschrift

$$H^{(\phi)}(x^{(k)})d^{(k)} = -\nabla\phi(x^{(k)}).$$

Um die (meist) aufwendige Berechnung der Hesse-Matrizen $H^{(F_j)}(x^{(k)})$ in (15.13) für $j = 1, \ldots, m$ zu vermeiden, ersetzt man die Matrix $H^{(\phi)}(x^{(k)})$ einfach nur durch $F'(x^{(k)})^T F'(x^{(k)})$. Diese Vereinfachung scheint jedenfalls im kompatiblen Fall, in dem $H^{(\phi)}(\bar{x}) = F'(\bar{x})^T F'(\bar{x})$ gilt, gerechtfertigt. Die positive Definitheit von $H^{(\phi)}(\bar{x})$ ist dann äquivalent zur Bedingung $\mathrm{rg}(F'(\bar{x})) = n$. Gilt der volle Rang auch für $x^{(k)}$ aus einer Umgebung von $\bar{x}$, so ist die resultierende Gleichung

$$F'(x^{(k)})^T F'(x^{(k)})d^{(k)} = -F'(x^{(k)})^T F(x^{(k)}) \tag{18.45}$$

eindeutig lösbar und entspricht gerade der Normalgleichung zum Ausgleichsproblem (18.44).

[16] $x^{(1)} = (-33.503\ -1.2865)^T$ liegt außerhalb des Darstellungsbereichs.

Bei vollem Rang von $F'(x^{(k)})$ und $\nabla\phi(x^{(k)}) \neq 0$ gilt auch

$$d^{(k)^T}\nabla\phi(x^{(k)}) = -d^{(k)^T}F'(x^{(k)})^T F'(x^{(k)})d^{(k)} = -\|F'(x^{(k)})d^{(k)}\|_2 < 0,$$

sodass es sich bei $d^{(k)}$ aus (18.45) um eine Abstiegsrichtung von ϕ im Punkt $x^{(k)}$ handelt. Unter Verwendung einer Schrittweitenstrategie, die allerdings effizienter als die auf Seite 147 vorgestellte sein muss, kann dann für die durch

$$x^{(k+1)} = x^{(k)} + t^{(k)}d^{(k)}$$

erzeugte Folge unter vergleichsweise schwachen Voraussetzungen an F Konvergenz gegen einen stationären Punkt von ϕ gezeigt werden, siehe [18] für Details.

Ein Nachteil des Gauß-Newton-Verfahrens ist, dass bei schlechter Konditionszahl der Matrix $F'(x^{(k)})$ der Betrag von $d^{(k)}$ sehr groß werden kann, während die Linearisierung $L^{(F,x^{(k)})}$ nur bei kleinen Abständen zu $x^{(k)}$ eine verlässliche Näherung an F darstellt. Einen Ausweg liefert das Levenberg[17]-Marquardt[18]-Verfahren, bei dem die Korrektur $d^{(k)}$ als Lösung von (18.44) unter der zusätzlichen Bedingung $\|d\| \leq \Delta^{(k)}$ mit $\Delta^{(k)} > 0$ bestimmt wird. Der Linearisierung $L^{(F,x^{(k)})}$ wird somit nur innerhalb einer Kugel mit Radius $\Delta^{(k)}$ um $x^{(k)}$ vertraut, für Details zur algorithmischen Realisierung verweisen wir auf [12].

[17] Levenberg, Kenneth: gest. 1973, amerikanischer Mathematiker. Er trug zur Entwicklung der mathematischen Modelle bei, auf deren Basis der Passagier-Jet Boing 737 entwickelt wurde, und war 1970 für seine Verdienste um die Mathematik unter den amerikanischen Wissenschaftlern des Jahres gelistet. Das nach ihm benannte Verfahren zur nichtlinearen Ausgleichsrechnung publizierte er 1944 während seiner Tätigkeit in der US-Armee.

[18] Marquardt, Donald W.: 1929–1997, amerikanischer Mathematiker. Er war als Statistiker im Chemiekonzern DuPont tätig, als er 1963 das Verfahren von Levenberg, siehe Seite 152, zur nichtlinearen Ausgleichsrechnung wiederentdeckte.

Übungsaufgaben

IV.1 Sei $f\colon \mathbb{R}^2 \to \mathbb{R},\ (x_1,x_2) \mapsto \begin{cases} 0 & x_1 = 0 \text{ oder } x_2 = 0 \\ 1 & \text{sonst} \end{cases}$. Zeigen Sie, dass f an der Stelle $(0,0)$ partiell differenzierbar, aber nicht differenzierbar ist.

IV.2 Sei $f\colon \mathbb{R}^2 \to \mathbb{R},\ (x_1,x_2) \mapsto \begin{cases} x_1x_2\frac{x_1^2-x_2^2}{x_1^2+x_2^2} & \text{falls } (x_1,x_2) \neq (0,0) \\ 0 & \text{falls } (x_1,x_2) = (0,0) \end{cases}$. Zeigen Sie, dass für f die Aussage $\frac{\partial^2 f}{\partial x_1 \partial x_2}(0,0) \neq \frac{\partial^2 f}{\partial x_2 \partial x_1}(0,0)$ gilt.

IV.3 Sei $f\colon \mathbb{R}^2 \to \mathbb{R},\ (x_1,x_2) \mapsto \begin{cases} \frac{(x_1^2+x_2^2)}{\sqrt{\sin(x_1^2+x_2^2)}} & \text{falls } (x_1,x_2) \neq (0,0) \\ 0 & \text{falls } (x_1,x_2) = (0,0) \end{cases}$. Zeigen Sie, dass f an der Stelle $(0,0)$ differenzierbar ist und dass dennoch $\frac{\partial f}{\partial x_1}$ und $\frac{\partial f}{\partial x_2}$ in $(0,0)$ nicht stetig sind.

IV.4 Sei $f\colon \mathbb{R}^2 \to \mathbb{R},\ (x_1,x_2) \mapsto \begin{cases} \frac{(x_1x_2^2)}{x_1^2+x_2^4} & \text{falls } x_1 \neq 0 \\ 0 & \text{falls } x_1 = 0 \end{cases}$. Zeigen Sie, dass f an der Stelle $(0,0)$ nicht differenzierbar ist und dass dennoch alle Richtungsableitungen von f an der Stelle $(0,0)$ existieren.

IV.5 Zeigen Sie die Aussagen (15.6) und (15.7) des Satzes von Seite 130.

IV.6 Implementieren Sie eine Verallgemeinerung der Datenstruktur $\mathcal{T}$ aus Abschnitt 2 derart, dass diese zur Termdarstellung von Funktionen in mehreren Variablen geeignet ist. Implementieren Sie basierend auf dieser Datenstruktur die Grundoperationen Auswertung, partielle Ableitungen, Gradient und Jacobi-Matrix.

IV.7 Gegeben sei das nichtlineare Gleichungssystem

$$\begin{aligned} x_1 + x_2 &= 2 \\ (x_1 - x_2)^2 &= p. \end{aligned}$$

Führen Sie eine Konditionsanalyse bez. Störungen des Parameters p durch und ermitteln Sie für $p = 4$ die relative normweise Kondition bez. der euklidschen Norm. Lösen Sie das Gleichungssystem mit Hilfe des Newtonverfahrens für $p = 4$ bzw. $p = 0$ mit $x^{(0)} = (1,2)^T$ und erklären Sie den Unterschied im beobachteten Konvergenzverhalten.

IV.8 Beweisen Sie den Satz von Seite 144.

IV.9 Der zeitliche Verlauf der Konzentration eines chemischen Stoffes genüge dem Gesetz

$$c(t) = b_0 + b_1 e^{\lambda_1 t} + b_2 e^{\lambda_2 t},$$

zu den Zeitpunkten t_i wurden die Messwerte c_i gemäß folgender Tabelle bestimmt:

i	1	2	3	4	5	6	7	8	9
t_i	0	0.4	1	1.5	2	3	5.1	8.2	9.9
c_i	3.81	2.94	2.45	2.37	2.24	2.05	1.8	1.82	1.75

Bestimmen Sie durch Lösen des nichtlinearen Ausgleichsproblems mit Hilfe der Algorithmen *NLAPGrad* bzw. *NLAPGN* die Parameter $b_0, b_1, b_2, \lambda_1, \lambda_2$.

IV.10 Lösen Sie mit Hilfe der Algorithmen *NLAPGrad* bzw. *NLAPGN* das nichtlineare Ausgleichsproblem zur Funktion $F\colon \mathbb{R} \to \mathbb{R}^2,\ x \mapsto \begin{pmatrix} 1 - x - px^2 \\ 2 + x \end{pmatrix}$ mit dem Startwert $x^{(0)} = 0.1$ und den Parameterwerten $p = -10, -5, 0, 5, 10$. Für welche Werte des Parameters p besitzt die Funktion $\phi\colon \mathbb{R} \to \mathbb{R},\ x \mapsto \|F(x)\|_2^2$ lediglich ein lokales Minimum?

Literaturverzeichnis

[1] T. Becker and V. Weispfenning. *Gröbner Bases: A Computational Approach to Commutative Algebra*. Springer Verlag, 1993.

[2] B. Buchberger. *Ein Algorithmus zum Auffinden der Basiselemente des Restklassenringes nach einem nulldimensionalen Polynomideal*. PhD thesis, Universität Innsbruck, Austria, 1965. Englische Übersetzung in J. of Symbolic Computation, Special Issue on Logic, Mathematics, and Computer Science: Interactions. Vol. 41(3–4): 475–511, 2006.

[3] T. H. Cormen, C. E. Leiserson, and R. L. Rivest. *Introduction to Algorithms*. The MIT Press, Cambridge, MA, 1st edition, 1991.

[4] D. Cox, J. Little, and D. O'Shea. *Ideals, Varieties, and Algorithms*. Springer Verlag, 1992.

[5] P. Deuflhard. *Newton Methods for Nonlinear Problems, Springer Series in Computational Mathematics*. Vol. 35. Springer Verlag, 2004.

[6] P. Deuflhard and A. Hohmann. *Numerische Mathematik I*. De Gruyter, 2002.

[7] H. D. Ebbinghaus, J. Flum, and W. Thomas. *Einführung in die mathematische Logik*. BI Wissenschaftsverlag, 3. Auflage, 1992.

[8] H. W. Engl, M. Hanke, and A. Neubauer. *Regularization of Inverse Problems*. Kluwer, Dordrecht, 1996.

[9] W. Gander and W. Gautschi. Adaptive Quadrature - Revisited. *BIT Numerical Mathematics*. Vol. 40(1): 84–101, 2000.

[10] C. Geiger and C. Kanzow. *Numerische Verfahren zur Lösung unrestringierter Optimierungsaufgaben*. Springer, 1. Auflage, 1999.

[11] G. H. Golub and C. F. Van Loan. *Matrix Computations*. JHU Press, 3rd edition, 1996.

[12] M. Hanke-Bourgeois. *Grundlagen der Numerischen Mathematik und des Wissenschaftlichen Rechnens*. Teubner Verlag, 2. Auflage, 2006.

[13] F. Henrici. Newton's method in floating point arithmetic and iterative refinement of generalized eigenvalue problems. *SIAM J. Matrix Anal. Appl.* Vol. 22: 1038–1057, 2001.

[14] H. Heuser. *Lehrbuch der Analysis – Teil 2*. B.G. Teubner, 12. Auflage, 2002.

[15] N. J. Higham. *Accuracy and Stability of Numerical Algorithms*. Society for Industrial and Applied Mathematics (SIAM), Philadelphia, 2002.

[16] D. E. Knuth. *Fundamental Algorithms. The Art of Computer Programming*. Vol 1. Addison Wesley, 1968.

[17] D. E. Knuth. *Seminumerical Algorithms. The Art of Computer Programming*. Vol. 2. Addison Wesley, 1969. Deutsche Übersetzung „Arithmetik" von R. Loos, Springer, 2001.

[18] J. Nocedal and S. Wright. *Numerical Optimization*. Springer, 2nd edition, 2006.

[19] H.-R. Schwarz and N. Köckler. *Numerische Mathematik*. Teubner, 2004.

[20] H. J. Stetter. *Numerical Polynomial Algebra*. Society for Industrial and Applied Mathematics (SIAM), Philadelphia, 2004.

[21] G. Stewart. On the Perturbation of LU, Cholesky, and QR Factorizations. *SIAM J. Matrix Anal. Appl.* Vol. 14: 1141–1145, 1993.

[22] J. Stoer. *Einführung in die Numerische Mathematik I*. Springer-Verlag, 1972.

[23] L. N. Trefethen and D. Bau. *Numerical Linear Algebra*. Society for Industrial and Applied Mathematics (SIAM), Philadelphia, 1997.

[24] J. von zur Gathen and J. Gerhard. *Modern Computer Algebra*. Cambridge University Press, 2nd edition, 2003.

[25] W. Zulehner. *Numerische Mathematik: Eine Einführung anhand von Differentialgleichungsproblemen. Band 1: Stationäre Probleme*. Mathematik Kompakt. Birkhäuser Basel, 2008.

Index